嵌入式技术与应用创新型教材

基于构件化的ARM嵌入式系统设计

（项目化教程）

索明何　王宜怀　邢海霞　著

電子工業出版社
Publishing House of Electronics Industry
北京•BEIJING

内 容 简 介

本教材采用项目化教学方式，以“项目、任务、活动”等理实一体教学模式呈现教学内容。按照循序渐进、搭积木的设计思想，共设计了 10 个项目：闪灯的设计与实现、开关状态指示灯的设计与实现、利用定时中断实现频闪灯、利用数码管显示数字、键盘的检测与控制、利用 UART 实现上位机和下位机的通信、利用 PWM 实现小灯亮度控制、利用输入捕捉测量脉冲信号的周期和脉宽、利用 ADC 设计简易数字电压表、利用 CAN 实现多机通信。每个项目均基于构件化设计，且均采用了“通用知识”→“硬件构件设计”→“软件构件设计”→“应用层程序设计”的学习流程。最后可根据学生的基础层次，利用 10 个项目中的部分项目或全部项目进行综合应用系统设计和课程考核。

为了方便教学和读者自学，本教材配套学习任务手册及答案、电子教案、电子课件、基于构件化的嵌入式软件工程源程序、微课视频、模拟试卷及答案等教学资源。

本教材可作为高等院校电子信息类、计算机类、自动化类、机电类等专业的单片机与嵌入式系统教材，也可供从事嵌入式技术开发的工程技术人员参考。

图书在版编目（CIP）数据

基于构件化的 ARM 嵌入式系统设计. 项目化教程 / 索明何，王宜怀，邢海霞著. —北京：电子工业出版社，2021.1

ISBN 978-7-121-40165-7

Ⅰ. ①基… Ⅱ. ①索… ②王… ③邢… Ⅲ. ①微处理器－系统设计－高等学校－教材 Ⅳ. ①TP332.021

中国版本图书馆 CIP 数据核字（2020）第 245425 号

责任编辑：郭乃明　　特约编辑：田学清
印　　刷：涿州市般润文化传播有限公司
装　　订：涿州市般润文化传播有限公司
出版发行：电子工业出版社
　　　　　北京市海淀区万寿路 173 信箱　　邮编：100036
开　　本：787×1 092　1/16　印张：17.5　字数：387.5 千字
版　　次：2021 年 1 月第 1 版
印　　次：2025 年 1 月第 6 次印刷
定　　价：49.00 元（共 2 册）

凡所购买电子工业出版社图书有缺损问题，请向购买书店调换。若书店售缺，请与本社发行部联系，联系及邮购电话：（010）88254888，88258888。

质量投诉请发邮件至 zlts@phei.com.cn，盗版侵权举报请发邮件到 dbqq@phei.com.cn。

本书咨询联系方式：（010）88254561。

前　言

“单片机与嵌入式系统”是电子信息类、自动化类等专业的核心课程，该课程面向嵌入式系统设计师工作岗位，目的是为社会培养嵌入式智能产品设计、分析、调试与创新能力的高素质技术技能型人才。

目前，以 ARM 微处理器为核心的嵌入式系统应用越来越广泛，越来越多的高校开始以基于 ARM 内核的微控制器为蓝本开展嵌入式技术教学。目前不少 ARM 嵌入式系统教材主要存在以下问题：

（1）过于依赖具体的 ARM 芯片资料，直接将芯片手册翻译成对应的章节，没有对嵌入式系统涉及的通用知识进行提取和总结，很难体现教学重点，没有很好地遵循“循序渐进、由简到难”的教学原则；同时也导致一旦换芯片，嵌入式技术的学习又要从零开始。

（2）直接将芯片厂家配套的软件开发工具包中的代码作为教材对应章节的样例程序，但软件开发工具包中的代码并没有按照软件工程的要求很好地进行工程组织，这会使初学者分不清用户文件和系统生成文件，因此望而生畏。

基于上述两个主要问题，很难实现在不同嵌入式芯片和不同嵌入式应用系统之间的软硬件可移植性和可复用性，并且会导致课程教学难度大、教学效果不理想等。

针对上述问题，我们在嵌入式系统课程教学中进行了改革，为了实现嵌入式系统设计的可移植性和可复用性，嵌入式硬件和嵌入式软件均采用构件化的设计思想，即对嵌入式硬件和嵌入式软件进行封装，供系统设计者调用，并倡导嵌入式软件分层设计的理念，以降低嵌入式技术教学难度和开发难度，为因材施教提供有效可行的途径，有效突出学生的学习主体地位，充分调动学生的学习积极性，使学生具有一定的辩证唯物主义运用能力、产品成本意识、劳动意识、创新意识和创新能力。

本教材在编写过程中，牢固树立以学习者为中心的教学理念，按照“以学生为中心、学习成果为导向、促进自主学习”的思路进行教材开发设计，充分体现“做中学、学中做”“教、学、做一体化”等教育教学特色，使学校教学过程与企业的生产过程相对接。以实际、实用、必需、够用为原则，本教材采用项目化教学方式，以“项目、任务、活动”等理实一体教学模式呈现教学内容。

本教材按照循序渐进、搭积木的设计思想，共设计了 10 个项目，每个项目均基于构件化设计，且均采用了“通用知识”→“硬件构件设计”→“软件构件设计”→“应用层程序设计”的学习流程。最后可根据学生的基础层次，利用 10 个项目中的部分项目或全部项目进行综合应用系统设计和课程考核。

为了方便教学和读者自学，本教材配套学习任务手册及答案、电子教案、电子课件、基于构件化的嵌入式软件工程源程序、微课视频、模拟试卷及答案等教学资源。

本教材由索明何、王宜怀和邢海霞著。索明何负责全书的策划、内容安排、案例选取和统稿工作。

本教材在编写过程中，得到了苏州大学 ARM 嵌入式与物联网技术中心、北京龙邱智能科技有限公司的热心帮助和指导，在此一并表示衷心的感谢。

由于著者水平有限，疏漏之处在所难免，恳请广大专家和读者提出宝贵的修正意见和建议。著者联系方式：1043510795@qq.com。

索明何

2020 年 7 月

目　　录

项目 1

闪灯的设计与实现

项目导读：

现代生活中，灯光除了用于照明，还被广泛用于氛围营造（如城市景观灯、舞台变幻灯、广告霓虹灯等）或状态指示（如交通信号灯、汽车指示灯、设备状态指示灯等）。在嵌入式系统中，LED 小灯是必备的状态指示设备。本项目的学习目标就是利用微控制器点亮一个 LED 小灯，在此基础上再实现流水灯的效果。在本项目中，首先，需要熟悉嵌入式系统的概念、组成及嵌入式技术的学习方法；其次，需要熟悉本书所采用的基于 ARM Cortex-M0+内核的嵌入式芯片 S9KEAZ128AMLK（简称 KEA128）资源和硬件最小系统；再次，需要熟悉通用输入/输出（GPIO）底层驱动构件的设计及使用方法；最后，需要以 LED 小灯为例学习嵌入式硬件构件和嵌入式软件构件的设计及使用方法，掌握嵌入式软件最小系统的搭建方法和实现 LED 小灯闪烁的应用层程序设计方法，并在此基础上，自行完成流水灯的应用层程序设计任务。在本项目中，读者可借助附录 B 和附录 C 分别掌握嵌入式软件集成开发环境 Keil MDK 及目标程序下载软件 J-Flash 的使用方法，以便为后续的学习奠定良好的基础。

任务 1.1　熟悉嵌入式系统，明确课程学习方法

1.1.1　嵌入式系统的由来和分类

1. 通用计算机和嵌入式计算机

计算机是不需要人工直接干预，就能够自动、高速、准确地对各种信息进行处理和存储的电子设备。20 世纪 70 年代微处理器的出现，使计算机技术得到了快速的发展。以微处理器为核心的微型计算机在运算速度、存储容量方面不断得到提高，并通过联网实现了硬件资源和软件资源的共享。微型计算机具有很大的通用性，所以又称**通用计算机**。

与此同时，人们对计算机在测控领域中的应用给予了更大的期待。测控领域的计算机系统是**嵌入到应用系统中，以计算机技术为基础，软硬件可裁剪，适应应用系统对功能、**

成本、体积、可靠性、功耗严格要求的专用计算机系统，即嵌入式计算机系统，简称嵌入式系统（Embedded System）。通俗地说，除通用计算机（如台式电脑和笔记本电脑）外，所有包含 CPU 的系统都是嵌入式系统，其中以 32 位/64 位 ARM 微处理器为核心的嵌入式系统应用越来越广泛[①]。

从 2004 年开始，ARM 公司在经典处理器 ARM11 以后不再用数字命名处理器，而统一改用“Cortex”命名，并分为 A、R 和 M 三个系列，旨在为各种不同的市场提供服务。

ARM Cortex-A 系列处理器是基于 ARM v8A/v7A 架构基础的应用处理器（Application Processor，AP），面向具有高计算要求、运行丰富操作系统以及提供交互媒体和图形体验的应用领域，如智能手机、移动计算平台、超便携的上网本或智能本等。

ARM Cortex-R 系列是基于 ARM v7R 架构基础的实时处理器（Real-Time Processor，RTP），面向实时系统，为具有严格的实时响应限制的嵌入式系统提供高性能计算解决方案。目标应用包括硬盘驱动器、数字电视、医疗行业、工业控制、汽车电子等。Cortex-R 处理器是专为高性能、可靠性和容错能力而设计的，其行为具有高确定性，同时保持很高的能效和成本效益。

ARM Cortex-M 系列基于 ARM v7M/v6M 架构基础的处理器，面向对成本和功耗敏感的微控制器（Micro Controller Unit，MCU，国内也称为单片机），用于汽车电子、工业控制、农业控制、智能仪器仪表、智能家电、机电产品等测控领域。

2．以 MCU 为核心的嵌入式系统

1）MCU 的基本结构

MCU 的基本含义是：在一块芯片上集成了 CPU、ROM、RAM、定时/计数器、中断系统、看门狗及 GPIO、模/数（A/D）转换、数/模（D/A）转换、串行通信 I/O 等多种输入输出接口的比较完整的数字处理系统。图 1-1 给出了典型的 MCU 组成框图，CPU 与其他部件的交互是通过 MCU 内部总线实现的。

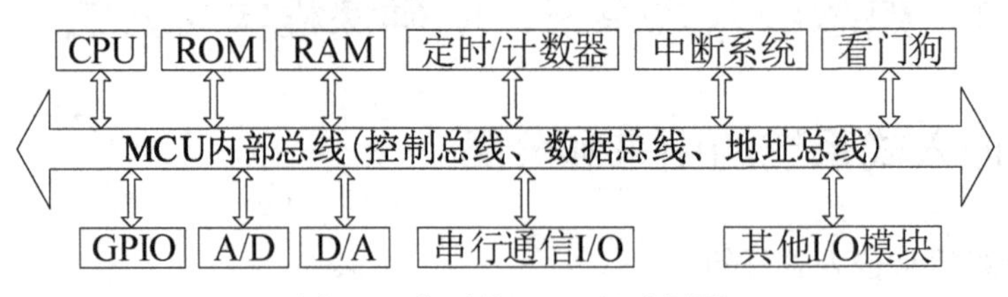

图 1-1　典型的 MCU 组成框图

① ARM 这个词，既是公司名称，又是 Advanced RISC Machine 的缩写，其中 RISC（Reduced Instruction Set Computer，精简指令集计算机）相对 CISC（complex instruction set computer，复杂指令计算机）而言，具有指令数目少、格式一致、执行周期一致、执行时间短，低功耗、低成本等特点。ARM 公司作为设计公司，本身并不生产芯片，而是将技术知识产权（Intellectual Property，IP）授权给世界上著名的半导体厂商（意法半导体、恩智浦、华为等公司），半导体厂商在集成不同的片内外设形成各自特色的 ARM 芯片。

2）以 MCU 为核心的嵌入式系统的基本组成

一个以 MCU 为核心的嵌入式系统，一般包括 **MCU 硬件最小系统电路、测控电路和通信电路**。以 MCU 为核心的嵌入式系统框图如图 1-2 所示。

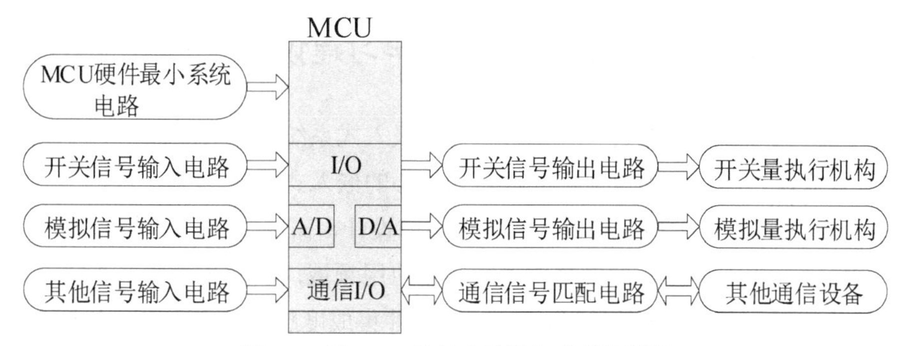

图 1-2　以 MCU 为核心的嵌入式系统框图

（1）MCU 硬件最小系统电路。 MCU 硬件最小系统电路是可以使 MCU 内部程序正常运行的最小规模的电路，主要包括 MCU 和电源、晶振、复位、写入调试器接口等外围电路。

（2）测控电路。 测控电路包括检测电路和控制电路。其中，检测电路包括开关信号、模拟信号和其他信号的输入电路；控制电路包括开关信号和模拟信号的输出电路。

开关信号的输入电路： 实际的开关信号包括手动开关信号和来自光电开关、电磁开关、干簧管磁开关、声控开关、红外开关等开关类传感器的信号。对 MCU 来说，开关信号就是只有“0”和“1”两种逻辑值的数字信号。

模拟信号的输入电路： 温度、湿度、浓度、速度、压力、声音、光照、质量等模拟输入信号可通过相应的**传感器**转换为电信号。传感器输出的电信号一般比较微弱，不能被 MCU 直接获取，而需要利用**放大器**对其进行放大，然后通过模数转换器转换成数字信号，供 MCU 接收和处理。目前许多 MCU 内部包含 A/D 转换模块，在实际应用中也可根据需要外接 A/D 转换芯片。需要说明的是，市场上有许多输出数字量的传感器模块，此类模块可以直接与 MCU 的 I/O 接口相连接。

其他信号的输入电路： 其他信号一般通过某种通信方式输入给 MCU，如全球定位系统（GPS）模块通过异步串行通信（UART）接口与 MCU 相连接。

控制电路： 执行机构包括开关量执行机构和模拟量执行机构。其中，开关量执行机构只有“开”“关”两种状态，而模拟量执行机构需要连续变化的模拟量控制。MCU 一般不能直接控制这些执行机构，而是需要通过相应的隔离和驱动电路实现。还有一些执行机构，既不是开关量控制，也不是 D/A 量控制，而是“脉冲”量控制，如控制调频电动机。

（3）通信电路。 MCU 可通过某种通信方式与其他设备互联通信，常用的通信方式有并行通信和串行通信两种方式，其中，并行通信是指数据的各位同时在多根并行数据线上进行传输的通信方式，适合近距离、高速通信；而串行通信是指数据在单线（高低电平表征信号）或双线（差分信号）上按时间先后一位一位地传送，其优点是节省传输线，但相对于并行通信来说，速度较慢，串行通信方式又有异步串行通信（UART）、串行外设接口通信（SPI）、集成电路互联通信（I^2C）、通用串行总线（USB）、控制器局域网（CAN）、以太网（Ethernet）、无线传感网络（WSN）等。

1.1.2 嵌入式系统的知识体系和学习建议

根据“由简到难、循序渐进”的学习原则，嵌入式系统的学习应该先学习以 MCU 为核心的嵌入式系统，然后学习以应用处理器为核心的嵌入式系统。

要完成一个以 MCU 为核心的嵌入式应用系统设计，需要硬件、软件协同设计和测试；同时嵌入式系统专用性很强，通常是用于特定的应用领域，因此还需要熟悉嵌入式系统应用领域的相关知识。随着技术的发展，MCU 的硬件集成度越来越高，使得嵌入式硬件设计难度不断降低，因此嵌入式软件设计在整个嵌入式系统开发中所占的分量越来越大。

为实现嵌入式系统设计的可移植和可复用，嵌入式硬件和软件均需采用“构件化”设计[①]，其技术基础与实践路线如图 1-3 所示。

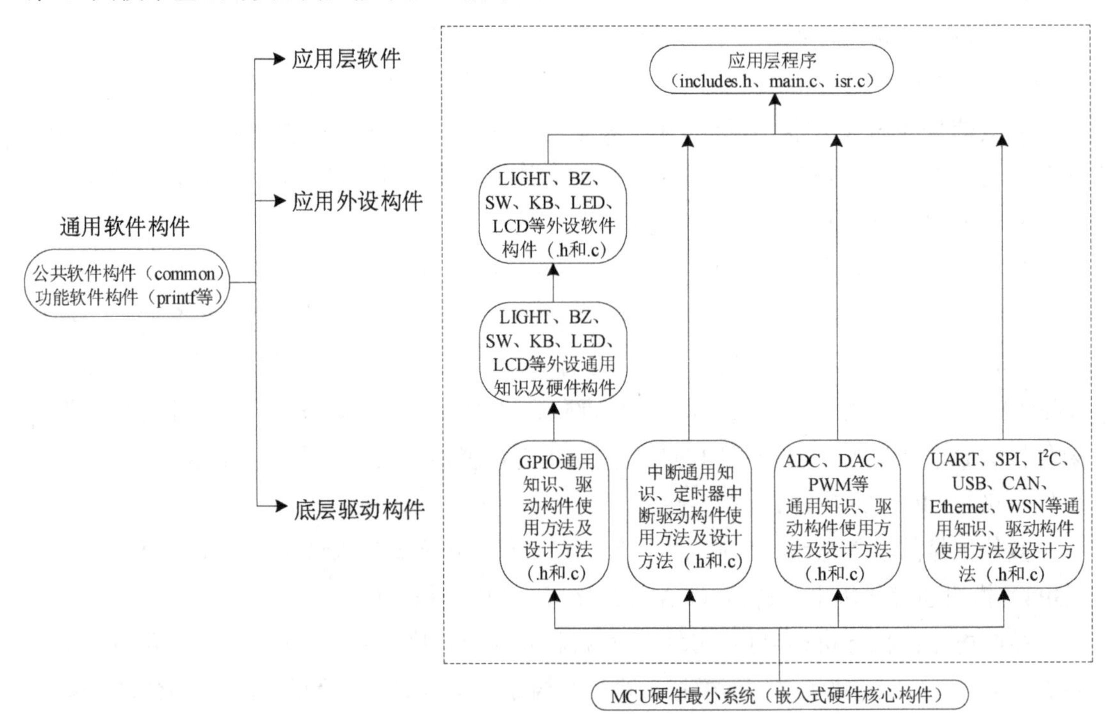

图 1-3 嵌入式技术基础与实践路线

嵌入式硬件构件设计主要包括 MCU 硬件最小系统（嵌入式硬件核心构件）设计和常用外设硬件构件（小灯 LIGHT、蜂鸣器 BZ、开关 SW、键盘 KB、数码管 LED、液晶 LCD 等）**设计。**

---

① “嵌入式构件化设计”将在任务 1.4 中具体阐述。

嵌入式软件构件设计采用分层设计思想，自下而上依次是“底层驱动构件”、“应用外设构件”和“应用层软件”，共3层软件设计。其中，底层驱动构件和应用外设构件都包括对应的.h头文件和.c源文件，而应用层软件包括总头文件includes.h、主程序源文件main.c和中断服务程序源文件isr.c。

通用软件构件与CPU和MCU基本无关，是服务于以上3层软件设计的，其中公共软件构件主要包括公共文件的包含、公共宏定义和公共函数的实现，功能软件构件包括一些功能软件的实现（如一些数据结构和算法的实现、printf输出等）。

对于嵌入式软件设计，还需说明以下3点。

（1）嵌入式软件设计与调试是在嵌入式硬件的基础上协同进行的，其过程是在个人计算机（PC）上利用嵌入式软件开发环境（如Keil MDK、IAR等）进行程序的编辑、编译和连接，生成工程对应的目标代码；最后将生成的目标代码通过写入器下载到嵌入式芯片中运行与调试。嵌入式软件有断点调试、打桩调试、printf调试等调试方法。

需要注意的是，在通用计算机系统中，程序存储在硬盘上，实际运行时，通过操作系统将要运行的程序从硬盘调入内存（RAM），运行中的程序、常数、变量均在RAM中。而以MCU为核心的嵌入式系统中，其程序一般被固化到ROM（如Flash存储器）中，而变量及堆栈存储在RAM中。

（2）MCU嵌入式软件设计主要采用C语言及少量的汇编语言。对于功能复杂的MCU嵌入式系统开发，还可根据需要选择使用某种嵌入式操作系统（μC/OS、FreeRTOS、mbed、Linux等）。

（3）在物联网应用中，往往通过PC或手机对MCU嵌入式系统进行管控，因此该类嵌入式系统开发还需掌握管控软件的设计方法，其中PC管控软件一般采用C#/Java等面向对象语言进行设计，手机管控软件可以是手机App或微信小程序。

任务1.2 熟悉KEA128资源和硬件最小系统

1.2.1 KEA系列MCU简介

Kinetis EA（简称KEA）系列MCU是恩智浦公司开发的基于ARM Cortex-M0+（简称CM0+， 具体请参阅相关文献 ）内核的32位MCU（2014年9月发布，供货15年），广泛应用于工业和汽车等领域，具有多种灵活的超低功耗模式，适合不同的应用情形，可最大限度地延长电池使用时间；在不唤醒内核的情况下，智能外设在深度睡眠模式下仍然可以工作，可进行智能决策并处理数据。KEA系列MCU包含一组功能强大的模拟、通信、定时和控制外设，其简明特性和结构框图如图1-4所示。

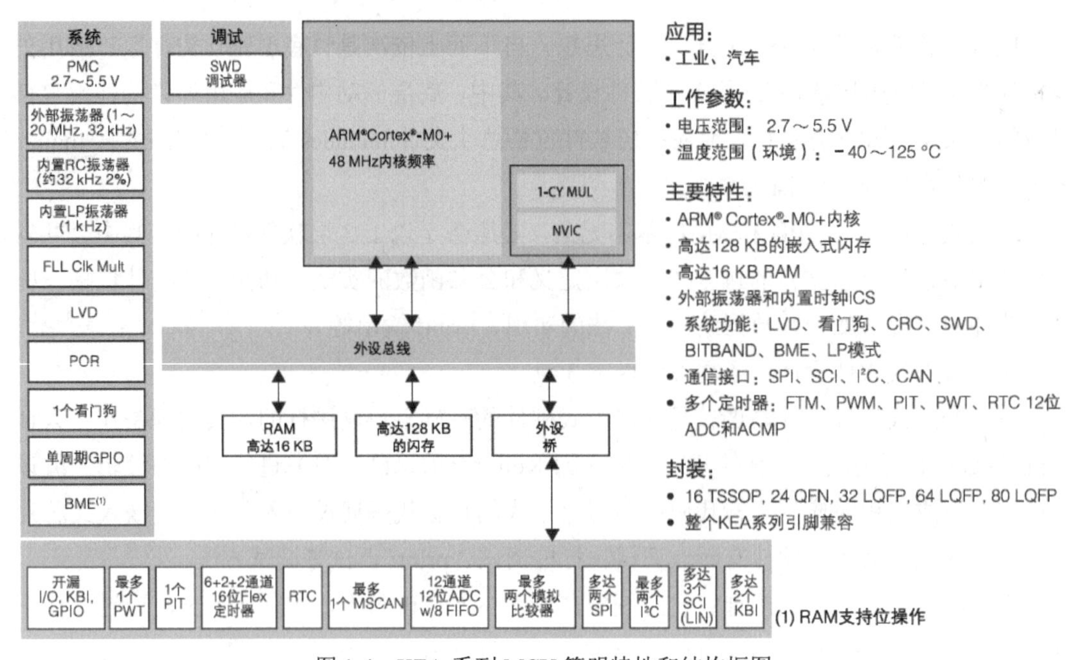

图 1-4　KEA 系列 MCU 简明特性和结构框图

KEA 系列 MCU 有 6 个子系列，分别是内部不含 CAN 模块的 KEAZN8、KEAZN16、KEAZN32、KEAZN64，以及内部含有 CAN 模块的 KEAZ64 和 KEAZ128，其简明资源如表 1-1 所示。所有 KEA 系列 MCU 均具有低功耗与丰富的混合信号控制外设，提供了不同的内存容量和引脚数量，供不同应用场合选型。本书使用的芯片型号为 KEA128。

表 1-1　KEA 系列 MCU 的简明资源列表

资　源	KEAZN*x*				KEAZ*x*	
	KEAZN8	KEAZN16	KEAZN32	KEAZN64	KEAZ64	KEAZ128
CPU 频率/MHz	48	40	40	40	48	48
Flash 容量/KB	8	16	32	64	64	128
RAM 容量/KB	1	2	4	4	8	16
GPIO 引脚数	22	57	57	57	71	71
UART	1	3	3	3	3	3
SPI	1	2	2	2	2	2
I²C	1	2	2	2	2	2
MSCAN	0	0	0	0	1	1
PWM	1	0	0	0	1	1
ACMP	2	2	2	2	2	2
12 位 ADC	12 通道	16 通道				
16 位 FTM	两个 FTM 模块，分别有 6 通道、2 通道	三个 FTM 模块，其中一个有 6 通道，另两个均有 2 通道				
封装	16 TSSOP/24 QFN	32/64 LQFP			64/80 LQFP	

1.2.2 KEA128 存储映像、引脚功能与硬件最小系统

1. KEA128 的存储映像

KEA128 把 CM0+内核之外的模块用类似存储器编址的方式统一分配地址。在 4GB 的存储映像空间内，分布着片内 Flash、SRAM、系统配置寄存器及其他外设，以便 CPU 通过直接地址进行访问。KEA128 的存储映像空间分配如表 1-2 所示。

表 1-2 KEA128 的存储映像空间分配

区域划分	系统 32 位地址范围	说 明
片内 Flash 区	0x0000_0000～0x07FF_FFFF	Flash 和只读数据，KEA128 芯片只使用 0x0000_0000～0x0001_FFFF，128KB，其中前 192B 为中断向量表
	0x0800_0000～0x1FFF_EFFF	保留
片内 RAM 区	0x1FFF_F000～0x1FFF_FFFF	SRAM_L 空间，4KB（普通 RAM 区）
	0x2000_0000～0x2000_2FFF	SRAM_U 空间，12KB（支持位操作 RAM 区）
	0x2000_3000～0x21FF_FFFF	保留
	0x2200_0000～0x2205_FFFF	384KB（映射到 12KB 的 SRAM_U 的位带别名区）
	0x2206_0000～0x23FF_FFFF	保留
	0x2400_0000～0x3FFF_FFFF	448MB（位操作引擎 BME 访问 SRAM_U）
外设区	0x4000_0000～0x4007_FFFF	AIPS 外围设备，如 UART、定时器、模块配置等
	0x4008_0000～0x400F_EFFF	保留
	0x400F_F000～0x400F_FFFF	GPIO 模块
	0x4010_0000～0x43FF_FFFF	保留
	0x4400_0000～0x5FFF_FFFF	448MB（位操作引擎 BME 访问外设 0～127 槽）
外部 RAM、外设区	0x6000_0000～0xDFFF_FFFF	保留
私有外设总线区	0xE000_0000～0xE00F_FFFF	私有外设，如系统时钟、中断控制器、调试接口
系统保留区	0xE010_0000～0xF000_1FFF	保留
	0xF000_2000～0xF000_2FFF	ROM 表，存放存储映射信息
	0xF000_3000～0xF000_3FFF	杂项控制单元 MCM
	0xF000_4000～0xF7FF_FFFF	保留
	0xF800_0000～0xFFFF_FFFF	IOPORT：FGPIO（单周期访问），可被内核直接访问

（1）片内 Flash 区存储映像。KEA128 片内 Flash 大小为 128KB，地址范围是 0x0000_0000～0x0001_FFFF，一般被用来存放中断向量、程序代码、常数等，其中前 192B 为中断向量表。

（2）片内 RAM 区存储映像。KEA128 片内 RAM 为静态随机存储器 SRAM，大小为 16KB，地址范围是 0x1FFF_F000～0x2000_2FFF，一般被用来存储全局变量、静态变量、临时变量（堆栈空间）等。这 16KB 的 RAM，在物理上被划分为 SRAM_L 和 SRAM_U 两部分，其中 SRAM_L 的地址范围是 0x1FFF_F000～0x1FFF_FFFF，SRAM_U 的地址范围是

0x2000_0000～0x2000_2FFF。该芯片的堆栈空间的使用方向是向小地址方向进行，因此，堆栈的栈顶应该设置为 RAM 地址的最大值+1。这样，全局变量及静态变量从 RAM 的最小地址向大地址方向开始使用，堆栈从 RAM 的最高地址向小地址方向使用，从而减少重叠错误。

（3）其他存储映像。其他存储映像，如外设区存储映像（总线桥、GPIO、位操作引擎等）、私有外设总线区存储映像、系统保留区存储映像等，读者只需了解即可，实际使用时，由芯片头文件给出宏定义。需要特殊说明的是，支持位操作引擎 BME 存储区的地址范围是 0x4400_0000～0x5FFF_FFFF，用于对外设的位操作，位操作引擎技术由硬件支持，可使用 Cortex-M 指令集中最基本的加载、存储指令完成对外设地址空间内存的读、改、写操作。

2. KEA128 的引脚功能

80 LQFP 封装的 KEA128 的引脚分布如图 1-5 所示。

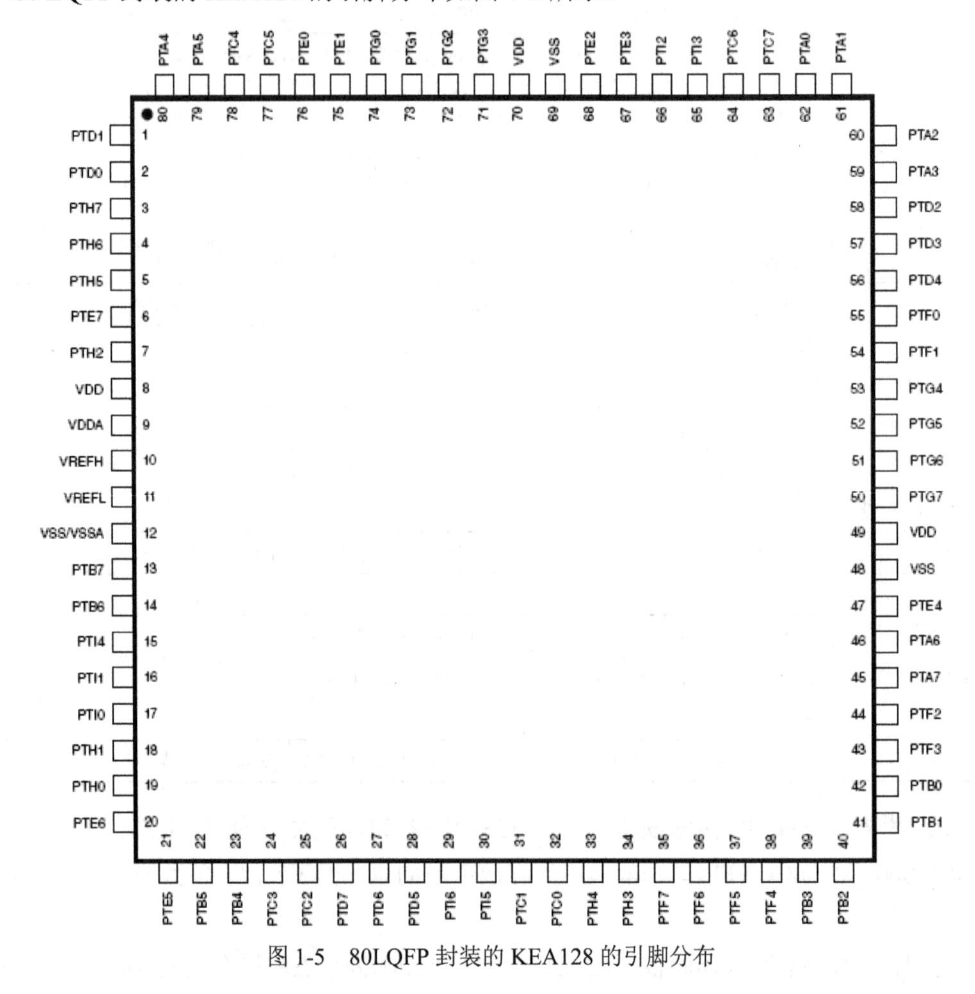

图 1-5　80LQFP 封装的 KEA128 的引脚分布

下面从需求和供给的角度，把 MCU 的引脚分为硬件最小系统引脚和 I/O 端口资源类引脚两大类。

（1）硬件最小系统引脚。KEA128 硬件最小系统引脚是需要服务的引脚，包括电源、复位、晶振、程序写入接口（SWD[1]，serial wire debug，串行线调试）等引脚，如表 1-3 所示，共 14 个引脚。其中芯片使用多组电源引脚，共 9 个，分别为内部电压调节器、I/O 引脚驱动、ADC 等电路提供电压稳定、电流平衡的电源。

表 1-3 KEA128 硬件最小系统引脚

分类	引脚名	引脚号	功 能 描 述
电源	VDD	8、49、70	电源，典型值：3.3V
	VSS	12、48、69	地，典型值：0V
	VDDA、VSSA	9、12	ADC 模块的输入电源，典型值：3.3V、0V
	VREFH、VREFL	10、11	ADC 模块的参考电压，典型值：3.3V、0V
复位	RESET	79	双向引脚，有内部上拉电阻。作为输入，可通过 1.5 个总线时钟周期以上的拉低脉冲实现芯片复位。作为输出，复位开始后，芯片内部电路驱动该引脚至少维持 34 个总线时钟周期的低电平。上电复位后，该引脚默认为 RESET 功能
晶振	EXTAL、XTAL	13、14	分别为无源晶振输入、输出引脚
程序写入接口（SWD）	SWD_CLK	78	SWD 时钟信号线
	SWD_DIO	80	SWD 数据信号线

（2）**I/O 端口资源类引脚**。除了需要服务的硬件最小系统引脚，其他引脚是可以对外提供服务的 I/O 端口资源类引脚。

80LQFP 封装的 KEA128 具有 A、B、C、D、E、F、G、H、I 9 个端口，71 个 I/O 引脚，如表 1-4 所示，其中引脚名是每个 I/O 引脚作为 GPIO 功能的引脚名。I/O 引脚一般具有多个复用功能，详见附录 A 的 80LQFP 封装 S9KEAZ128AMLK 引脚功能分配表，在实际应用时只能使用其中一个功能。

表 1-4 KEA128 的 I/O 端口资源类引脚

端口名	引脚数	引脚名	端口名	引脚数	引脚名
A	8	PTA7～PTA0	F	8	PTF7～PTF0
B	8	PTB7～PTB0	G	8	PTG7～PTG0
C	8	PTC7～PTC0	H	8	PTH7～PTH0
D	8	PTD7～PTD0	I	7	PTI6～PTI0
E	8	PTE7～PTE0			

表 1-4 所列的 71 个 I/O 引脚包括了复位、晶振和 SWD 接口的 5 个引脚，在实际应用中，这些引脚将固定为硬件最小系统引脚功能，因此 KEA128 实际对外服务的有 66 个 I/O 引脚。

3. KEA128 的硬件最小系统

MCU 硬件最小系统是可以使 MCU 内部程序正常运行的最小规模的电路，主要包括

① SWD 适用于所有 ARM 处理器，兼容 JTAG（Joint Test Action Group，边界扫描测试协议）。

MCU 和电源、晶振、复位、写入调试器接口等外围电路。

图 1-6 虚线框内的电路为 KEA128 硬件最小系统电路，虚线框外的引脚是 KEA128 实际对外服务的 I/O 引脚，均以 GPIO 功能作为引脚名，若实际使用的是其另一功能，可以加括号进行标注，这样设计的硬件最小系统电路图通用性好。**需要特别注意的是，在嵌入式应用系统设计中，需要根据所使用的外设（含片内外设）对 MCU 的引脚资源进行统筹规划，以免多个外设因使用相同的引脚而相互冲突。**

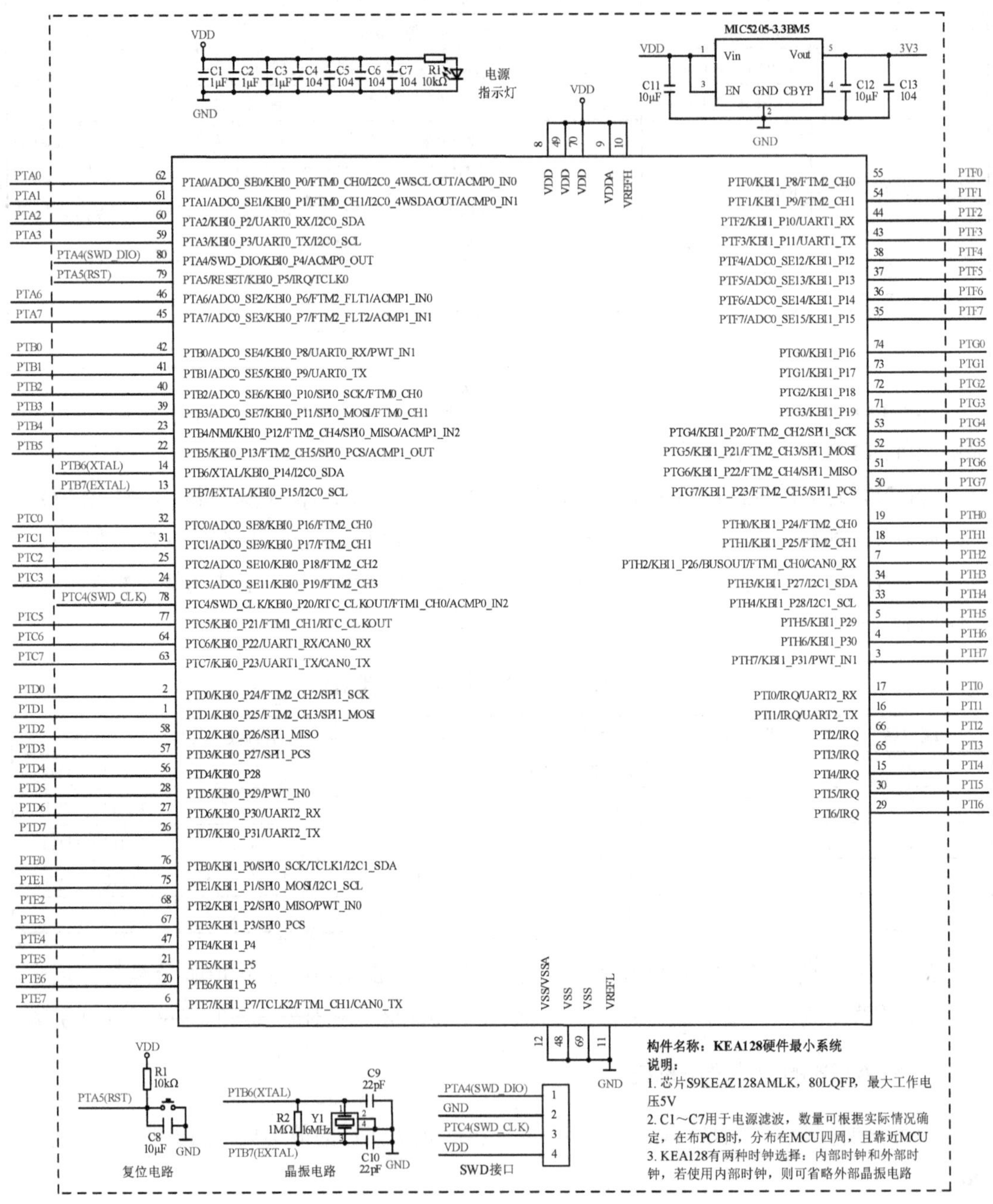

图 1-6　KEA128 引脚布局及硬件最小系统图

任务 1.3 学习 GPIO 底层驱动构件设计及使用方法

1.3.1 GPIO 的通用知识

1. GPIO 概念

GPIO（General Purpose Input Output），即通用输入/输出，也称并行 I/O，它是 I/O 的最基本形式。本书采用正逻辑，即高电平对应逻辑“1”，低电平对应逻辑“0”。某个引脚作为通用输入引脚，MCU 可以通过读取其内部寄存器的值“1”或“0”，以确定该引脚的状态是高电平还是低电平，即开关量输入；某个引脚作为通用输出引脚，MCU 可以通过向其内部寄存器写“1”或“0”，来控制该引脚输出高电平或低电平，即开关量输出。MCU 的大多数 GPIO 引脚可以通过编程来设定其工作方式为输入或输出，称之为双向 GPIO。

2. 上拉电阻、下拉电阻与输入引脚的基本接法

芯片输入引脚的外部有两种不同的连接方式：带上拉电阻的连接、带下拉电阻的连接。通俗地说，若 MCU 的某个引脚通过一个电阻接电源（VCC），则该电阻被称为“上拉电阻”；若 MCU 的某个引脚通过一个电阻接地（GND），则该电阻被称为“下拉电阻”，如图 1-7 所示。

3. 输出引脚的基本接法

作为通用输出引脚，MCU 内部程序向该引脚输出高电平或低电平驱动外部设备工作，即开关量输出，如图 1-8 所示，输出引脚 O_1 和 O_2 分别采用了直接驱动和放大驱动方式，其中引脚 O_2 输出的几毫安的电流经三极管可放大至 100mA 的驱动电流，若负载需要更大的电流，就必须采用光电隔离外加其他驱动电路，但对 MCU 编程来说，没有任何影响。

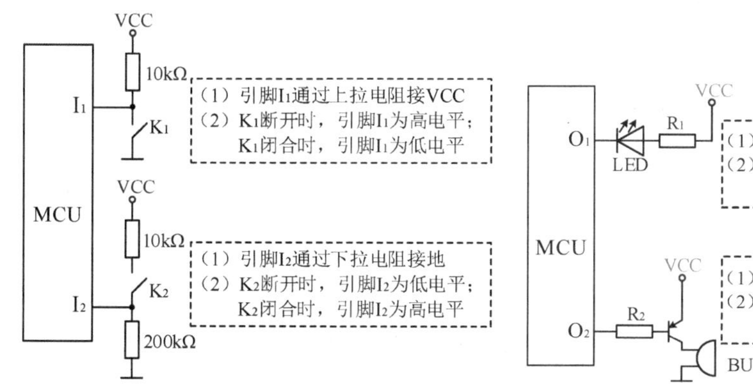

图 1-7 GPIO 引脚输入电路接法举例

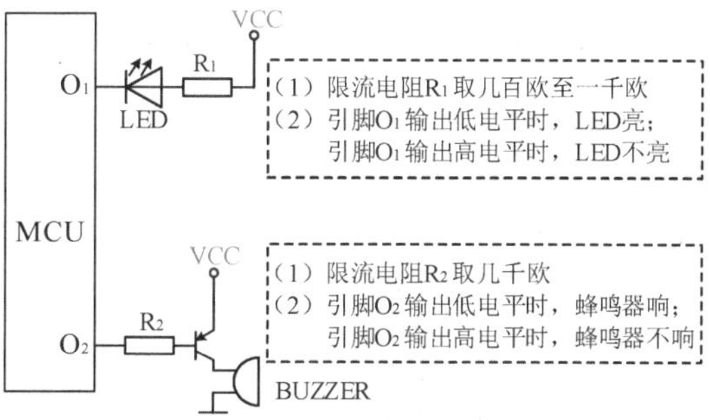

图 1-8 GPIO 引脚输出电路接法举例

1.3.2 KEA128 的 GPIO 底层驱动构件设计及使用方法

1. KEA128 的 GPIO 引脚

1）KEA128 芯片的 GPIO 引脚名

表 1-4 列出了KEA128芯片的GPIO引脚名，PTA7～PTA0、PTB7～PTB0、PTC7～PTC0、PTD7～PTD0、PTE7～PTE0、PTF7～PTF0、PTG7～PTG0、PTH7～PTH0、PTI6～PTI0。

2）KEA128 芯片 I/O 引脚的技术特性

（1）I/O 引脚的驱动能力（拉电流或灌电流的承受能力）。I/O 引脚输出高电平，引脚与地之间的电压（或 I/O 引脚输出低电平，电源与引脚之间的电压）分别是 5V 和 3V 时：单个引脚的拉电流（或灌电流）分别是 5mA 和 2.5mA，部分引脚的高驱动拉电流（或灌电流）分别是 20mA 和 10mA，所有端口引脚总的最大拉电流（或灌电流）分别是 100mA 和 60mA。

（2）I/O 引脚的输入电压参数（V_{IH}和 V_{IL}）如下：

4.5V≤VDD<5.5 V 时，V_{IH}≥0.65VDD，V_{IL}≤0.35VDD；

2.7V≤VDD<4.5 V 时，V_{IH}≥0.7VDD，V_{IL}≤0.3VDD。

（3）I/O 引脚的内部上、下拉电阻。所有能配置为 GPIO 的数字引脚（除了 PTA2 和 PTA3）可通过编程配置为内部上拉到 VDD，内部上拉电阻的阻值范围为 30kΩ～50kΩ。PTA2 和 PTA3 引脚为开漏 I/O 引脚，用于输出时，需要外接上拉电阻。KEA128 芯片的数字输入引脚内部无下拉电阻。

（4）引脚复用。当引脚的其他功能复用时，相应的 GPIO 功能就被关闭。芯片复位后，复用的外设功能会被关闭，引脚自动成为 GPIO 引脚（除了默认被用作 SWD_DIO、SWD_CLK、NMI 功能的 PTA4、PTA5、PTB4、PTC4 引脚）。所有 GPIO 引脚都被配置为高阻抗状态。引脚的复用功能，可以通过系统集成模块（SIM）提供的引脚选择寄存器 SIM_PINSEL 编程来设定（使用其中某一种功能）。

（5）操作模式。MCU 处在运行、等待、调试模式下，GPIO 正常工作；在停止模式下，GPIO 停止工作。

2. KEA128 的 GPIO 底层驱动构件设计分析与头文件

在 GPIO 底层驱动程序封装成构件后，用户可直接调用 GPIO 底层驱动构件程序，实现通过 GPIO 对不同外设进行检测或控制的功能。因此，将底层驱动封装成构件，便于程序的移植和复用，从而减小重复劳动，使广大 MCU 应用开发者专注于上层软件的稳定性与功能设计。

在设计驱动构件时，重点是分析需要设计几个封装函数，每个函数的名称、参数、返回和功能等要素。现以 GPIO 底层驱动构件为例，进行封装要点分析。

1）GPIO 底层驱动构件设计分析

（1）引脚初始化函数 gpio_init[①]。MCU 有若干 GPIO 引脚，因此函数中要有“端口号_

① 为了使软件符合工程规范，本书中的函数名命名遵循“构件名_操作名”的规则。

引脚号”的参数；GPIO 引脚有输入和输出两个方向，因此函数中要有设定“引脚方向”的参数；若为输出功能，则需要设定输出状态，因此函数中要有设定“引脚输出状态”的参数。函数不必有返回值。这样 GPIO 引脚初始化函数原型可以设计为：

```
void gpio_init(uint_16 port_pin, uint_8 dir, uint_8 state);
```

其中，uint_16、uint_8 分别是无符号 16 位整型、无符号 8 位整型的别名，其声明在工程文件夹下的“..\06_Soft\common.h”文件中（可参见附录 E）。参数“端口号_引脚号”使用一个无符号 16 位整型的变量 port_pin 描述，其中高 8 位表示端口号，低 8 位表示引脚号，如 PORT_B|(5)表示 B 端口的第 5 引脚 PTB5。

（2）设置引脚状态函数 gpio_set。GPIO 引脚作为输出功能时，可通过该函数设置引脚输出的状态（0 或 1）。该函数需要 2 个参数：端口号_引脚号、引脚输出状态。函数不必有返回值。该函数原型可以设计为：

```
void gpio_set(uint_16 port_pin, uint_8 state);
```

（3）获取引脚状态函数 gpio_get。GPIO 引脚作为输入功能时，可通过该函数获取引脚的状态（0 或 1）。该函数只需 1 个参数：端口号_引脚号。函数需要返回引脚状态值。该函数原型可以设计为：

```
uint_8 gpio_get(uint_16 port_pin);
```

（4）引脚状态反转函数 gpio_reverse。GPIO 引脚作为输出功能时，可通过该函数对引脚的输出状态进行取反。该函数只需 1 个参数：端口号_引脚号。函数不必有返回值。该函数原型可以设计为：

```
void gpio_reverse(uint_16 port_pin);
```

（5）引脚上拉使能函数 gpio_pull。可通过该函数设定 GPIO 引脚是否选择内部上拉电阻。该函数需要 2 个参数：端口号_引脚号、上拉选择。函数不必有返回值。该函数原型可以设计为：

```
void gpio_pull(uint_16 port_pin, uint_8 pull_select);
```

GPIO 底层驱动构件由 gpio.h 头文件和 gpio.c 源文件组成，若要使用 GPIO 底层驱动构件，只需将这两个文件添加到所建工程的 04_Driver（MCU 底层驱动构件）文件夹中，即可实现对 GPIO 引脚的操作。其中，gpio.h 头文件主要包括相关头文件的包含、一些必要的宏定义、对外接口函数的声明；而 gpio.c 源文件则是对外接口函数的具体实现，需要结合 KEA128 参考手册中的 GPIO、PORT 模块信息和芯片头文件 SKEAZ1284.h 进行分析与设计，对应的程序请参阅附录 F 的 F.1。应用开发者只要熟悉 gpio.h 头文件的内容，即可使用 GPIO 底层驱动构件进行编程。

2）GPIO 底层驱动构件头文件（gpio.h）

```
//===========================================================
//文件名称：gpio.h
//功能概要：GPIO 底层驱动构件头文件
//芯片类型：KEA128
```

```
//版权所有：JSEI-SMH & SD-WYH
//版本更新：2020-03-31  V1.1
//============================================================================
#ifndef  _GPIO_H            //防止重复定义（开头）
#define  _GPIO_H
//1.头文件包含
#include  "common.h"        //包含公共要素软件构件头文件
//2.宏定义
//（1）端口号地址偏移量宏定义，采用左移 8 位是为了使端口号位于 port_pin 变量的高 8 位
#define  PORT_A    (0<<8)
#define  PORT_B    (1<<8)
#define  PORT_C    (2<<8)
#define  PORT_D    (3<<8)
#define  PORT_E    (4<<8)
#define  PORT_F    (5<<8)
#define  PORT_G    (6<<8)
#define  PORT_H    (7<<8)
#define  PORT_I    (8<<8)
//（2）引脚方向宏定义
#define  GPIO_IN       0       //引脚为输入
#define  GPIO_OUT      1       //引脚为输出
//（3）引脚上拉使能宏定义
#define  PULL_DISABLE   0      //引脚内部上拉禁止
#define  PULL_ENABLE    1      //引脚内部上拉使能
//3.对外接口函数声明
//============================================================================
//函数名称：gpio_init
//函数功能：初始化指定端口引脚为 GPIO 功能，并设定引脚方向为输入或输出；
//          若为输出，还要指定初始状态是低电平或高电平
//函数参数：port_pin：（端口号）|（引脚号）（如 PORT_B|(5) 表示 B 端口 5 号引脚）
//          dir：引脚方向（可使用宏定义，GPIO_IN 为输入，GPIO_OUT 为输出）
//          state：端口引脚初始状态（0 为低电平，1 为高电平）
//函数返回：无
//============================================================================
void gpio_init(uint_16 port_pin, uint_8 dir, uint_8 state);

//============================================================================
//函数名称：gpio_set
//函数功能：当指定端口引脚为 GPIO 功能且为输出时，设置指定引脚的状态
//函数参数：port_pin：（端口号）|（引脚号）（如 PORT_B|(5) 表示 B 端口 5 号引脚）
//          state：端口引脚的状态（0 为低电平，1 为高电平）
//函数返回：无
//============================================================================
```

```
void gpio_set(uint_16 port_pin, uint_8 state);

//===========================================================================
//函数名称：gpio_get
//函数功能：当指定端口引脚为 GPIO 功能且为输入时，获取指定引脚的状态
//函数参数：port_pin: (端口号)|(引脚号)（如 PORT_B|(5) 表示 B 端口 5 号引脚）
//函数返回：指定端口引脚的状态（1 或 0）
//===========================================================================
uint_8 gpio_get(uint_16 port_pin);

//===========================================================================
//函数名称：gpio_reverse
//函数功能：当指定端口引脚为 GPIO 功能且为输出时，反转指定引脚的状态
//函数参数：port_pin: (端口号)|(引脚号)（如 PORT_B|(5) 表示 B 端口 5 号引脚）
//函数返回：无
//===========================================================================
void gpio_reverse(uint_16 port_pin);

//===========================================================================
//函数名称：gpio_pull
//函数功能：当指定端口引脚为 GPIO 功能且为输入时，选择是否使用引脚内部上拉电阻
//函数参数：port_pin: (端口号)|(引脚号)（如 PORT_B|(5) 表示 B 端口 5 号引脚）
//          pull_select: 引脚内部上拉使能选择（可使用宏定义，PULL_DISABLE 为上拉禁用，
//                       PULL_ENABLE 为上拉使能）
//函数返回：无
//特别注意：在指定端口引脚中，PTA2 和 PTA3 要除外
//===========================================================================
void gpio_pull(uint_16 port_pin, uint_8 pull_select);

#endif            //防止重复定义（结尾）
```

需要说明的是，在上述 **gpio.h** 头文件中引入条件编译的目的是防止系统在编译、连接多个同时包含 **gpio.h** 的源文件时出现“重复定义”的错误，后续所有的头文件均采用此方法。

任务 1.4　嵌入式构件化设计方法及闪灯的实现

1.4.1　小灯硬件构件和软件构件的设计及使用方法

嵌入式应用领域所使用的 MCU 芯片种类繁多，并且应用场合千变万化。**为了实现嵌入式系统设计在不同 MCU 和不同应用场合中的可移植和可复用，嵌入式硬件和软件均需采用“构件化”设计。**现以小灯构件设计为例，说明嵌入式硬件构件和软件构件的设计方法。

1．小灯硬件构件的设计及使用方法

现以图 1-9 给出的小灯硬件构件为例，说明硬件构件的设计及使用方法。图 1-9（a）虚线框内的粗体标识为硬件构件的接口注释，便于理解该接口的含义和功能；图 1-9（b）虚线框外的正体标识为硬件构件的接口网标，具有电气连接特性，表示硬件构件的接口与 MCU 的引脚相连接。硬件构件在不同应用系统中移植和复用时，仅需修改接口网标。

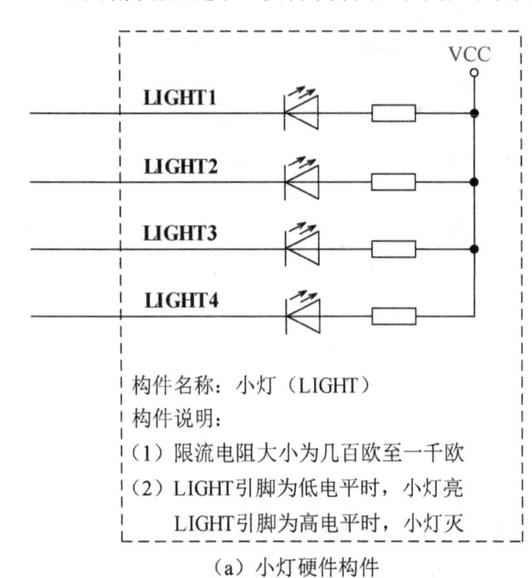

（a）小灯硬件构件

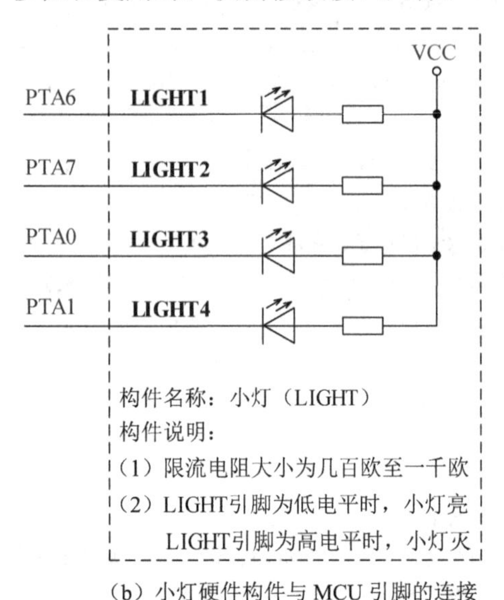

（b）小灯硬件构件与 MCU 引脚的连接

图 1-9　小灯硬件构件及应用

2．小灯软件构件的设计及使用方法

现以小灯软件构件为例，说明软件构件的设计及使用方法。与 GPIO 底层驱动构件类似，小灯软件构件由 light.h 头文件和 light.c 源文件组成，若要使用小灯软件构件，只需将这两个文件添加到所建工程的 05_App（应用外设构件）文件夹中，即可实现对小灯的操作。其中，light.h 头文件主要包括相关头文件的包含、小灯硬件构件相关的宏定义、小灯构件对外接口函数的声明；而 light.c 源文件是小灯构件对外接口函数的具体实现。因此，在小灯硬件构件基础上进行小灯软件构件设计时，主要做以下两件事：①在 light.h 头文件中，用宏定义实现硬件接口注释和接口网标的对应关系；②在 light.c 源文件中，进行小灯构件对外接口函数的分析与设计。

应用开发者只要熟悉 light.h 头文件的内容，即可使用小灯软件构件进行编程。软件构件在不同应用系统中移植和复用时，仅需根据硬件构件接口修改软件构件头文件中的相关宏定义即可。

1）小灯软件构件头文件 light.h

```
//==================================================================
/文件名称：light.h
//功能概要：小灯软件构件头文件
```

```
//版权所有：JSEI-SMH & SD-WYH
//版本更新：2017-08-31  V1.0
//==========================================================================
#ifndef _LIGHT_H                          //防止重复定义（开头）
#define _LIGHT_H
//1.头文件包含
#include  "common.h"                      //包含公共要素软件构件头文件
#include  "gpio.h"                        //包含GPIO底层驱动构件头文件
//2.宏定义
//（1）小灯硬件构件接口引脚宏定义（由实际的硬件连接决定）
#define  LIGHT1     (PORT_B|2)            //小灯LIGHT1使用的端口/引脚
#define  LIGHT2     (PORT_B|3)            //小灯LIGHT2使用的端口/引脚
#define  LIGHT3     (PORT_F|0)            //小灯LIGHT3使用的端口/引脚
#define  LIGHT4     (PORT_F|1)            //小灯LIGHT4使用的端口/引脚
//（2）小灯状态宏定义（小灯亮、小灯灭对应的物理电平由硬件接法决定）
#define  LIGHT_ON     0                   //小灯亮
#define  LIGHT_OFF    1                   //小灯灭
//3.对外接口函数声明
//==========================================================================
//函数名称：light_init
//函数功能：小灯驱动初始化
//函数参数：port_pin：小灯使用的端口引脚号，可使用宏定义LIGHT1～LIGHT4
//          state：小灯的状态，可使用宏定义LIGHT_ON、LIGHT_OFF
//函数返回：无
//==========================================================================
void light_init(uint_16 port_pin, uint_8 state);

//==========================================================================
//函数名称：light_control
//函数功能：控制小灯的状态
//函数参数：port_pin：小灯使用的端口引脚号，可使用宏定义LIGHT1～LIGHT4
//          state：小灯的状态，可使用宏定义LIGHT_ON、LIGHT_OFF
//函数返回：无
//==========================================================================
void light_control(uint_16 port_pin, uint_8 state);

//==========================================================================
//函数名称：light_change
//函数功能：改变小灯的状态
//函数参数：port_pin：小灯使用的端口引脚号，可使用宏定义LIGHT1～LIGHT4
//函数返回：无
//==========================================================================
void light_change(uint_16 port_pin);
```

```
#endif            //防止重复定义（结尾）
```

2）小灯软件构件源文件 light.c

```
//==========================================================================
//文件名称：light.c
//功能概要：小灯软件构件源文件
//版权所有：JSEI-SMH & SD-WYH
//版本更新：2017-8-31  V1.0
//==========================================================================
//1.包含本构件头文件
#include  "light.h"
//2.对外接口函数的定义与实现
//==========================================================================
//函数名称：light_init
//函数功能：小灯驱动初始化
//函数参数：port_pin：小灯使用的端口引脚号，可使用宏定义 LIGHT1～LIGHT4
//          state：小灯的状态，可使用宏定义 LIGHT_ON、LIGHT_OFF
//函数返回：无
//==========================================================================
void light_init(uint_16 port_pin, uint_8 state)
{
   gpio_init(port_pin, GPIO_OUT, state); //设置引脚为输出及引脚输出状态
}

//==========================================================================
//函数名称：light_control
//函数功能：控制小灯的状态
//函数参数：port_pin：小灯使用的端口引脚号，可使用宏定义 LIGHT1～LIGHT4
//          state：小灯的状态，可使用宏定义 LIGHT_ON、LIGHT_OFF
//函数返回：无
//==========================================================================
void light_control(uint_16 port_pin, uint_8 state)
{
   gpio_set(port_pin, state);            //设置引脚输出状态
}

//==========================================================================
//函数名称：light_change
//函数功能：改变小灯的状态
//函数参数：port_pin：小灯使用的端口引脚号，可使用宏定义 LIGHT1～LIGHT4
//函数返回：无
//==========================================================================
void light_change(uint_16 port_pin)
```

```
{
   gpio_reverse(port_pin);                 //反转引脚的状态
}
```

1.4.2　嵌入式软件最小系统设计——实现闪灯

1. 嵌入式软件最小系统

在嵌入式基础实践中，一般以 MCU 控制小灯闪烁作为入门实验，对应的程序框架称为**“嵌入式软件最小系统”**，表 1-5 给出了在 Keil MDK 集成开发环境下的 KEA128 控制小灯闪烁程序的工程组织框架①。Keil MDK 集成开发环境使用方法详见附录 B。

表 1-5　KEA128 软件最小系统（工程组织）框架及说明表

Keil MDK 下的工程组织	说　明
Project: KEA128	工程名
EXAMPLE	工程应用名
01_Doc	01 文档文件夹
Readme.txt	工程应用说明文件：在软件和硬件改动时，用户需要及时更改
02_Core	02 内核文件夹：文件由 ARM 公司提供，与使用的 ARM 内核有关
core_cm0plus.h	ARM CM0+内核的核内外设访问层头文件
core_cmFunc.h	ARM CM 系列内核函数头文件
core_cmInstr.h	ARM CM 系列内核指令访问头文件
03_MCU	03 MCU 文件夹：文件由 MCU 厂商提供，与使用的 MCU 有关
SKEAZ1284.h	芯片头文件：给出中断号的定义，芯片寄存器的名称、地址映射和访问方法
startup_SKEAZ1284.S	芯片启动文件：主要存放中断向量表、各中断服务程序的函数名及默认程序
system_SKEAZ1284.h	芯片系统初始化头文件：对系统初始化函数进行声明
system_SKEAZ1284.c	芯片系统初始化源文件：通过系统初始化函数完成看门狗和系统工作时钟的配置
04_Driver	04 MCU 底层驱动构件文件夹：与使用的 MCU 有关，由用户设计或使用他人设计好的
gpio.h	GPIO 底层驱动构件头文件：头文件包含、宏定义、对外接口函数声明
gpio.c	GPIO 底层驱动构件源文件：本构件头文件包含、内部函数声明、对外接口函数实现
05_App	05 应用外设构件文件夹：可适用于各种 MCU，由用户设计或使用他人设计好的
light.h	LIGHT 软件构件头文件：头文件包含、宏定义、对外接口函数声明
light.c	LIGHT 软件构件源文件：本构件头文件包含、内部函数声明、对外接口函数实现
06_Soft	06 通用软件构件文件夹：与 CPU 及 MCU 基本无关，由用户设计或使用他人设计好的
common.h	公共要素软件构件头文件：头文件包含、宏定义、对外接口函数声明
common.c	公共要素软件构件源文件：本构件头文件包含、内部函数声明、对外接口函数实现
07_Source	07 工程源程序构件文件夹：由用户根据系统应用需求自行设计
includes.h	总头文件：是 main.c 和 isr.c 使用的头文件，对 04～06 文件夹的头文件包含
main.c	主程序源文件：总头文件包含、全局变量定义、主函数
isr.c	中断服务程序源文件：总头文件包含、外部变量声明、中断服务函数

① **需要特别说明**：根据表 1-5，若采用其他型号的芯片，只需要对 02_Core、03_MCU、04_Driver 中的文件做相应的替换，而其他文件基本不需要改动或做非常少量的改动即可，从而实现了嵌入式软件在不同 MCU 芯片之间的可移植和可复用。

从表 1-5 可以看出，是按照“**分门别类、各有归处**”的原则将文件进行工程组织的，其中的 04_Driver（MCU 底层驱动构件）、05_App（应用外设构件）、06_Soft（通用软件构件）、07_Source（工程源程序构件）的文件都是由本构件的.h 文件和.c 文件组成的。**在此框架下可通过添加其他构件和修改应用层程序完成不同功能的软件设计。**

如果 MCU 底层驱动构件和应用外设构件已由他人设计好，则**初学者可将学习重点放在如下方面：①掌握 MCU 底层驱动构件头文件和应用外设构件头文件的使用方法，熟悉相关的宏定义，掌握对外接口函数的调用方法；②根据系统功能，进行应用层程序设计和优化。**如果用户能够借助芯片手册自行分析与设计 MCU 的底层驱动构件，那么其嵌入式软件设计水平将会得到很大提高。

在此需要说明的是，由于所建工程的 06_Soft（通用软件构件）文件夹中的公共要素软件构件是服务于其他构件程序的，因此建议读者通过附录 E 熟悉其内容，以便后续应用其中的宏定义、新类型名及公共的对外接口函数。

2．闪灯的应用层程序设计

在如表 1-5 所示的框架下，设计 07_Source（工程源程序构件）的文件，以实现小灯闪烁的效果。

1）工程总头文件 includes.h

```
//=====================================================================
//文件名称：includes.h
//函数功能：工程总头文件
//版权所有：JSEI-SMH & SD-WYH
//版本更新：2017-08-31  V1.0
//=====================================================================
#ifndef  _INCLUDES_H          //防止重复定义（开头）
#define  _INCLUDES_H
//包含使用到的软件构件头文件①
#include  "common.h"          //包含公共要素软件构件头文件
#include  "gpio.h"            //包含GPIO底层驱动构件头文件
#include  "light.h"           //包含小灯软件构件头文件
#endif                        //防止重复定义（结尾）
```

2）主程序源文件 main.c

```
//=====================================================================
//文件名称：main.c
//功能概要：主程序源文件
//工程说明：详见01_Doc文件夹中的Readme.txt文件
//版权所有：JSEI-SMH & SD-WYH
```

① 需要按照如图 1-3 所示的嵌入式软件构件分层思想，根据工程功能需求，将工程中所用到的软件构件文件（包括.h 头文件和.c 源文件）添加至所建工程的相应文件夹中。本书所有的项目，均按照此要求进行操作，后续不再重复讲述。

```
//版本更新：2017-08-31  V1.0
//===========================================================
//1.包含总头文件
#include  "includes.h"
//2.定义全局变量

//3.主程序
int main(void)
{
    //（1）声明主函数使用的变量

    //（2）关总中断
    DISABLE_INTERRUPTS;                         //关总中断
    //（3）给有关变量赋初值

    //（4）初始化功能模块和外设模块
    light_init(LIGHT1, LIGHT_OFF);              //初始化小灯 LIGHT1
    //（5）使能模块中断

    //（6）开总中断
    ENABLE_INTERRUPTS;                          //开总中断
    //（7）进入主循环
    for(;;)
    {
        //运行指示灯闪烁
        light_change(LIGHT1);                   //改变小灯 LIGHT1 的状态
        Delay_ms(500);                          //延时 500ms
    } //主循环结束
}
```

3. 闪灯效果的测试

在 PC 的 Keil MDK 集成开发环境编写好程序后，需要将对应的 MCU 可执行代码文件下载至目标 MCU 中，其具体步骤如下。

（1）在 Keil MDK 集成开发环境中对闪灯的工程文件进行编译、连接后，生成工程对应的 KEA128.hex 文件（位于工程文件夹下的 Objects 文件夹中），其方法请参见附录 B。

（2）按照如图 1-6 所示的 SWD 接口电路，将 SWD 下载器的 4 根输出线与目标 MCU 对应的 SWD 引脚相连接，然后将 SWD 下载器的 USB 端与 PC 的 USB 接口相连接。

（3）利用目标程序下载软件 J-Flash 将 KEA128.hex 文件下载至目标 MCU 中，其方法请参见附录 C。

（4）通过对 MCU 重新上电或者执行 J-Flash 软件菜单中的“Target→Manual Programming→Start Application”命令运行 MCU 中的程序，观察实验效果。

【思考与实验】

请读者通过修改上述主程序的代码，分别完成：①改变小灯闪烁的频率；②控制其他小灯闪烁；③实现流水灯的效果。

项目 2

开关状态指示灯的设计与实现

项目导读：

现实生活的很多场合中，通过开关（Switch）控制用电设备。本项目是在项目 1 的基础上，实现通过指示灯反映开关状态的功能。在本项目中，重点掌握开关硬件构件和开关软件构件的设计及使用方法，并在此基础上学会开关检测与控制功能的应用层程序设计方法。

任务 2.1 学习开关硬件构件和软件构件的设计及使用方法

开关硬件构件的设计及使用方法与 1.4.1 节中介绍的小灯硬件构件的设计及使用方法类似，图 2-1（a）虚线框内的粗体标识为开关硬件构件的接口注释，图 2-1（b）虚线框外的正体标识为硬件构件的接口网标，具有电气连接特性，表示硬件构件的接口与 MCU 的引脚相连接。硬件构件在不同应用系统中移植和复用时，仅需修改虚线框外的接口网标。

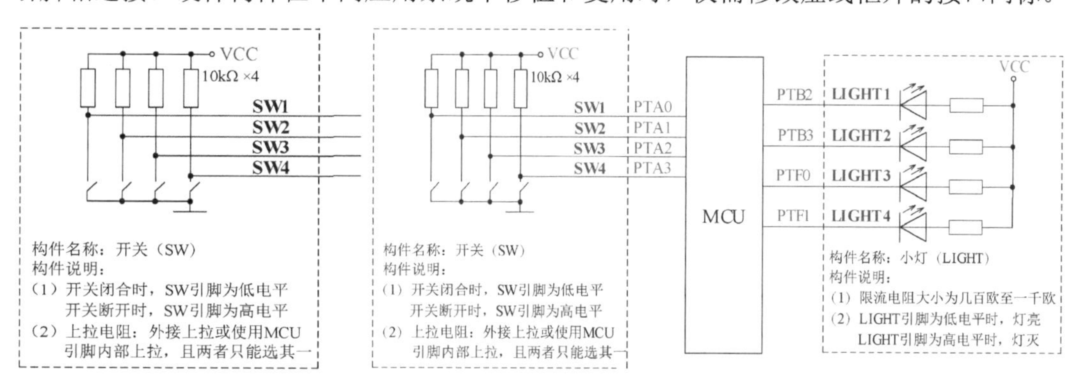

（a）开关硬件构件　　（b）开关硬件构件、小灯硬件构件与 MCU 的引脚连接

图 2-1　开关硬件构件及应用

开关软件构件的设计及使用方法与 1.4.1 节中介绍的小灯软件构件的设计及使用方法类似，开关软件构件由 sw.h 头文件和 sw.c 源文件组成，若要使用开关软件构件，只需将这两个文件添加到所建工程的 05_App（应用外设构件）文件夹中，即可实现对开关的操作。

其中，sw.h 头文件主要包括相关头文件的包含、开关硬件构件相关的宏定义、开关构件对外接口函数的声明；而 sw.c 源文件是开关构件对外接口函数的具体实现。因此，在开关硬件构件基础上进行开关软件构件设计时，主要做以下两件事：①在 sw.h 头文件中，用宏定义实现硬件构件的接口注释和接口网标的对应关系；②在 sw.c 源文件中，进行开关构件对外接口函数的分析与设计。

应用开发者只要熟悉 sw.h 头文件的内容，即可使用开关软件构件进行编程。软件构件在不同应用系统中移植和复用时，仅需根据硬件构件接口修改软件构件头文件中的相关宏定义即可。

1. 开关软件构件头文件 sw.h

```
//===============================================================
//文件名称：sw.h
//功能概要：开关软件构件头文件
//版权所有：JSEI-SMH & SD-WYH
//版本更新：2020-07-20  V1.1
//===============================================================
#ifndef _SW_H                              //防止重复定义（开头）
#define _SW_H
//1.头文件包含
#include  "common.h"                       //包含公共要素软件构件头文件
#include  "gpio.h"                         //包含 GPIO 底层驱动构件头文件
//2.宏定义
//（1）开关硬件构件接口引脚宏定义（由实际的硬件连接决定）
#define   SW1      (PORT_A|0)              //开关 SW1 使用的端口/引脚
#define   SW2      (PORT_A|1)              //开关 SW2 使用的端口/引脚
#define   SW3      (PORT_A|2)              //开关 SW3 使用的端口/引脚
#define   SW4      (PORT_A|3)              //开关 SW4 使用的端口/引脚
//（2）开关状态宏定义（开关状态对应的物理电平由硬件接法决定）
#define   SW_CLOSE    0                    //开关闭合
#define   SW_OPEN     1                    //开关断开
//3.对外接口函数声明
//===============================================================
//函数名称：sw_init
//函数功能：开关驱动初始化（假设使用 MCU 引脚内部上拉）
//函数参数：port_pin：开关使用的端口引脚号，可使用宏定义 SW1～SW4
//函数返回：无
//相关说明：上拉电阻使用外接上拉或使用 MCU 引脚内部上拉，且两者只能选其一。
//          若使用外接上拉电阻，则不需要使能 MCU 引脚内部上拉
//===============================================================
void sw_init(uint_16 port_pin);
```

```
//==============================================================
//函数名称：sw_get
//函数功能：获取开关的状态
//函数参数：port_pin：开关使用的端口引脚号，可使用宏定义 SW1～SW4
//函数返回：开关引脚的状态（0 或 1）
//==============================================================
uint_8 sw_get(uint_16 port_pin);

#endif              //防止重复定义（结尾）
```

2. 开关软件构件源文件 sw.c

```
//==================================================================
//文件名称：sw.c
//功能概要：开关软件构件源文件
//版权所有：JSEI-SMH & SD-WYH
//版本更新：2020-07-20  V1.1
//==================================================================
//1.包含本构件头文件
#include  "sw.h"
//2.对外接口函数的定义与实现
//==============================================================
//函数名称：sw_init
//函数功能：开关驱动初始化（假设使用 MCU 引脚内部上拉）
//函数参数：port_pin：开关使用的端口引脚号，可使用宏定义 SW1～SW4
//函数返回：无
//相关说明：上拉电阻使用外接上拉或使用 MCU 引脚内部上拉，且两者只能选其一。
//          若使用外接上拉电阻，则不需要使能 MCU 引脚内部上拉
//==============================================================
void sw_init(uint_16 port_pin)
{
    gpio_init(port_pin, GPIO_IN, 1);            //设置引脚为输入
    gpio_pull(port_pin, PULL_ENABLE);           //引脚内部上拉使能
}

//==============================================================
//函数名称：sw_get
//函数功能：获取开关的状态
//函数参数：port_pin：开关使用的端口引脚号，可使用宏定义 SW1～SW4
//函数返回：开关引脚的状态（0 或 1）
//==============================================================
uint_8 sw_get(uint_16 port_pin)
{
    return  ( gpio_get(port_pin) );             //返回开关引脚的状态
}
```

任务 2.2　学习开关状态指示灯的应用层程序设计

现利用项目 1 中的小灯软件构件和本项目中的开关软件构件，编程实现如图 2-1（b）所示电路中的多路开关状态指示功能：4 个开关 SW1、SW2、SW3、SW4 的状态分别由小灯 LIGHT1、LIGHT2、LIGHT3、LIGHT4 指示。例如，开关 SW1 闭合，小灯 LIGHT1 亮；开关 SW1 断开，小灯 LIGHT1 灭。

在如表 1-5 所示的框架下，设计 07_Source（工程源程序构件）的文件，以实现多路开关状态指示功能。现给出一路开关 SW1 状态指示的应用层程序。

1．工程总头文件 includes.h

```
//======================================================================
//文件名称：includes.h
//函数功能：工程总头文件
//版权所有：JSEI-SMH & SD-WYH
//版本更新：2017-08-31  V1.0
//======================================================================
#ifndef  _INCLUDES_H           //防止重复定义（开头）
#define  _INCLUDES_H
//包含使用到的软件构件头文件
#include  "common.h"           //包含公共要素软件构件头文件
#include  "gpio.h"             //包含 GPIO 底层驱动构件头文件
#include  "light.h"            //包含小灯软件构件头文件
#include  "sw.h"               //包含开关软件构件头文件
#endif                         //防止重复定义（结尾）
```

2．主程序源文件 main.c

```
//======================================================================
//文件名称：main.c
//功能概要：主程序源文件
//工程说明：详见 01_Doc 文件夹中的 Readme.txt 文件
//版权所有：JSEI-SMH & SD-WYH
//版本更新：2017-08-31  V1.0
//======================================================================
//1.包含总头文件
#include  "includes.h"
//2.定义全局变量

//3.主程序
int main(void)
{
    //（1）声明主函数使用的变量
```

```
    //（2）关总中断
    DISABLE_INTERRUPTS;                      //关总中断
    //（3）给有关变量赋初值

    //（4）初始化功能模块和外设模块
    light_init(LIGHT1, LIGHT_OFF);           //初始化小灯 LIGHT1
    sw_init(SW1);                            //初始化开关 SW1
    //（5）使能模块中断

    //（6）开总中断
    ENABLE_INTERRUPTS;                       //开总中断
    //（7）进入主循环
    for(;;)
    {
        //查询开关状态，控制对应小灯亮灭
        if(sw_get(SW1) == SW_CLOSE)          //开关 SW1 闭合，小灯 LIGHT1 亮
            light_control(LIGHT1, LIGHT_ON);
        else                                 //开关 SW1 断开，小灯 LIGHT1 灭
            light_control(LIGHT1, LIGHT_OFF);
    } //主循环结束
}
```

【思考与实验】

请读者通过修改上述主程序的代码，实现多路开关状态指示功能。

项目 3

利用定时中断实现频闪灯

项目导读：

在项目 1 中实现的小灯闪烁程序采用了完全软件延时方式，即利用循环计数程序实现软件延时功能（详见附录 E 中的 Delay_ms 函数），该方式有两大缺点：①设计者需要对循环计数程序代码的执行时间进行精确计算和测试，通过修改相关参数，拼凑出要求的延时时间，因此软件延时一般用于粗略延时的场合；②执行延时子程序期间，CPU 一直被占用而不能做其他事情，从而降低了 CPU 的利用率。

为此，可使用 MCU 内部可编程定时/计数器实现延时。用户根据需要的定时时间，用指令对定时/计数器设置定时常数，并用指令启动定时/计数器计数，当计数到指定值时，它将自动产生一个定时输出或中断信号告知 CPU。定时/计数器在计数期间，与 CPU 并行工作，不占用 CPU 的工作时间。该方式通过简单的程序设置即可实现准确的定时，还可利用定时器产生中断信号以建立多任务环境，大大提高 CPU 的利用率，因此在嵌入式系统中得到了广泛应用。

在本项目中，首先学习中断的相关知识，理解中断的基本概念及基本过程；然后熟悉 MCU 内部定时器模块及其底层驱动构件头文件及使用方法；最后学习利用 MCU 内部定时中断功能实现频闪灯的应用层程序设计方法。

任务 3.1 理解中断的基本概念及基本过程

3.1.1 中断的基本概念

1. 中断的含义

中断是计算机的一项重要技术，利用中断可以提高 CPU 的执行效率。所谓**中断**，是指 MCU 在正常运行程序时，由于 MCU 内核异常或 MCU 各功能模块发出请求事件，使 MCU 停止正在运行的程序，而转去处理异常或执行处理外部事件的程序（中断服务程序）。

2. 中断源、中断向量表

引起 MCU 中断的事件称为**中断源**。MCU 的中断源分为两类：内核中断源和非内核中断源。当 MCU 内核异常时，内核中断会使芯片复位或使 MCU 做出其他处理。非内核中断是由 MCU 各功能模块引起的中断，MCU 执行完中断服务程序后，又回到刚才正在执行的程序，从停止的位置（断点）继续执行后续的指令，如图 3-1 所示。

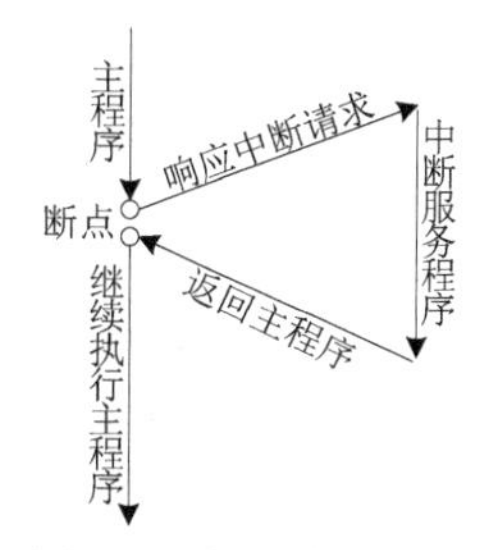

图 3-1　中断响应流程

KEA128 的中断源如表 3-1 所示，该表给出了各个中断源的中断向量号、中断请求号（简称 IRQ 中断号）及非内核中断优先级设置的 IPRx 寄存器号。

中断向量号是每个中断源的固定编号。**中断向量表**是指按照中断源的中断向量号的固定顺序，用于存放**中断服务程序入口地址（中断向量）**的一段**连续**存储区域，其本质是一个常量指针数组，中断向量号是该数组元素的编号，而每个数组元素的值为中断服务程序的入口地址。每个中断服务程序的入口地址占用 4 个字节单元，KEA128 中断向量表位于存储区 0x0000_0000～0x0000_00BF 的一段地址范围，共 192 个字节，存放 48 个中断服务程序的入口地址。

IRQ 中断号是每个中断源的编号，每一个编号代表一个中断源。在芯片头文件 SKEAZ1284.h 中，使用一个枚举类型实现了中断号的编排。

表 3-1　KEA128 的中断源

中断源类型	起始地址	中断向量号	IRQ 中断号	IPRx 寄存器号	中断源	中断源说明
内核中断源	0x0000_0000	0	—	—	ARM 内核	初始化栈指针
	0x0000_0004	1	—	—	ARM 内核	初始化程序计数器
	0x0000_0008	2	-14	—	ARM 内核	不可屏蔽中断 NMI
	0x0000_000C	3	-13	—	ARM 内核	硬件故障
	0x0000_0010	4	—	—	—	—
	0x0000_0014	5	—	—	—	—
	0x0000_0018	6	—	—	—	—
	0x0000_001C	7	—	—	—	—
	0x0000_0020	8	—	—	—	—
	0x0000_0024	9	—	—	—	—
	0x0000_0028	10	—	—	—	—
	0x0000_002C	11	-5	—	ARM 内核	监督呼叫 SVCall
	0x0000_0030	12	—	—	—	—
	0x0000_0034	13	—	—	—	—
	0x0000_0038	14	-2	—	ARM 内核	系统服务可挂起请求 PendableSrvReq
	0x0000_003C	15	-1	—	ARM 内核	系统定时计数器 SysTick

续表

中断源类型	起始地址	中断向量号	IRQ中断号	IPRx寄存器号	中断源	中断源说明
非内核中断源	0x0000_0040	16	0	0	—	—
	0x0000_0044	17	1	0	—	—
	0x0000_0048	18	2	0	—	—
	0x0000_004C	19	3	0	—	—
	0x0000_0050	20	4	1	—	—
	0x0000_0054	21	5	1	FTMRE	命令完成
	0x0000_0058	22	6	1	PMC	低电压警告
	0x0000_005C	23	7	1	IRQ	外部中断
	0x0000_0060	24	8	2	I^2C0	I^2C0 中断
	0x0000_0064	25	9	2	I^2C1	I^2C1 中断
	0x0000_0068	26	10	2	SPI0	SPI0 中断
	0x0000_006C	27	11	2	SPI1	SPI1 中断
	0x0000_0070	28	12	3	UART0	UART0 状态和错误中断
	0x0000_0074	29	13	3	UART1	UART1 状态和错误中断
	0x0000_0078	30	14	3	UART2	UART2 状态和错误中断
	0x0000_007C	31	15	3	ADC0	ADC 转换完成中断
	0x0000_0080	32	16	4	ACMP0	ACMP0 中断
	0x0000_0084	33	17	4	FTM0	FTM0 中断
	0x0000_0088	34	18	4	FTM1	FTM1 中断
	0x0000_008C	35	19	4	FTM2	FTM2 中断
	0x0000_0090	36	20	5	RTC	RTC 溢出
	0x0000_0094	37	21	5	ACMP1	ACMP1 中断
	0x0000_0098	38	22	5	PIT_CH0	PIT_CH0 溢出中断
	0x0000_009C	39	23	5	PIT_CH1	PIT_CH1 溢出中断
	0x0000_00A0	40	24	6	KBI0（32 位）	键盘中断 0（32 位）
	0x0000_00A4	41	25	6	KBI1（32 位）	键盘中断 1（32 位）
	0x0000_00A8	42	26	6	—	—
	0x0000_00AC	43	27	6	ICS	时钟失锁中断
	0x0000_00B0	44	28	7	WDOG	看门狗超时中断
	0x0000_00B4	45	29	7	PWT	PWT 中断
	0x0000_00B8	46	30	7	MSCAN	MSCAN 接收中断
	0x0000_00BC	47	31	7	MSCAN	MSCAN 发送、错误和唤醒中断

3．中断优先级、可屏蔽中断和不可屏蔽中断

在进行 MCU 设计时，一般都定义了**中断源的优先级**。MCU 在程序执行过程中，若有两个以上的中断同时发生，则优先级最高的中断源最先得到响应。

可屏蔽中断，是指可通过编程方式关闭的中断。**不可屏蔽中断**，是指不能通过编程方式关闭的中断。

3.1.2 中断的基本过程

1．中断请求

当某一中断源需要CPU为其服务时，它会将对应中断源的中断标志位置1，以便向CPU发出中断请求信号。

2．中断检测

CPU在每条指令结束时将会检查中断请求或系统是否满足异常条件，为此，多数CPU专门在指令周期中使用了中断周期。在中断周期中，CPU将会检测系统中是否有中断请求信号，若系统中有中断请求信号，则CPU将会暂停当前运行的任务，转而去对中断请求进行响应；若系统中没有中断请求信号，则CPU继续运行当前任务。

3．中断响应和中断处理

当某一中断源向CPU发出中断请求信号时，系统将执行以下操作。

（1）CPU查看中断源对应的模块中断是否被使能，若被使能，则响应该中断请求。

（2）在响应中断请求时，首先保护现场，将CPU内部寄存器的数据依次压入RAM堆栈中；然后执行中断服务程序，即从目前等待的中断源中取出优先级最高中断源的中断向量，执行相应的中断服务程序；最后恢复现场、中断返回，即在中断服务程序结束后，从RAM堆栈依次弹出CPU内部寄存器的数据，再返回到中断前的程序。

由于在执行中断服务程序过程中，也会使用CPU内部寄存器，因此在执行中断服务程序之前需要保护现场，在中断服务程序结束后，再恢复现场。

最后需要说明的是，上述过程是由系统自动完成的，用户只需专注于主程序和中断服务程序的设计。

3.1.3 CM0+的非内核模块中断管理机制

1．CM0+的中断结构及中断过程

CM0+的中断结构由模块中断源、嵌套向量中断控制器（Nested Vectored Interrupt Controller，NVIC）和CM0+内核组成，如图3-2所示。其中断过程分两步：首先，模块中断源向NVIC发出中断请求信号；然后，NVIC对发来的中断信号进行管理，判断该中断是否使能，若使能，则通过私有外设总线发送给CM0+内核，由内核进行中断处理。如果同时有多个中断信号到来，NVIC根据设定好的中断信号的优先级进行判断，优先级高的中

断首先响应，优先级低的中断挂起，压入堆栈保存；如果优先级完全相同的多个中断源同时发出请求，则内核先响应 IRQ 中断号较小的中断源，而其他的中断源被挂起。例如，当 IRQ#4 的优先级与 IRQ#5 的优先级相等时，IRQ#4 会比 IRQ#5 先得到响应。

图 3-2　CM0+的中断结构原理图

2．非内核中断使能初始化步骤

根据 CM0+的中断管理机制，若使一个非内核中断源能够得到内核响应，则需要对其进行使能初始化，初始化的基本步骤如下：①设置模块中断使能位使能模块中断，使模块能够发出中断请求信号；②将该模块在 NVIC 的中断使能寄存器（NVIC_ISER）中对应的使能位置 1，允许该模块的中断请求（可通过调用内核文件 core_cm0plus 中的 NVIC_EnableIRQ 函数实现）。

任务 3.2　利用 FTM 定时中断实现频闪灯

FTM（FlexTimer）是一个具有基本定时、脉宽调制（PWM）、输入捕捉和输出比较等多种功能的综合定时器。KEA128 芯片中有 3 个 FTM 模块，分别是 FTM0、FTM1 和 FTM2。在此只介绍 FTM 模块的基本定时功能，FTM 模块的 PWM 功能和输入捕捉功能将分别在项目 7 和项目 8 中介绍。

3.2.1　FTM 基本定时底层驱动构件设计及使用方法

1．与 FTM 基本定时相关的寄存器

与 FTM 基本定时相关的寄存器共有 4 个 32 位寄存器，其功能说明如表 3-2 所示。

表 3-2　与 FTM 基本定时相关的寄存器及其功能说明

寄存器名	寄存器简称	功 能 说 明
控制及状态寄存器	FTMx_SC	配置功能及状态标志，只有低 8 位有效。 D7：TOF，只读位，定时器溢出标志位，当计数器达到模数寄存器中的值时，TOF 将在下一个时钟到来时被硬件置位。当 TOF 被置位时，可通过先读控制及状态寄存器，然后向 TOF 位写 0 清除 TOF。 D6：TOIE，读/写位，FTM 定时器溢出中断使能位，0 表示禁止中断，1 表示使能中断。

续表

寄存器名	寄存器简称	功 能 说 明
控制及状态寄存器	FTMx_SC	D5：CPWMS，读/写位，中心对齐 PWM 选择位，0 表示输入捕捉、输出比较、边沿对齐 PWM 功能，FTM 增 1 计数；1 表示中心对齐 PWM 功能，FTM 先增后减计数。 D4～D3：CLKS，读/写位，FTM 计数时钟源选择位，00 表示禁止 FTM 计数，01 表示选择系统时钟，10 表示选择固定频率时钟，11 表示选择外部时钟。 D2～D0：PS，读/写位，FTM 时钟源预分频因子选择位，分频因子=2^{PS}（PS=0～7）
计数器寄存器	FTMx_CNT	低 16 位有效，记录计数器的当前值，复位时该寄存器清 0，向该寄存器写入任何值将会使该寄存器回到初始设定值
模数寄存器	FTMx_MOD	低 16 位有效，用于保存计数器的模数值，即计数器计数终止值
计数初值寄存器	FTMx_CNTIN	低 16 位有效，用于保存计数器的初始值。只有 FTM2 有该寄存器，而 FTM0、FTM1 没有该寄存器

注：FTM 的计数时钟源请参考附录 D 中的系统时钟介绍。

在本项目中，FTM 定时器采用增 1 计数方式，计数器从初值开始增 1 计数，当计数器达到模数寄存器中的值时，定时器溢出标志位 TOF 将在下一个时钟到来时被硬件置位。若定时器溢出中断使能且 NVIC 允许 FTM 模块中断请求，则 TOF 等于 1 时产生定时器溢出中断，使 CPU 转去执行 FTM 中断服务程序。

FTM 基本定时底层驱动构件由 ftm_tmier.h 头文件和 ftm_tmier.c 源文件组成，若要使用 FTM 基本定时底层驱动构件，只需将这两个文件添加到所建工程的 04_Driver（MCU 底层驱动构件）文件夹中即可实现对 FTM 定时器的操作。其中，ftm_tmier.h 头文件主要包括相关头文件的包含、相关的宏定义、对外接口函数的声明；而 ftm_tmier.c 源文件是对外接口函数的具体实现，需要结合 KEA128 参考手册中的 FTM 模块信息和芯片头文件 SKEAZ1284.h 进行分析与设计，对应的程序请参阅附录 F 的 F.2。应用开发者只要熟悉下面给出的 ftm_tmier.h 头文件的内容，即可使用 FTM 基本定时底层驱动构件进行编程。

2. FTM 基本定时底层驱动构件头文件

```
//=============================================================
//文件名称：ftm_tmier.h
//功能概要：FTM 基本定时底层驱动构件头文件
//芯片类型：KEA128
//版权所有：JSEI-SMH & SD-WYH
//版本更新：2020-07-23  V1.1
//=============================================================
#ifndef  _FTM_TIMER_H                    //防止重复定义（开头）
#define  _FTM_TIMER_H
//1.头文件包含
#include  "common.h"                     //包含公共要素软件构件头文件
//2.宏定义
//（1）FTM 号宏定义
```

```
#define  FTM_0   0
#define  FTM_1   1
#define  FTM_2   2
//（2）FTM时钟源频率（由system_SKEAZ1284.h和system_SKEAZ1284.c决定）
#define  FTM_CLK_SOURCE_MHZ    24     //24MHz
//3.对外接口函数声明
//===================================================================
//函数名称：ftm_timer_init
//函数功能：对指定的FTM模块基本定时初始化（使用系统时钟SYSTEM_CLK_KHZ/2=24MHz作为FTM的
//          时钟源，且128分频）
//函数参数：ftm_No：FTM号FTM_0、FTM_1、FTM_2
//          t_us：定时时间，单位为us①
//注：定时时间t_us=FTM计数次数*FTM计数周期=FTM计数次数/FTM计数频率
//                =FTM计数次数/(FTM时钟源频率/分频因子)
//                =FTM计数次数*分频因子/FTM时钟源频率
//    经计算，在FTM时钟源频率24MHz、128分频下，定时时间t_us范围为5.3～349525us
//函数返回：无
//===================================================================
void ftm_timer_init(uint_8 ftm_No, uint_32 t_us);

//===================================================================
//函数名称：ftm_int_enable
//函数功能：将指定FTM模块的中断使能（使NVIC使能FTM模块中断请求）
//函数参数：ftm_No：FTM号FTM_0、FTM_1、FTM_2
//函数返回：无
//===================================================================
void ftm_int_enable(uint_8 ftm_No);

//===================================================================
//函数名称：ftm_int_disable
//函数功能：将指定FTM模块的中断禁止（使NVIC禁止FTM模块中断请求）
//函数参数：ftm_No：FTM号FTM_0、FTM_1、FTM_2
//函数返回：无
//===================================================================
void ftm_int_disable(uint_8 ftm_No);

//===================================================================
//函数名称：ftm_tof_get
//函数功能：获取指定FTM的定时器溢出标志TOF的值
//函数参数：ftm_No：FTM号FTM_0、FTM_1、FTM_2
//函数返回：1表示定时器溢出，0表示定时器未溢出
```

① 本书程序代码中的“us”表示“μs”。

```
//相关说明：若定时器溢出中断使能且FTM模块中断使能，则TOF=1时产生定时器溢出中断
//======================================================================
uint_8 ftm_tof_get(uint_8 ftm_No);

//======================================================================
//函数名称：ftm_tof_clear
//函数功能：清除指定FTM的定时器溢出标志TOF
//函数参数：ftm_No：FTM号FTM_0、FTM_1、FTM_2
//函数返回：无
//======================================================================
void ftm_tof_clear(uint_8 ftm_No);

#endif              //防止重复定义（结尾）
```

3.2.2　利用FTM定时中断实现频闪灯的应用层程序设计

在如表1-5所示的框架下，设计07_Source（工程源程序构件）的文件，利用FTM0定时中断实现频闪灯的功能（FTM1和FTM2定时中断的编程类似）。

1. 工程总头文件includes.h

```
//======================================================================
//文件名称：includes.h
//函数功能：工程总头文件
//版权所有：JSEI-SMH & SD-WYH
//版本更新：2017-08-31  V1.0
//======================================================================
#ifndef  _INCLUDES_H          //防止重复定义（开头）
#define  _INCLUDES_H
//包含使用到的软件构件头文件
#include  "common.h"          //包含公共要素软件构件头文件
#include  "gpio.h"            //包含GPIO底层驱动构件头文件
#include  "light.h"           //包含小灯软件构件头文件
#include  "ftm_tmier.h"       //包含FTM基本定时底层驱动构件头文件
#endif                        //防止重复定义（结尾）
```

2. 主程序源文件main.c

```
//======================================================================
//文件名称：main.c
//功能概要：主程序源文件
//工程说明：详见01_Doc文件夹中的Readme.txt文件
//版权所有：JSEI-SMH & SD-WYH
//版本更新：2017-08-31  V1.0
```

```
//==========================================================================
//1.包含总头文件
#include  "includes.h"
//2.定义全局变量

//3.主程序
int main(void)
{
    //（1）声明主函数使用的变量

    //（2）关总中断
    DISABLE_INTERRUPTS;                   //关总中断
    //（3）给有关变量赋初值

    //（4）初始化功能模块和外设模块
    light_init(LIGHT1, LIGHT_OFF);        //初始化小灯 LIGHT1
    ftm_timer_init(FTM_0, 100000);        //初始化 FTM0 定时器，定时 100000us，即 100ms
    //（5）使能模块中断
    ftm_int_enable(FTM_0);                //使能 FTM0 中断
    //（6）开总中断
    ENABLE_INTERRUPTS;                    //开总中断
    //（7）进入主循环
    for(;;)
    {
          ;                               //原地踏步
    }  //主循环结束
}
```

3. 中断服务程序源文件 isr.c

```
//==========================================================================
//文件名称：isr.c
//功能概要：中断服务程序源文件
//芯片类型：KEA128
//版权所有：JSEI-SMH & SD-WYH
//版本更新：2017-08-31  V1.0
//==========================================================================
//1.包含总头文件
#include  "includes.h"
//2.声明外部变量（在 main.c 中定义）

//3.中断服务程序①
```

① 中断服务函数名使用 03_MCU\startup_SKEAZ1284.S 文件中定义的函数名。

```
//FTM0 中断服务程序：定时时间到，执行相应的定时功能程序
void FTM0_IRQHandler(void)
{
    DISABLE_INTERRUPTS;                    //关总中断①
    static uint_8 ftm_count = 0;           //定时中断次数计数值
    if(ftm_tof_get(FTM_0))                 //读取 FTM 定时器溢出标志 TOF
    {
        ftm_tof_clear(FTM_0)               //清除 FTM 定时器溢出标志 TOF
        FTM0_CNT=0;                        //FTM0 计数器恢复初值
        //以下是定时功能程序
        ftm_count ++;                      //定时中断次数加 1
        if(ftm_count >= 5)                 //0.5s 到
        {
            ftm_count = 0;                 //定时中断次数清 0
            light_change(LIGHT1);          //改变小灯的状态
        }
    }
    ENABLE_INTERRUPTS;                     //开总中断
}
```

【思考与实验】

请读者通过修改上述 main.c 和 isr.c 的代码，分别完成：①改变小灯闪烁的频率；②控制其他小灯闪烁；③实现流水灯的效果；④使用 FTM1 或 FTM2 实现相同的效果。

任务 3.3 利用内核定时器（SysTick）中断实现频闪灯

ARM Cortex-M 内核中包含了一个简单的定时器 SysTick，又称为“滴答”定时器。SysTick 被捆绑在 NVIC 中，有效位数是 24 位，采用减 1 计数的方式工作，当减 1 计数到 0 时，可产生 SysTick 异常（中断），中断向量号为 15。

嵌入式操作系统或使用了时基的嵌入式应用系统，必须由一个硬件定时器来产生需要的“滴答”中断，作为整个系统的时基。由于所有使用 Cortex-M 内核的芯片都带有 SysTick，并且在这些芯片中，SysTick 的处理方式（寄存器映射地址及作用）都是相同的，若使用 SysTick 产生“滴答”中断，可以简化嵌入式软件在 Cortex-M 内核芯片间的移植工作。

① 在中断服务程序中，首先关总中断，其目的是防止其他中断影响本中断服务程序的正常执行，待本中断服务程序执行完毕时再开总中断，因此为了提高 CPU 执行程序的实时性和可靠性，中断服务程序尽可能设计地简短，执行时间尽可能地短。

SysTick 定时器底层驱动构件由 systick.h 头文件和 systick.c 源文件组成，若要使用 SysTick 定时器底层驱动构件，只需将这两个文件添加到所建工程的 04_Driver（MCU 底层驱动构件）文件夹中，即可实现对 SysTick 的操作。其中，systick.h 头文件主要包括相关头文件的包含、对外接口函数的声明；而 systick.c 源文件是对外接口函数的具体实现，需要结合 CM0+用户指南中的 SysTick 模块信息进行分析与设计，其内容可参阅附录 F 的 F.3。应用开发者只要熟悉下面给出的 systick.h 头文件的内容，即可使用 SysTick 定时器底层驱动构件进行编程。

3.3.1 SysTick 定时器底层驱动构件头文件

```
//======================================================================
//文件名称：systick.h
//功能概要：SysTick 定时器底层驱动构件头文件
//芯片类型：KEA128
//版权所有：JSEI-SMH & SD-WYH
//版本更新：2017-10-31  V1.0
//======================================================================
#ifndef  _SYSTICK_H       //防止重复定义（开头）
#define  _SYSTICK_H
//1.头文件包含
#include  "common.h"
//2.对外接口函数声明
//======================================================================
//函数名称：systick_init
//函数功能：初始化 SysTick 模块（内核时钟作为时钟源），设置定时中断的时间间隔
//函数参数：core_clk_khz：内核时钟频率，单位为 kHz，可使用宏定义 CORE_CLK_KHZ（见 common.h）
//           int_ms：定时中断的时间间隔，单位为 ms
//注意：int_ms=滴答数 ticks/CORE_CLK_KHZ，其中 ticks 范围为 1～（2^24）
//       经计算，在内核时钟源频率 48MHz 下，int_ms 的合理范围为 1～349ms
//函数返回：无
//相关说明：调用内核头文件 core_cm0plus.h 中的 SysTick_Config 函数
//======================================================================
void systick_init(uint_32 core_clk_khz, uint_8 int_ms);

#endif                  //防止重复定义（结尾）
```

3.3.2 利用 SysTick 中断实现频闪灯的应用层程序设计

在如表 1-5 所示的框架下，设计 07_Source（工程源程序构件）的文件，利用 SysTick 中断实现频闪灯的功能。

1．工程总头文件 includes.h

```
//==========================================================================
//文件名称：includes.h
//函数功能：工程总头文件
//版权所有：JSEI-SMH & SD-WYH
//版本更新：2017-08-31  V1.0
//==========================================================================
#ifndef  _INCLUDES_H                        //防止重复定义（开头）
#define  _INCLUDES_H
//包含使用到的软件构件头文件
#include  "common.h"                        //包含公共要素软件构件头文件
#include  "gpio.h"                          //包含GPIO底层驱动构件头文件
#include  "light.h"                         //包含小灯软件构件头文件
#include  "systick.h"                       //包含SysTick定时器底层驱动构件头文件
#endif                                      //防止重复定义（结尾）
```

2．主程序源文件 main.c

```
//==========================================================================
//文件名称：main.c
//功能概要：主程序源文件
//工程说明：详见01_Doc文件夹中的Readme.txt文件
//版权所有：JSEI-SMH & SD-WYH
//版本更新：2017-08-31  V1.0
//==========================================================================
//1.包含总头文件
#include  "includes.h"
//2.定义全局变量

//3.主程序
int main(void)
{
    //（1）声明主函数使用的变量

    //（2）关总中断
    DISABLE_INTERRUPTS;                     //关总中断
    //（3）给有关变量赋初值

    //（4）初始化功能模块和外设模块
    light_init(LIGHT1, LIGHT_OFF);          //初始化小灯LIGHT1
    systick_init(CORE_CLK_KHZ, 10);         //初始化SysTick，定时10ms
    //（5）使能模块中断

    //（6）开总中断
```

```
    ENABLE_INTERRUPTS;                          //开总中断
    //（7）进入主循环
    for(;;)
    {
        ;                                       //原地踏步
    } //主循环结束
}
```

3. 中断服务程序源文件 isr.c

```
//==================================================================
//文件名称：isr.c
//功能概要：中断服务程序源文件
//芯片类型：KEA128
//版权所有：JSEI-SMH & SD-WYH
//版本更新：2017-08-31  V1.0
//==================================================================
//1.包含总头文件
#include  "includes.h"
//2.声明外部变量（在 main.c 中定义）

//3.中断服务程序
//SysTick 定时器中断服务程序：定时时间到，执行相应的定时功能程序
void SysTick_Handler(void)
{
    static uint_8 SysTick_count = 0;            //定时中断次数计数器
    //以下是定时功能程序
    SysTick_count ++;                           //定时中断次数加 1
    if(SysTick_count >= 50)                     //0.5s 到
    {
        SysTick_count = 0;                      //定时中断次数清 0
        light_change(LIGHT1);                   //改变小灯的状态
    }
}
```

【思考与实验】

请读者通过修改上述 main.c 和 isr.c 的代码，分别完成：①改变小灯闪烁的频率；②控制其他小灯闪烁；③实现流水灯的效果。

项目 4

利用数码管显示数字

项目导读：

数码管是嵌入式智能产品中常用的输出设备。本项目的学习目标是能用MCU控制数码管显示数据。在本项目中，首先学习数码管的通用知识、数码管的硬件构件设计方法；然后学习数码管软件构件设计及使用方法；最后学习数码管显示的应用层程序设计方法。

任务 4.1　学习数码管通用知识及数码管硬件构件设计

4.1.1　数码管的结构

常用的 8 段数码管的结构如图 4-1 所示，每段对应 1 只发光二极管，其中 7 段（a～g）用于显示数字和字符，1 段（h）用于显示小数点。数码管分**共阳极**数码管和**共阴极**数码管两种，其中共阳极数码管是将 8 只发光二极管的阳极连接在一起（对应公共端 com），而共阴极数码管是将 8 只发光二极管的阴极连接在一起（对应公共端 com）。数码管的实物有两个连接在一起的公共端，即数码管共 10 个引脚，上排和下排各 5 个引脚，这样便于加工和电路装配。

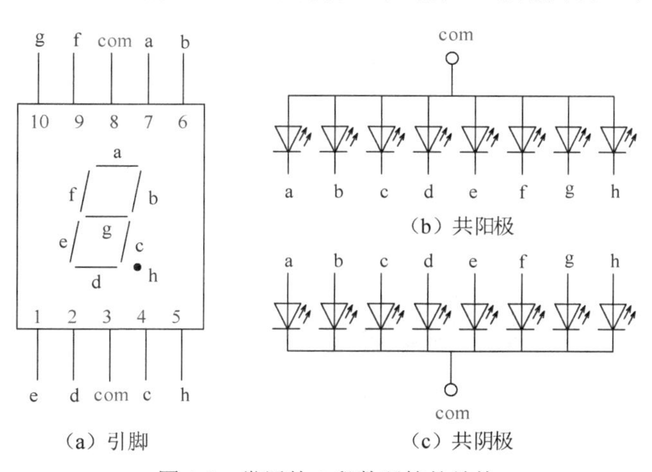

（a）引脚　（b）共阳极　（c）共阴极

图 4-1　常用的 8 段数码管的结构

4.1.2 数码管的硬件构件设计

1 位独立数码管的硬件构件设计如图 4-2 所示，与数码管的 8 段（a～h）相连接的线称为**数据线**，记作 LED_D0～LED_D7；与数码管公共端 com 连接的控制线称为**位选线**，记作 LED_CS。

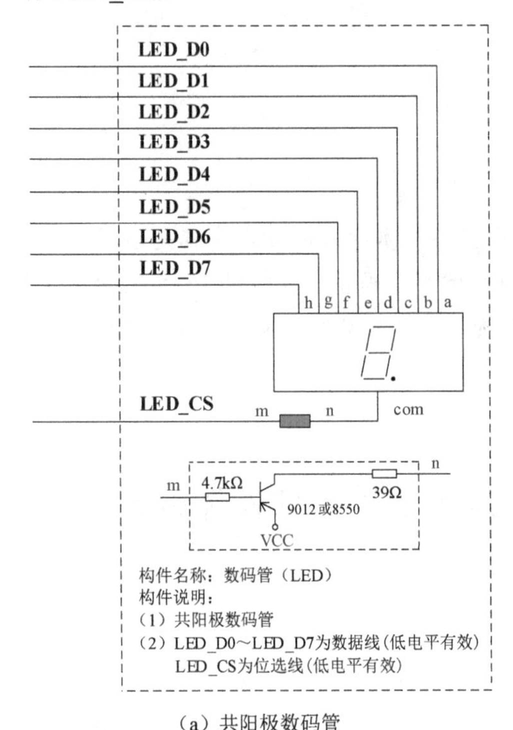

（a）共阳极数码管

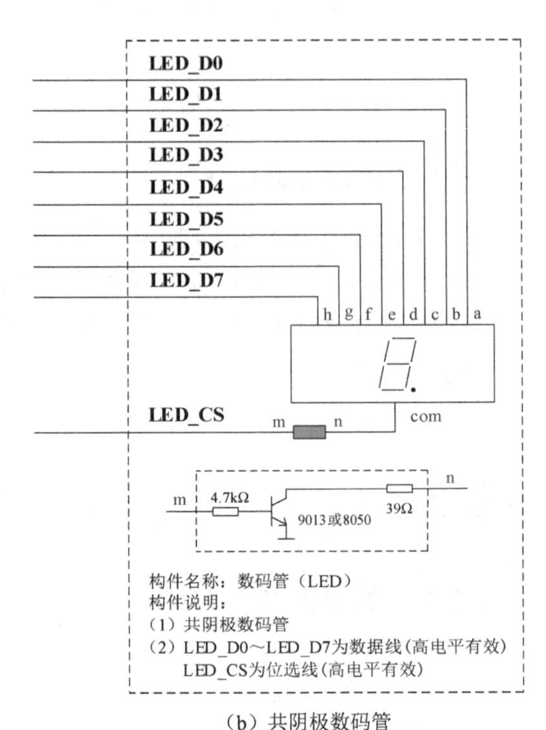

（b）共阴极数码管

图 4-2　1 位独立数码管的硬件构件设计

由图 4-2 可见，MCU 需要 9 个 GPIO 引脚控制 1 位独立数码管，因此，如果 MCU 控制多位独立数码管，则需要更多个 GPIO 引脚。例如，MCU 控制 4 位独立数码管时，需要 36 个 GPIO 引脚，其硬件电路连接复杂，并且会导致 MCU 的 GPIO 引脚资源紧张。因此当 MCU 控制多位数码管时，需要采用另外的设计思路。在实际应用中，常采用多位一体的组合数码管，如四位一体的组合数码管（见图 4-3），其内部是将 4 位数码管相同的段连接在一起，如将 4 位数码管的 a 段连接在一起，引出 a 引脚。图 4-3 中的 1、2、3、4 分别表示四位数码管的公共端。

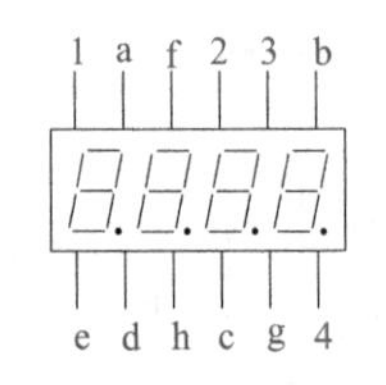

图 4-3　四位一体的组合数码管外形和引脚示意图

在如图 4-2 所示的 1 位独立数码管的硬件构件设计基础上，四位一体的组合数码管的硬件构件设计如图 4-4 所示，可见 MCU 控制四位一体的组合数码管时，只需要 12 个 GPIO 引脚，其中 8 个 GPIO 引脚控制数码管的 8 根数据线，4 个 GPIO 引脚控制数码管的 4 根位选线。

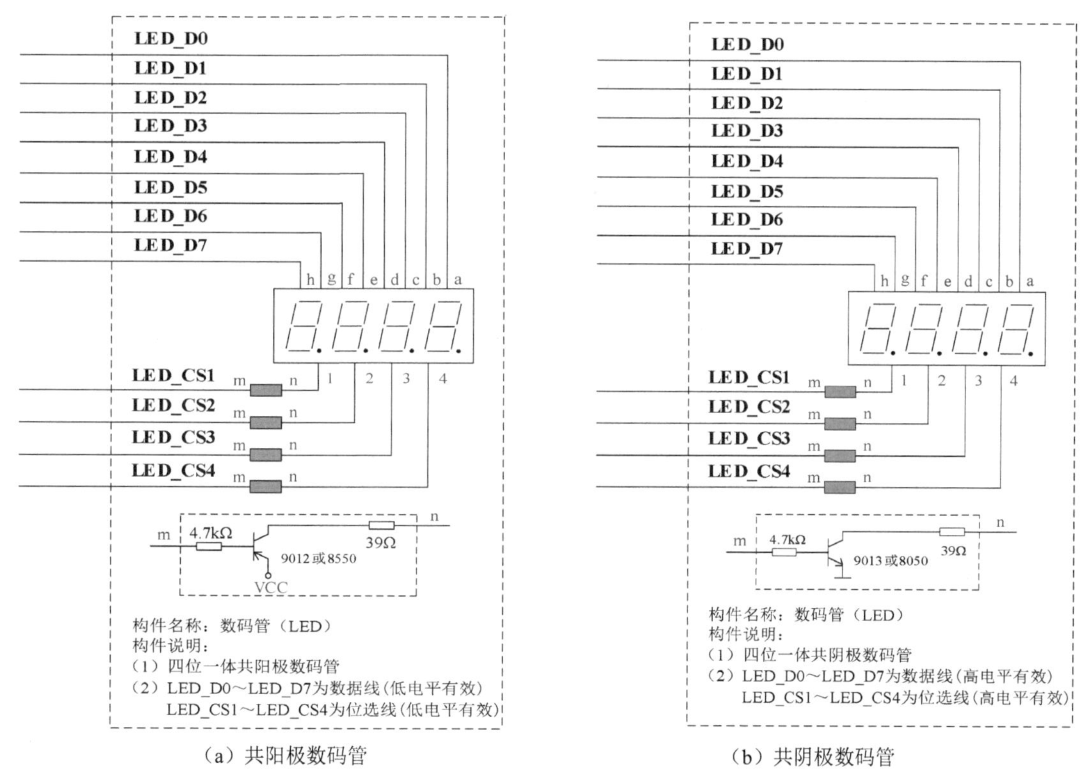

（a）共阳极数码管　　（b）共阴极数码管

图 4-4　四位一体组合数码管的硬件构件设计

4.1.3 数码管的笔形码

对于如图 4-2（a）所示的共阳极数码管硬件构件，当位选线 LED_CS 为低电平（逻辑“0”）时，PNP 三极管（如 9012 或 8550）导通，使数码管的公共端 com 为高电平（数码管被选中）。根据图 4-1，若使共阳极数码管的某段点亮，则该段对应的数据线应为低电平（逻辑“0”）。据此可以编制数码管显示数字和字符对应的笔形码，如表 4-1 所示。若使共阳极数码管显示数字 0，则需要将其对应的笔形码 0xC0 送至数据线。

对于如图 4-2（b）所示的共阴极数码管硬件构件，当位选线 LED_CS 为高电平（逻辑“1”）时，NPN 三极管（如 9013 或 8050）导通，使数码管的公共端 com 为低电平（数码管被选中）。根据图 4-1，若使共阴极数码管的某段点亮，则该段对应的数据线应为高电平（逻辑“1”）。编制共阴极数码管的笔形码时，只需将表 4-1 中 8 段（a～h）对应的二进制数值按位取反。例如，数字 0 对应的笔形码二进制数值为 00111111，对应的十六进制数值为 0x3F。共阴极数码管的笔形码如表 4-2 所示。

表 4-1　共阳极数码管的笔形码（不带小数点）

数据线		D7	D6	D5	D4	D3	D2	D1	D0	笔形码	数据线		D7	D6	D5	D4	D3	D2	D1	D0	笔形码
LED 段序		h	g	f	e	d	c	b	a		LED 段序		h	g	f	e	d	c	b	a	
数字	0	1	1	0	0	0	0	0	0	0xC0	字符	A	1	0	0	0	1	0	0	0	0x88
	1	1	1	1	1	1	0	0	1	0xF9		b	1	0	0	0	0	0	1	1	0x83
	2	1	0	1	0	0	1	0	0	0xA4		C	1	1	0	0	0	1	1	0	0xC6
	3	1	0	1	1	0	0	0	0	0xB0		d	1	0	1	0	0	0	0	1	0xA1
	4	1	0	0	1	1	0	0	1	0x99		E	1	0	0	0	0	1	1	0	0x86
	5	1	0	0	1	0	0	1	0	0x92		F	1	0	0	0	1	1	1	0	0x8E
	6	1	0	0	0	0	0	1	0	0x82		H	1	0	0	0	1	0	0	1	0x89
	7	1	1	1	1	1	0	0	0	0xF8		L	1	1	0	0	0	1	1	1	0xC7
	8	1	0	0	0	0	0	0	0	0x80		P	1	0	0	0	1	1	0	0	0x8C
	9	1	0	0	1	0	0	0	0	0x90		U	1	1	0	0	0	0	0	1	0xC1
	空白	1	1	1	1	1	1	1	1	0xFF		y	1	0	0	1	0	0	0	1	0x91

注：若需要编制带小数点的笔形码，只需将此表中的 h 段改为“0”即可。

表 4-2　共阴极数码管的笔形码（不带小数点）

数据线		D7	D6	D5	D4	D3	D2	D1	D0	笔形码	数据线		D7	D6	D5	D4	D3	D2	D1	D0	笔形码
LED 段序		h	g	f	e	d	c	b	a		LED 段序		h	g	f	e	d	c	b	a	
数字	0	0	0	1	1	1	1	1	1	0x3F	字符	A	0	1	1	1	0	1	1	1	0x77
	1	0	0	0	0	0	1	1	0	0x06		b	0	1	1	1	1	1	0	0	0x7C
	2	0	1	0	1	1	0	1	1	0x5B		C	0	0	1	1	1	0	0	1	0x39
	3	0	1	0	0	1	1	1	1	0x4F		d	0	1	0	1	1	1	1	0	0x5E
	4	0	1	1	0	0	1	1	0	0x66		E	0	1	1	1	1	0	0	1	0x79
	5	0	1	1	0	1	1	0	1	0x6D		F	0	1	1	1	0	0	0	1	0x71
	6	0	1	1	1	1	1	0	1	0x7D		H	0	1	1	1	0	1	1	0	0x76
	7	0	0	0	0	0	1	1	1	0x07		L	0	0	1	1	1	0	0	0	0x38
	8	0	1	1	1	1	1	1	1	0x7F		P	0	1	1	1	0	0	1	1	0x73
	9	0	1	1	0	1	1	1	1	0x6F		U	0	0	1	1	1	1	1	0	0x3E
	空白	0	0	0	0	0	0	0	0	0x00		y	0	1	1	0	1	1	1	0	0x6E

注：若需要编制带小数点的笔形码，只需将此表中的 h 段改为“1”即可。

任务 4.2　学习数码管软件构件设计及使用方法

数码管软件构件的设计及使用方法与 1.4.1 节中介绍的小灯软件构件的设计及使用方法类似，数码管软件构件由 led.h 头文件和 led.c 源文件组成，若要使用数码管软件构件，只需将这两个文件添加到所建工程的 05_App（应用外设构件）文件夹中，即可实现对数码管的操作。其中，led.h 头文件主要包括相关头文件的包含、数码管硬件构件相关的宏定义、数码管构件对外接口函数的声明；而 led.c 源文件是数码管构件对外接口函数的具体实现。因此，在数码管硬件构件基础上进行数码管软件构件设计时，主要做以下两件事：①在 led.h 头文件中，用宏定义实现硬件接口注释和接口网标的对应关系；②在 led.c 源文件中，进行数码管构件对外接口函数的分析与设计。

应用开发者只要熟悉 led.h 头文件的内容，即可使用数码管软件构件进行编程。软件构件在不同应用系统中移植和复用时，仅需根据硬件构件接口修改软件构件头文件中的相关宏定义即可。

下面以如图 4-2（a）所示的**共阳极**数码管硬件构件为例，说明数码管软件构件的设计及使用方法。

4.2.1 数码管软件构件头文件

```
//======================================================================
//文件名称：led.h
//功能概要：数码管软件构件头文件
//版权所有：JSEI-SMH & SD-WYH
//版本更新：2020-05-05  V1.2
//======================================================================
#ifndef  _LED_H                    //防止重复定义（开头）
#define  _LED_H
//1.头文件包含
#include  "common.h"               //包含公共要素软件构件头文件
#include  "gpio.h"                 //包含 GPIO 底层驱动构件头文件
//2.宏定义
//（1）数码管硬件构件接口引脚宏定义（由实际的硬件连接决定）
//数码管数据线使用的端口/引脚
#define  LED_D0    (PORT_A|0)
#define  LED_D1    (PORT_A|1)
#define  LED_D2    (PORT_A|2)
#define  LED_D3    (PORT_A|3)
#define  LED_D4    (PORT_C|5)
#define  LED_D5    (PORT_B|5)
#define  LED_D6    (PORT_A|6)
#define  LED_D7    (PORT_A|7)
//数码管位选线使用的端口/引脚
#define  LED_CS1   (PORT_B|0)
#define  LED_CS2   (PORT_B|1)
#define  LED_CS3   (PORT_B|2)
#define  LED_CS4   (PORT_B|3)
//（2）数码管位选有效电平和无效电平宏定义（由硬件构件决定）
#define  LED_CS_ENABLE    0        //数码管位选有效电平
```

```
#define  LED_CS_DISABLE    1       //数码管位选无效电平
//（3）数码管位数宏定义
#define  LED_NUM          4        //4 位数码管
//3.对外接口函数声明
//======================================================================
//函数名称：led_init
//函数功能：数码管驱动初始化（使数码管的数据线和位选线作为 GPIO 输出线）
//函数参数：无
//函数返回：无
//======================================================================
void led_init(void);

//======================================================================
//函数名称：led_show
//函数功能：使指定的某 1 位数码管显示 1 个字符
//函数参数：led_i：显示字符的数码管的位序（1～LED_NUM）
//          disp_data：待显示的字符对应笔形码数组的下标
//函数返回：无
//======================================================================
void led_show(uint_8 led_i, uint_8 disp_data);

//======================================================================
//函数名称：led_buff_update
//函数功能：根据数码管显示的数据更新数码管显示数据缓冲区（对应笔形码数组的下标）
//函数参数：dispdata：在多位数码管上显示的数据（整数）
//          led_buff[ ]：用于接收数码管显示数据缓冲区数组的首地址
//======================================================================
void led_buff_update(uint_32 dispdata, uint_8 led_buff[ ]);

#endif                       //防止重复定义（结尾）
```

4.2.2　数码管软件构件源文件

```
//======================================================================
//文件名称：led.c
//功能概要：数码管软件构件源文件
//版权所有：JSEI-SMH & SD-WYH
//版本更新：2020-05-03  V1.1
//======================================================================
//1.包含本构件头文件
#include  "led.h"
//2.仅用于本文件的全局变量和内部函数的声明
//（1）定义存放数码管的数据线和位选线的数组
```

```
static uint_16 LED_D[ ]={
                                LED_D0, LED_D1, LED_D2, LED_D3,
                                LED_D4, LED_D5, LED_D6, LED_D7
                           };                                        //数码管数据线
static uint_16 LED_CS[ ]={ LED_CS1, LED_CS2, LED_CS3, LED_CS4 };  //数码管位选线
//（2）定义存放共阳极数码管笔形码的数组（硬件构件连接：LED_D7～LED_D0 对应 h～a）
static const uint_8 LED_table[ ]=
{
    //0    1    2    3    4    5    6    7    8    9    数组下标
    //0    1    2    3    4    5    6    7    8    9    显示字符 0～9
    0xC0,0xF9,0xA4,0xB0,0x99,0x92,0x82,0xF8,0x80,0x90,

    //10   11   12   13   14   15   16   17   18   19   数组下标
    //0.   1.   2.   3.   4.   5.   6.   7.   8.   9.   显示字符 0.～9.
    0x40,0x79,0x24,0x30,0x19,0x12,0x02,0x78,0x00,0x10,

    //20   21   22   23   24   25   26   27   28   29   数组下标
    //A    b    C    d    E    F    H    L    全亮  全灭  显示字母、全亮、全灭
    0x88,0x83,0xC6,0xA1,0x86,0x8E,0x89,0xC7, 0x00, 0xFF
};

//3.对外接口函数的定义与实现
//======================================================================
//函数名称：led_init
//函数功能：数码管驱动初始化（使数码管的数据线和位选线作为 GPIO 输出线）
//函数参数：无
//函数返回：无
//======================================================================
void led_init(void)
{
    uint_8 i;
    for(i=0; i<8; i++)            //数据线引脚初始化
    {
        gpio_init(LED_D[i], GPIO_OUT, 0);
    }
    for(i=0; i<LED_NUM; i++)    //位选线线引脚初始化（不选中）
    {
        gpio_init(LED_CS[i], GPIO_OUT, LED_CS_DISABLE);
    }
}

//======================================================================
//函数名称：led_show
```

```
//函数功能：使指定的某1位数码管显示1个字符
//函数参数：led_i：显示字符的数码管的位序（1～LED_NUM）
//          disp_data：待显示的字符对应笔形码数组的下标
//函数返回：无
//==================================================================
void led_show(uint_8 led_i, uint_8 disp_data)
{
    uint_8 i, led_data ;
    for(i=0; i<LED_NUM; i++)
    {
        gpio_set(LED_CS[i], LED_CS_DISABLE);        //各位数码管均不被选中（全灭）
    }
    for(i=0; i<8; i++)
    {
        led_data = BGET(i, LED_table[disp_data]);  //获取1位数据线的数据
        gpio_set(LED_D[i], led_data);              //写数码管的1位数据线
    }
    gpio_set(LED_CS[led_i-1], LED_CS_ENABLE);       //对应位的数码管被选中
}

//==================================================================
//函数名称：led_buff_update
//函数功能：根据数码管显示的数据更新数码管显示数据缓冲区（对应笔形码数组的下标）
//函数参数：dispdata：在多位数码管上显示的数据（整数）
//          led_buff[]：用于接收数码管显示数据缓冲区数组的首地址
//==================================================================
void led_buff_update(uint_32 dispdata, uint_8 led_buff[])
{
    uint_8 i;
    for(i=0; i<LED_NUM; i++)
    {
        led_buff[LED_NUM-1-i]=dispdata%10;
        dispdata=dispdata/10;
    }
}
```

任务 4.3　数码管显示的应用层程序设计

在如表 1-5 所示的框架下，设计 07_Source（工程源程序构件）的文件，以实现数码管显示的功能。读者可通过下面的学习任务逐步掌握数码管动态显示的概念及其程序设计方法。

4.3.1 使某位数码管显示数据

1. 工程总头文件 includes.h

```
//==============================================================
//文件名称：includes.h
//函数功能：工程总头文件
//版权所有：JSEI-SMH & SD-WYH
//版本更新：2017-08-31  V1.0
//==============================================================
#ifndef  _INCLUDES_H          //防止重复定义（开头）
#define  _INCLUDES_H
//包含使用到的软件构件头文件
#include  "common.h"          //包含公共要素软件构件头文件
#include  "gpio.h"            //包含 GPIO 底层驱动构件头文件
#include  "led.h"             //包含数码管软件构件头文件
#endif                        //防止重复定义（结尾）
```

2. 主程序源文件 main.c

```
//==============================================================
//文件名称：main.c
//功能概要：主程序源文件
//工程说明：详见 01_Doc 文件夹中的 Readme.txt 文件
//版权所有：JSEI-SMH & SD-WYH
//版本更新：2020-07-26  V1.0
//==============================================================
//1.包含总头文件
#include  "includes.h"
//2.定义全局变量


//3.主程序
int main(void)
{
    //（1）声明主函数使用的变量
    uint_8 disp_data;           //1 位数码管显示的字符（对应笔形码数组的下标）
    uint_8 i;
    uint_8 led_i;               //数码管的位序（1~LED_NUM，在此 LED_NUM=4）
    uint_8 disp[LED_NUM];       //4 位数码管分别显示的字符（对应笔形码数组的下标）
    //（2）关总中断
    DISABLE_INTERRUPTS;         //关总中断
    //（3）给有关变量赋初值
    disp[0]={5};  disp[1]={6};  disp[2]={7};  disp[3]={8};
    //（4）初始化功能模块和外设模块
```

```
    led_init( );                    //初始化数码管
    //（5）使能模块中断

    //（6）开总中断
    ENABLE_INTERRUPTS;              //开总中断
    //（7）进入主循环
    for(;;)
    {
        // 1）使某位（如第 1 位）数码管循环显示字符 0~9
        for(disp_data=0; disp_data<10; disp_data++)
        {
            led_show(1, disp_data);
            Delay_ms(500);      //延时 500ms
        }
    }
}
```

上述主程序通过调用 led_show 函数可以使第 1 位数码管循环显示字符 0～9，若将 led_show 函数中的第 1 个参数值改为其他数值（2、3 或 4），则可以使对应的其他位数码管上循环显示字符 0～9。

4.3.2 使多位数码管轮流显示数据

若将上述主程序中虚线框内的程序段改为如下代码，则会实现 4 位数码管轮流显示字符 5、6、7、8。

```
//2）使 4 位数码管轮流显示数据（间隔时间为 500ms）
led_show(1, 5);         //第 1 位数码管显示字符 5
Delay_ms(500);
led_show(2, 6);         //第 2 位数码管显示字符 6
Delay_ms(500);
led_show(3, 7);         //第 3 位数码管显示字符 7
Delay_ms(500);
led_show(4, 8);         //第 4 位数码管显示字符 8
Delay_ms(500);
```

【思考与实验】

现在请读者将以上代码中 Delay_ms 函数中的参数值 500 依次改为 50、10、5，即逐渐缩短间隔的时间，观察实验现象。

4.3.3 使多位数码管“同时”显示数据

若逐渐缩短上述的间隔时间，则会发现 4 位数码管轮流显示切换的速度随之加快。最后将间隔时间缩短至 5ms 时，会发现 4 位数码管“同时”显示 4 位数字“5678”。此时对应的代码如下：

```
//3）使 4 位数码管“同时”显示数据（间隔时间为 5ms，顺序结构）
led_show(1, 5);      //第 1 位数码管显示字符 5
Delay_ms(5);
led_show(2, 6);      //第 2 位数码管显示字符 6
Delay_ms(5);
led_show(3, 7);      //第 3 位数码管显示字符 7
Delay_ms(5);
led_show(4, 8);      //第 4 位数码管显示字符 8
Delay_ms(5);
```

通过上述实验可知，当 MCU 控制多位数码管轮流显示时，只要使轮流切换的时间缩短至几毫秒，数码管就会利用人的“视觉暂留”骗过人的眼睛，给人感觉是多位数码管“同时”显示数据，这就是所谓的数码管“**动态扫描显示**”技术。在此程序中，不难看出 4 位数码管完成一轮动态扫描显示需要的时间约为 20ms，而在此时间内，每位数码管显示时间只有 5ms。

【思考与实验】

上述第 3）段代码为顺序结构，请读者思考将其改为循环结构。

对于此问题，不难想到使用一个循环变量控制数码管的位序（1~LED_NUM，在此 LED_NUM=4），而用一个数组存放 4 位数码管上显示的 4 个数据，即对应“（1）声明主函数使用的变量”代码段中的第 3 行和第 4 行代码，以及“（3）给有关变量赋初值”中的代码。这样就可以将数码管动态扫描显示的代码改为如下循环结构。

```
//4）使 4 位数码管“同时”显示数据（间隔时间为 5ms，循环结构）
for(led_i=1; led_i<=LED_NUM; led_i++)
{
    led_show(led_i, disp[led_i-1]);
    Delay_ms(5);
}
```

【拓展与实验】

请读者根据上述分析，实现 4 位数码管先后显示两组数据：年份“2020”和月日“0716”。例如，在一秒内显示数据“2020”，在下一秒内显示数据“0716”。

参考代码如下：

```
for(i=0; i<50; i++)     //1s 内显示 2020
```

```
    {
        led_show(1, 2);
        Delay_ms(5);
        led_show(2, 0);
        Delay_ms(5);
        led_show(3, 2);
        Delay_ms(5);
        led_show(4, 0);
        Delay_ms(5);
    }
    for(i=0; i<50; i++)    //1s 内显示 0716
    {
        led_show(1, 0);
        Delay_ms(5);
        led_show(2, 7);
        Delay_ms(5);
        led_show(3, 1);
        Delay_ms(5);
        led_show(4, 6);
        Delay_ms(5);
    }
```

4.3.4 利用定时中断实现数码管动态显示效果

在 4.3.3 节的主程序中通过调用软件延时函数实现 5ms 延时，进而实现了数码管动态显示效果。但若主程序中还有其他任务需要执行时，软件延时会影响程序执行的实时性和可靠性。现在改用定时中断实现 5ms 延时，若使用任务 3.3 中的 SysTick 中断实现延时，则需要将 SysTick 定时器底层驱动构件的两个文件 systick.h 和 systick.c 添加到所建工程中的 04_Driver（MCU 底层驱动构件）文件夹中。使 4 位数码管动态显示数据“5678”对应的应用层程序设计如下。

1. 工程总头文件 includes.h

```
//==============================================================
//文件名称：includes.h
//函数功能：工程总头文件
//版权所有：JSEI-SMH & SD-WYH
//版本更新：2017-08-31  V1.0
//==============================================================
#ifndef  _INCLUDES_H      //防止重复定义（开头）
#define  _INCLUDES_H
//包含使用到的软件构件头文件
```

```
#include  "common.h"      //包含公共要素软件构件头文件
#include  "gpio.h"        //包含GPIO底层驱动构件头文件
#include  "led.h"         //包含数码管软件构件头文件
#include  "systick.h"     //包含SysTick定时器底层驱动构件头文件
#endif                    //防止重复定义（结尾）
```

2. 主程序源文件 main.c

```
//==================================================================
//文件名称：main.c
//功能概要：主程序源文件
//工程说明：详见01_Doc文件夹中的Readme.txt文件
//版权所有：JSEI-SMH & SD-WYH
//版本更新：2017-08-31  V1.0
//==================================================================
//1.包含总头文件
#include  "includes.h"
//2.定义全局变量①
uint_8  g_disp[LED_NUM];   //4位数码管分别显示的字符（对应笔形码数组的下标）
//3.主程序
int main(void)
{
    //（1）声明主函数使用的变量

    //（2）关总中断
    DISABLE_INTERRUPTS;                   //关总中断
    //（3）给有关变量赋初值
    g_disp[0]=5;    g_disp[1]=6;    g_disp[2]=7;    g_disp[3]=8;
    //（4）初始化功能模块和外设模块
    led_init( );                          //初始化数码管
    systick_init(CORE_CLK_KHZ, 5);        //初始化SysTick，定时5ms
    //（5）使能模块中断

    //（6）开总中断
    ENABLE_INTERRUPTS;                    //开总中断
    //（7）进入主循环
    for(;;)
    {
        ;                                 //原地踏步
    }
}
```

① 使用全局变量，可以实现主程序和中断服务程序之间的通信。

3. 中断服务程序源文件 isr.c

```
//==============================================================
//文件名称：isr.c
//功能概要：中断服务程序源文件
//版权所有：JSEI-SMH & SD-WYH
//版本更新：2020-05-08  V1.0
//==============================================================
//1.包含总头文件
#include  "includes.h"
//2.声明外部变量（在main.c中定义）
extern uint_8 g_disp[LED_NUM];  //4位数码管分别显示的字符（对应笔形码数组的下标）
//3.中断服务程序
//SysTick定时器中断服务程序：定时时间到，执行相应的定时功能程序
void SysTick_Handler(void)
{
    static uint_8 led_i=1;              //数码管位序
    //以下是定时功能程序（使下一位数码管显示字符）
    led_i++;
    if(led_i>LED_NUM)
        led_i=1;
    led_show(led_i, g_disp[led_i-1]); //使某1位数码管显示1个字符
}
```

【思考与实验】

1．在上述程序的基础上，实现 4 位数码管先后显示两组数据：年份“2020”和月日“0716”。例如，在一秒内显示数据“2020”，在下一秒内显示数据“0716”。

（1）需要在上述的 main.c 文件中修改全局变量的初始值：

```
g_disp[0]=2;   g_disp[1]=0;   g_disp[2]=2;  g_disp[3]=0;
```

（2）需要修改上述 isr.c 中的定时中断服务程序：

```
//SysTick定时器中断服务程序：定时时间到，执行相应的定时功能程序
void SysTick_Handler(void)
{
    static uint_8 led_i=1;              //数码管位序
    static uint_8 SysTick_count=0;      //定时中断次数计数器
    static uint_8 flag=0;               //秒标志位
    //以下是定时功能程序
    if(SysTick_count >= 200)            //1s到
    {
        SysTick_count = 0;              //定时中断次数清0
        flag = !flag;                   //秒标志位取反
        if(flag == 0)
```

```
        {
            g_disp[0]=2;  g_disp[1]=0;  g_disp[2]=2;  g_disp[3]=0;    //年份
        }
        else
        {
            g_disp[0]=0;  g_disp[1]=7;  g_disp[2]=1;  g_disp[3]=6;    //月日
        }
    }
    led_i++;
    if(led_i>LED_NUM)
        led_i=1;
    led_show(led_i, g_disp[led_i-1]); //使某1位数码管显示1位数字
}
```

2. 实现4位数码管显示秒计数值(可使用数码管软件构件中的led_buff_update函数)。

(1)需要在main.c文件中修改全局变量的初始值:

```
g_disp[0]=0;    g_disp[1]=0;    g_disp[2]=0;    g_disp[3]=0;
```

(2)需要修改isr.c中的定时中断服务程序:

```
//SysTick定时器中断服务程序：定时时间到，执行相应的定时功能程序
void SysTick_Handler(void)
{
    static uint_8 led_i=1;              //数码管位序
    static uint_8 SysTick_count=0;      //定时中断次数计数器
    static uint_16 snd;                 //秒计数器
    //以下是定时功能程序
    if(SysTick_count >= 200)            //1s到
    {
        SysTick_count = 0;              //定时中断次数清0
        snd++;
        if(snd>=10000)
            snd=0;
        led_buff_update(snd, g_disp);  //更新数码管显示数据缓冲区
    }
    led_i++;
    if(led_i>LED_NUM)
        led_i=1;
    led_show(led_i, g_disp[led_i-1]); //使某1位数码管显示1个字符
}
```

运行上述程序之后，4位数码管将显示秒的计数值，每过1s，数码管显示的数值加1。例如，当程序运行15s时，4位数码管将显示“0015”，那么如何使高位多余的两个0不显示呢？这就是数码管显示中的“**高位灭零**”问题，即数字0015在数码管上只显示“15”。请读者完善上述程序，以实现高位灭零的效果（提示：可借助附录E中的计算非负整数位

数的函数 int_digit 实现）。

3．实现 4 位数码管显示分和秒的计数值，其中分和秒之间显示小数点。

（1）需要在 main.c 文件中修改全局变量的初始值：

```
g_disp[0]=0;    g_disp[1]=0+10;    g_disp[2]=0;  g_disp[3]=0;
```

（2）需要修改 isr.c 中的定时中断服务程序：

```
//SysTick 定时器中断服务程序：定时时间到，执行相应的定时功能程序
void SysTick_Handler(void)
{
    static uint_8 led_i=1;                              //数码管位序
    static uint_8 SysTick_count=0;                      //定时中断次数计数器
    static uint_8 min, snd;                             //分和秒计数器
    //以下是定时功能程序
    if(SysTick_count >= 200)                            //1s 到
    {
        SysTick_count = 0;                              //定时中断次数清 0
        snd++;
        if(snd>=60)
        {
            snd=0;
            min++;
        }
        if(min>=60)
        {
            min=0;
        }
        g_disp[0]=min/10;  g_disp[1]=min%10+10;        //分（第 2 位显示小数点）
        g_disp[2]=snd/10;  g_disp[3]=snd%10;           //秒
    }
    led_i++;
    if(led_i>LED_NUM)
        led_i=1;
    led_show(led_i, g_disp[led_i-1]);                  //使某 1 位数码管显示 1 位字符
}
```

请读者对照 led.c 文件中的笔形码数组分析本程序中对显示小数点的处理方法。

4．利用项目 3 中的 FTM 定时器实现数码管动态显示效果，请读者自行分析和编程。

项目 5
键盘的检测与控制

项目导读：

键盘（keyboard）是嵌入式智能产品中常用的输入设备。本项目的学习目标是实现 MCU 对键盘的检测和识别，并根据识别结果完成相应的控制功能。在本项目中，首先学习键盘的通用知识、键盘硬件构件设计方法；然后学习键盘软件构件设计及使用方法；最后学习键盘检测与控制的应用层程序设计方法。

任务 5.1　学习键盘通用知识及键盘硬件构件设计

5.1.1　键盘通用知识

1．键盘操作、抖动问题

键盘是计算机的重要输入设备，用于实现人机交互，通过键盘向系统输入数据，控制或查询系统的运行状态，图5-1给出了嵌入式系统中常用的两种键盘按钮。

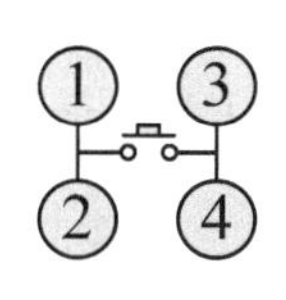

（a）4 引脚直插式键盘按钮实物图及内部结构图（b）2 引脚贴片式键盘按钮实物图

图 5-1　嵌入式系统中常用的两种键盘按钮

在如图 5-2 所示的电路中，当键未被按下时，KEY 引脚为高电平；当键被按下时，KEY 引脚为低电平。因此 MCU 可通过对 KEY 引脚的电平检测，来识别键是否被按下。理想情况下，KEY 引脚的电平状态应是一个矩形波，但实际上由于机械触点的弹性作用，在键闭合和断开的瞬间都会出现抖动，抖动的时间与触点材料的机械特性有关，一般为 5～10ms。键操作时电压的变化如图 5-3 所示。键稳定闭合时间一般为零点几秒到几秒，由操作者的按键动作所决定。

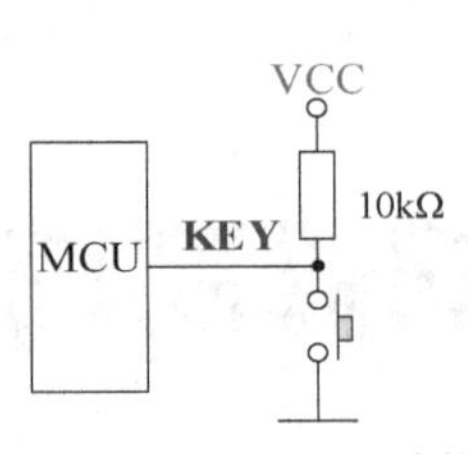

图 5-2　键与 MCU 连接图

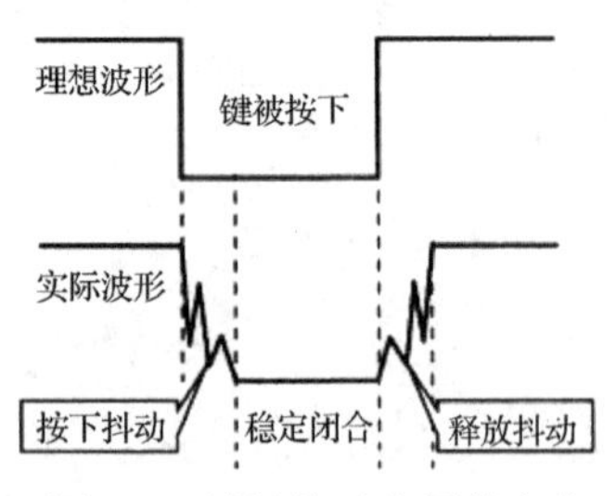

图 5-3　键操作时电压的变化

键的抖动只有几毫秒，操作者几乎感觉不到，但 MCU 以为操作者在此期间连续操作若干次键，从而引起按键命令的错误执行或重复执行，因此需要对按键抖动进行处理。在此介绍两种常用的按键抖动处理方法。

（1）滤波去抖。例如，可通过如图 5-4 所示的电容滤波电路进行按键去抖，这样就可以实现键操作时电压的变化为理想的矩形波。如果键所连接的 MCU 引脚具有内部滤波功能，那么也会起到按键去抖作用。

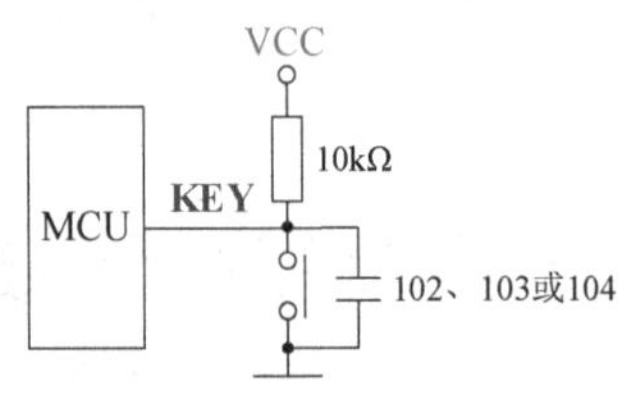

图 5-4　电容滤波去抖电路

（2）延时躲抖。MCU 检测到有键被按下时，先软件延时 10ms 以避开按键抖动（惹不起但可以躲得起），然后再判断该键是否被按下。

2．键盘连击问题

当按下某个键时，MCU 将执行按键对应的功能程序。如果操作者还没有释放该键，则对应的功能程序就会反复被执行，好像操作者在连续操作该键，这种现象称为“连击”。大多数应用场合需要防止连击，即一次按键只让 MCU 执行一次功能程序，该键不释放就不执行第二次。

嵌入式系统中的键盘有独立式和矩阵式两种接口方式，下面分别说明独立式键盘构件和矩阵式键盘构件的设计方法和使用方法。

5.1.2　独立式键盘硬件构件设计

独立式键盘的各个键相互独立，按照一对一的方式接到 MCU 的 GPIO 引脚或外部中断引脚上，另一端接地，如图 5-5 所示。采用查询扫描时，MCU 可通过直接读取 KEY 引脚的电平状态来判断键是否被按下。采用外部中断扫描时，一般利用按键的下降沿触发 MCU 中断。独立式键盘查键方便，但占用 I/O 资源较多，因此一般适用于键较少的场合。

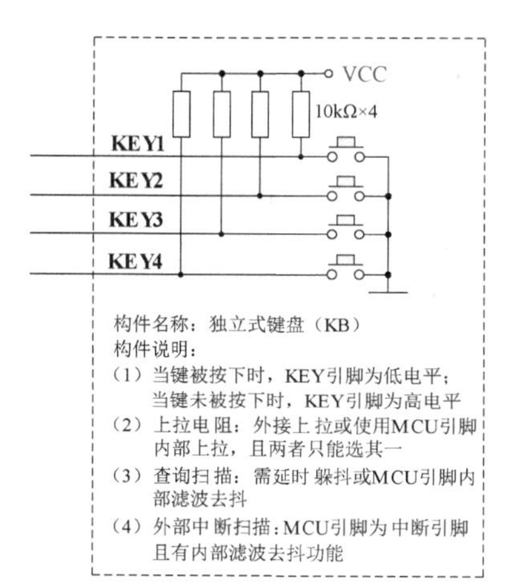

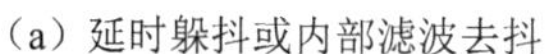

（a）延时躲抖或内部滤波去抖

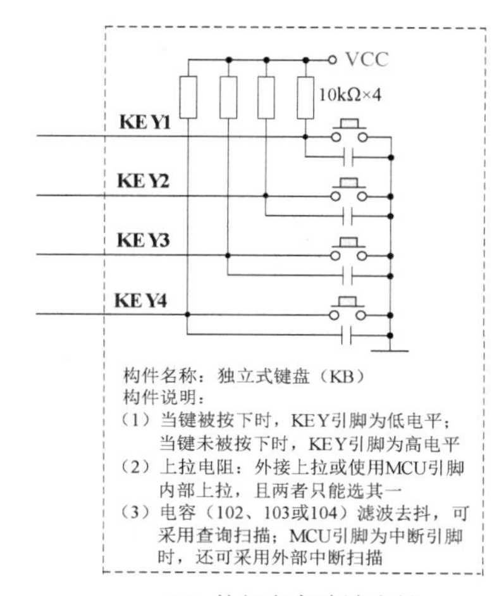

（b）外部电容滤波去抖

图 5-5 独立式键盘硬件构件

5.1.3 矩阵式键盘硬件构件设计

矩阵式键盘又称行列式键盘，如图 5-6 所示的 4×4 矩阵式键盘可构成 16 个键，但占用 MCU 的 I/O 引脚只有 8 个，因此矩阵式键盘应用于键较多的场合。

矩阵式键盘的结构原理是用一部分 I/O 作为行线，另一部分 I/O 作为列线，在每个行线和列线的交叉点放置一个键，当某个键被按下时，其对应的行线和列线短路，MCU 通过检测是否有行线和列线短路来确定是否有键被按下，并确定被按下键的位置。

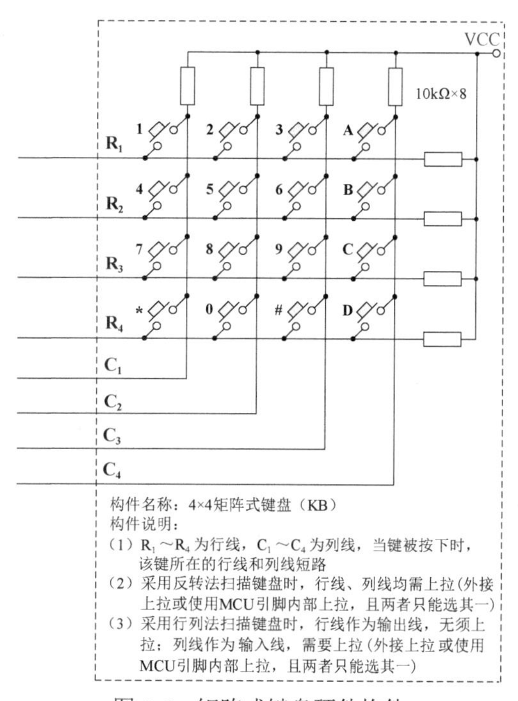

图 5-6 矩阵式键盘硬件构件

任务 5.2　学习键盘软件构件设计及使用方法

键盘软件构件的设计及使用方法与 1.4.1 节中介绍的小灯软件构件的设计及使用方法类似，键盘软件构件由对应的.h 头文件和.c 源文件组成，若要使用键盘软件构件，只需将这两个文件添加到所建工程的 05_App（应用外设构件）文件夹中，即可实现对键状态的检测。其中，.h 头文件主要包括相关头文件的包含、键盘硬件构件相关的宏定义、键盘构件对外接口函数的声明；而.c 源文件是键盘构件对外接口函数的具体实现。因此，在键盘硬件构件基础上进行键盘软件构件设计时，主要做以下两件事：①在.h 头文件中，用宏定义实现硬件接口注释和接口网标的对应关系；②在.c 源文件中，进行键盘构件对外接口函数的分析与设计。

应用开发者只要熟悉键盘软件构件中.h 头文件的内容，即可使用键盘软件构件进行编程。软件构件在不同应用系统中移植和复用时，仅需根据硬件构件接口修改软件构件头文件中的相关宏定义即可。

5.2.1　独立式键盘软件构件设计及使用方法

下面以如图 5-5（a）所示的独立式键盘硬件构件为例，说明独立式键盘软件构件的设计及使用方法。

1. 独立式键盘软件构件头文件

```
//==================================================================
//文件名称：indep_kb.h
//功能概要：独立式键盘软件构件头文件（MCU 采用查询方式扫描键盘）
//版权所有：JSEI-SMH & SD-WYH
//版本更新：2020-07-21  V1.1
//==================================================================
#ifndef  _INDEP_KB_H                //防止重复定义（开头）
#define  _INDEP_KB_H
//1.头文件包含
#include  "common.h"                //包含公共要素软件构件头文件
#include  "gpio.h"                  //包含 GPIO 底层驱动构件头文件
//2.宏定义
//（1）独立式键盘硬件构件接口引脚宏定义（由实际的硬件连接决定）
#define  KEY1     (PORT_D|0)        //KEY1 键使用的端口/引脚
#define  KEY2     (PORT_D|1)        //KEY2 键使用的端口/引脚
#define  KEY3     (PORT_D|2)        //KEY3 键使用的端口/引脚
#define  KEY4     (PORT_D|3)        //KEY4 键使用的端口/引脚
//（2）键状态宏定义（键状态对应的物理电平由硬件接法决定）
#define  KEY_DOWN   0               //键被按下
```

```
#define  KEY_UP      1             //键未被按下
//3.对外接口函数声明
//======================================================================
//函数名称：key_init
//函数功能：独立式键盘驱动初始化（设置引脚为输入，并使用 MCU 引脚内部上拉）
//函数参数：port_pin，键使用的端口引脚号，可使用宏定义 KEY1～KEY4
//函数返回：无
//相关说明：上拉电阻使用外接上拉或使用 MCU 引脚内部上拉，且两者只能选其一。
//          若使用外接上拉电阻，则不需要使能 MCU 引脚内部上拉
//======================================================================
void key_init(uint_16 port_pin);

//======================================================================
//函数名称：key_get
//函数功能：获取键的状态
//函数参数：port_pin：键使用的端口引脚号，可使用宏定义 KEY1～KEY4
//函数返回：键引脚的状态（0 或 1）
//======================================================================
uint_8 key_get(uint_16 port_pin);

#endif              //防止重复定义（结尾）
```

2. 独立式键盘软件构件源文件

```
//======================================================================
//文件名称：indep_kb.c
//功能概要：独立式键盘软件构件源文件（MCU 采用查询方式扫描键盘）
//版权所有：JSEI-SMH & SD-WYH
//版本更新：2020-07-21  V1.1
//======================================================================
//1.包含本构件头文件
#include  "indep_kb.h"

//2.对外接口函数的定义与实现
//======================================================================
//函数名称：key_init
//函数功能：独立式键盘驱动初始化（设置引脚为输入，并使用 MCU 引脚内部上拉）
//函数参数：port_pin：键使用的端口引脚号，可使用宏定义 KEY1～KEY4
//函数返回：无
//相关说明：上拉电阻使用外接上拉或使用 MCU 引脚内部上拉，且两者只能选其一。
//          若使用外接上拉电阻，则不需要使能 MCU 引脚内部上拉
//======================================================================
void key_init(uint_16 port_pin)
{
```

```
    gpio_init(port_pin, GPIO_IN, 1);         //设置引脚为输入
    gpio_pull(port_pin, PULL_ENABLE);        //引脚内部上拉使能
}

//======================================================================
//函数名称：key_get
//函数功能：获取键的状态
//函数参数：port_pin：键使用的端口引脚号，可使用宏定义 KEY1～KEY4
//函数返回：键引脚的状态（0 或 1）
//======================================================================
uint_8 key_get(uint_16 port_pin)
{
    return  ( gpio_get(port_pin) );           //返回键引脚的状态
}
```

5.2.2 矩阵式键盘软件构件设计及使用方法

现在以如图 5-6 所示的矩阵式键盘硬件构件为例，说明矩阵式键盘软件构件的设计及使用方法。

MCU 查询识别矩阵式键盘中被按下键的位置，有行列扫描法和反转扫描法，在此只介绍相对更加常用的反转扫描法。使用反转扫描法识别被按下键时，扫描过程如下：

（1）行线作为输出线，列线作为输入线。使所有行线 R_1～R_4 输出 0，读取列线 C_1～C_4 的值，值为 0 的列为被按下键所在的列。

（2）列线作为输出线，行线作为输入线。使所有列线 C_1～C_4 输出 0，读取行线 R_1～R_4 的值，值为 0 的行为被按下键所在的行。

例如，假定行线 R_2 和列线 C_3 交叉点上的 6 号键被按下，先使所有行线 R_1～R_4 输出 0，读取列线 C_1～C_4 的值，结果为 C_3=0，对应第 3 列；然后使所有列线 C_1～C_4 输出 0，读取行线 R_1～R_4 的值，结果为 R_2=0，对应第 2 行。因此，6 号键在第 2 行、第 3 列上。

矩阵式键盘可用统一的编码规则编制每个键的特征码。例如，可用 $C_4C_3C_2C_1R_4R_3R_2R_1$（键所在行和列的位为 0，其他位为 1）的二进制数编制键的特征码（键值）。图 5-6 中的矩阵式键盘对应的编码表如表 5-1 所示。

表 5-1 图 5-6 中的矩阵式键盘对应的编码表

键名	'1'	'2'	'3'	'A'	'4'	'5'	'6'	'B'	'7'	'8'	'9'	'C'	'*'	'0'	'#'	'D'	未按下
键值	0xEE	0xDE	0xBE	0x7E	0xED	0xDD	0xBD	0x7D	0xEB	0xDB	0xBB	0x7B	0xE7	0xD7	0xB7	0x77	0xFF

根据上述分析，矩阵式键盘软件构件的设计如下。

1. 矩阵式键盘软件构件头文件

```
//===========================================================
//文件名称：matrix_kb.h
//功能概要：矩阵式键盘软件构件头文件
//版权所有：JSEI-SMH & SD-WYH
//版本更新：2020-07-21  V1.1
//===========================================================
#ifndef  _MATRIX_KB_H          //防止重复定义（开头）
#define  _MATRIX_KB_H
//1.头文件包含
#include  "common.h"           //包含公共要素软件构件头文件
#include  "gpio.h"             //包含GPIO底层驱动构件头文件
//2. 宏定义
//矩阵式键盘硬件构件接口引脚宏定义（由实际的硬件连接决定）
#define  R1    (PORT_G|0)      //行线R1使用的端口/引脚
#define  R2    (PORT_G|1)      //行线R2使用的端口/引脚
#define  R3    (PORT_G|2)      //行线R3使用的端口/引脚
#define  R4    (PORT_G|3)      //行线R4使用的端口/引脚
#define  C1    (PORT_G|4)      //列线C1使用的端口/引脚
#define  C2    (PORT_G|5)      //列线C2使用的端口/引脚
#define  C3    (PORT_G|6)      //列线C3使用的端口/引脚
#define  C4    (PORT_G|7)      //列线C4使用的端口/引脚
//3.对外接口函数声明
//===========================================================
//函数名称：kb_init
//函数功能：矩阵式键盘驱动初始化（使能MCU引脚内部上拉）
//函数参数：无
//函数返回：无
//相关说明：若所有行线和列线外接上拉电阻，则不需要进行初始化
//===========================================================
void kb_init(void);

//===========================================================
//函数名称：kb_scan
//函数功能：利用反转扫描法扫描键盘，返回被按下键的键名
//函数参数：无
//函数返回：若有键被按下，则返回被按下键对应的键名，否则返回0xff
//===========================================================
uint_8 kb_scan(void);

#endif                         //防止重复定义（结尾）
```

2. 矩阵式键盘软件构件源文件

```
//==============================================================
//文件名称：matrix_kb.c
//功能概要：矩阵式键盘软件构件源文件
//版权所有：JSEI-SMH & SD-WYH
//版本更新：2020-07-21  V1.1
//==============================================================
//1.包含本构件头文件
#include  "matrix_kb.h"
//2.仅用于本文件的全局变量和内部函数的声明
//（1）定义存放键盘行线和列线的数组
static uint_16 kb_row[ ]={ R1,R2,R3,R4 };     //定义行线数组
static uint_16 kb_col[ ]={ C1,C2,C3,C4 };     //定义列线数组
//（2）定义存放键值与键名对应表的数组（可根据实际应用，修改键值对应的键名）
//键值位序：C4 C3 C2 C1 R4 R3 R2 R1
static const uint_8 kb_table[ ]=
{    //第 1 列        第 2 列         第 3 列           第 4 列
    0xEE, '1',    0xDE, '2',    0xBE, '3',    0x7E, 'A',     //第 1 行
    0xED, '4',    0xDD, '5',    0xBD, '6',    0x7D, 'B',     //第 2 行
    0xEB, '7',    0xDB, '8',    0xBB, '9',    0x7B ,'C',     //第 3 行
    0xE7, '*',    0xD7, '0',    0xB7, '#',    0x77, 'D',     //第 4 行
    0xff   //未被按下
};
//（3）内部函数声明
static uint_8 kb_key_name(uint_8 key_value);
//3.对外接口函数的定义与实现
//==============================================================
//函数名称：kb_init
//函数功能：矩阵式键盘驱动初始化（使能 MCU 引脚内部上拉）
//函数参数：无
//函数返回：无
//相关说明：若所有行线和列线外接上拉电阻，则不需要进行初始化
//==============================================================
void kb_init(void)
{
    uint_8 i;
    //所有行线连接的 MCU 引脚内部上拉使能
    for(i=0;i<4;i++)
    {
        gpio_pull(kb_row[i],PULL_ENABLE);
    }
    //所有列线连接的 MCU 引脚内部上拉使能
```

```
    for(i=0;i<4;i++)
    {
        gpio_pull(kb_col[i],PULL_ENABLE);
    }
}

//===========================================================================
//函数名称：kb_scan
//函数功能：利用反转扫描法扫描键盘，返回被按下键的键名
//函数参数：无
//函数返回：若有键被按下，则返回被按下键对应的键名，否则返回 0xff
//===========================================================================
uint_8 kb_scan(void)
{
    uint_8 key_value;                          //存放键值
    uint_8 key_name;                           //存放键名
    uint_8 i;
    key_value = 0xff;                          //键值初值
    key_name = 0xff;                           //键名初值
    //（1）反转法扫描键盘，获取键值
    //1）行线为输出，列线为输入，扫描列线
    for(i=0;i<4;i++)                           //所有行线设置为输出，并输出 0
    {
        gpio_init(kb_row[i], GPIO_OUT, 0);
    }
    for(i=0;i<4;i++)                           //所有列线设置为输入
    {
        gpio_init(kb_col[i], GPIO_IN, 1);
        __asm("NOP");                          //空操作
        __asm("NOP");
    }
    for(i=0;i<4;i++)                           //扫描列线，确定被按下键所在的列
    {
        if(gpio_get(kb_col[i]) == 0)           //若该列有键被按下
        {
            BCLR(i+4, key_value);              //键值对应列为 0
        }
    }
    //2）列线为输出，行线为输入，扫描行线
    for(i=0;i<4;i++)                           //所有列线设置为输出，并输出 0
    {
      gpio_init(kb_col[i], GPIO_OUT, 0);
    }
```

```
    for(i=0;i<4;i++)                        //所有行线设置为输入
    {
        gpio_init(kb_row[i],GPIO_IN,1);
        __asm("NOP");                       //空操作
        __asm("NOP");
    }
    for(i=0;i<4;i++)                        //扫描行线，确定被按下键所在的行
    {
        if(gpio_get(kb_row[i]) == 0)        //若该行有键被按下
        {
            BCLR(i, key_value);             //键值对应行为 0
        }
}
    //（2）若有键被按下，则获取被按下键的键名
    if(key_value != 0xff)
    {
        key_name = kb_key_name(key_value);
    }
    return  (key_name);                     //返回被按下键的键名
}
//4. 内部函数的定义与实现
//==================================================================
//函数名称：kb_key_name
//函数功能：根据键值获取对应的键名
//函数参数：key_value：键值
//函数返回：键值对应的键名
//==================================================================
static uint_8 kb_key_name(uint_8 key_value)
{
    uint_8 key_name;                        //存放键名
    uint_8 i;
    key_name = 0xff;
    i = 0;
    while(kb_table[i] != 0xff)              //在键值与键名表中搜索键值对应的键名，直到表尾
    {
        if(kb_table[i] == key_value)        //在表中找到相应的键值
        {
            key_name = kb_table[i+1];       //获取对应的键名
            break;                          //终止搜索
        }
        i += 2;                             //指向下一个键值，继续搜索
    }
    return  (key_name);                     //返回被按下键对应的键名
}
```

任务 5.3　键盘检测与控制的应用层程序设计

在如表 1-5 所示的框架下，设计 07_Source（工程源程序构件）的文件，以实现键盘检测与控制的功能。

5.3.1　独立式键盘检测与控制的应用层程序设计

独立式键盘在滤波去抖和延时躲抖下的检测与控制的主程序查询流程分别如图 5-7（a）和图 5-7（b）所示，执行按键功能程序后等待按键释放是为了防止键盘连击问题，即实现一次按键只执行一次功能程序。

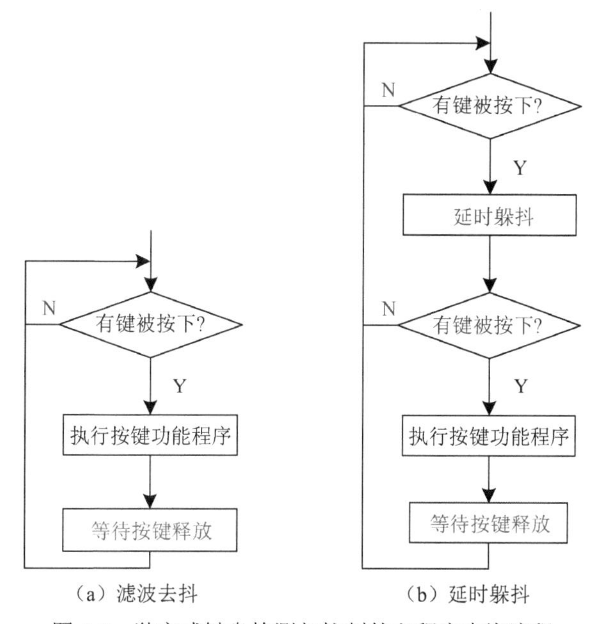

图 5-7　独立式键盘检测与控制的主程序查询流程

下面给出按键功能为小灯状态取反（每按一次键，相应的小灯状态取反一次）的应用层程序。

1. 工程总头文件 includes.h

```
//===============================================================
//文件名称：includes.h
//函数功能：工程总头文件
//版权所有：JSEI-SMH & SD-WYH
//版本更新：2017-08-31  V1.0
//===============================================================
#ifndef  _INCLUDES_H      //防止重复定义（开头）
#define  _INCLUDES_H
```

```
//包含使用到的软件构件头文件
#include  "common.h"      //包含公共要素软件构件头文件
#include  "gpio.h"        //包含 GPIO 底层驱动构件头文件
#include  "light.h"       //包含小灯软件构件头文件
#include  "indep_kb.h"    //包含独立式键盘软件构件头文件
#endif                    //防止重复定义（结尾）
```

2. 主程序源文件 main.c

```
//=================================================================
//文件名称：main.c
//功能概要：主程序源文件
//工程说明：详见 01_Doc 文件夹中的 Readme.txt 文件
//版权所有：JSEI-SMH & SD-WYH
//版本更新：2020-07-21  V1.1
//=================================================================
//1.包含总头文件
#include  "includes.h"
//2.定义全局变量

//3.主程序
int main(void)
{
    //（1）声明主函数使用的变量

    //（2）关总中断
    DISABLE_INTERRUPTS;                     //关总中断
    //（3）给有关变量赋初值

    //（4）初始化功能模块和外设模块
    light_init(LIGHT1, LIGHT_OFF);          //初始化小灯 LIGHT1
    key_init(KEY1);                         //初始化 KEY1 键
    //（5）使能模块中断

    //（6）开总中断
    ENABLE_INTERRUPTS;                      //开总中断
    //（7）进入主循环
    for(;;)
    {
        if(key_get(KEY1) == KEY_DOWN)                   //读键，若 KEY1 键被按下
        {
            Delay_ms(20);                               //延时躲抖
            if(key_get(KEY1) == KEY_DOWN)               //再次读键，若该键确实被按下
            {
```

```
                light_change(LIGHT1);                   //控制小灯状态取反
                while(key_get(KEY1) == KEY_DOWN);       //等待按键释放，防止连击
            }
        }
    }
}
```

上述程序中虚线框内的代码代表延时躲抖的处理过程。实践表明，延时躲抖和滤波去抖的效果相同，但如果采用外部电容滤波去抖，无疑增加了硬件成本，尤其在批量产品生产时。因此，为了降低硬件成本，在键盘抖动处理问题上，可考虑采用软件延时躲抖或MCU引脚内部滤波去抖。

【思考与实验】

请读者通过修改上述main.c的代码，分别完成：

（1）在上述程序的基础上，实现4个键分别控制4个小灯状态取反的功能。

（2）在上述程序的基础上，实现对某一个键的按键次数进行统计，并在项目4给出的数码管上显示该键的按键次数。

5.3.2　矩阵式键盘检测与控制的应用层程序设计

矩阵式键盘检测与控制的主程序查询流程如图5-8所示，为了增强系统的可靠性，需要对先后两次扫描的结果进行对比，如果两次扫描获取的结果是同一个键被按下，则执行后续的按键功能程序；否则，可能因为人为的误按操作使得先后两次按下的键不是同一个键，则不执行后续的按键功能程序。

下面给出按键功能为小灯状态取反（每按一次键，相应的小灯状态取反一次）的应用层程序。

1. 工程总头文件includes.h

```
//=====================================================
//文件名称：includes.h
//函数功能：工程总头文件
//版权所有：JSEI-SMH & SD-WYH
//版本更新：2020-07-21  V1.0
//=====================================================
#ifndef  _INCLUDES_H      //防止重复定义（开头）
#define  _INCLUDES_H
//包含使用到的软件构件头文件
#include  "common.h"      //包含公共要素软件构件头文件
#include  "gpio.h"        //包含GPIO底层驱动构件头文件
#include  "light.h"       //包含小灯软件构件头文件
```

```
#include  "matrix_kb.h"  //包含矩阵式键盘软件构件头文件
#endif                   //防止重复定义（结尾）
```

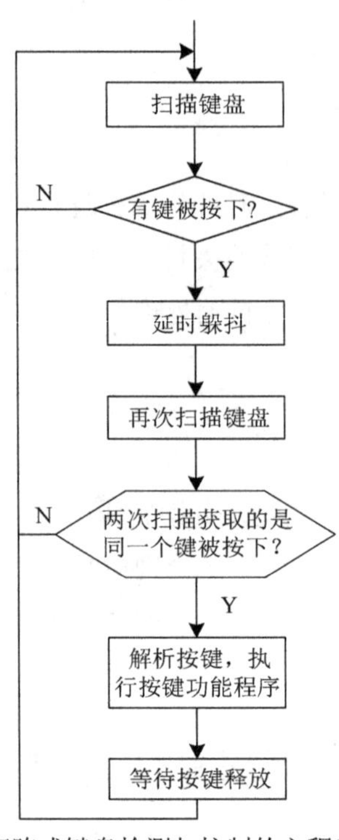

图 5-8　矩阵式键盘检测与控制的主程序查询流程

2. 主程序源文件 main.c

```
//============================================================
//文件名称：main.c
//功能概要：主程序源文件
//工程说明：详见 01_Doc 文件夹中的 Readme.txt 文件
//版权所有：JSEI-SMH & SD-WYH
//版本更新：2020-07-21  V1.1
//============================================================
//1.包含总头文件
#include  "includes.h"
//2.定义全局变量

//3.主程序
int main(void)
{
    //（1）声明主函数使用的变量
    uint_8 key_name_1,key_name_2;      //存放键盘扫描获取的键名
    //（2）关总中断
    DISABLE_INTERRUPTS;                //关总中断
    //（3）给有关变量赋初值
```

```
key_name_1 = key_name_2 = 0xff;     //0xff表示无键被按下
//（4）初始化功能模块和外设模块
light_init(LIGHT1, LIGHT_OFF);      //初始化小灯LIGHT1
light_init(LIGHT2, LIGHT_OFF);      //初始化小灯LIGHT2
light_init(LIGHT3, LIGHT_OFF);      //初始化小灯LIGHT3
light_init(LIGHT4, LIGHT_OFF);      //初始化小灯LIGHT4
kb_init( );                         //初始化矩阵式键盘（假设使用MCU引脚内部上拉）
//（5）使能模块中断

//（6）开总中断
ENABLE_INTERRUPTS;                  //开总中断
//（7）进入主循环
for(;;)
{
    //扫描键盘，若有键被按下，则对应的小灯状态取反
    key_name_1 = kb_scan( );        //扫描键盘
    if(key_name_1 != 0xff)          //若有键被按下
    {
        Delay_ms(20);               //延时解抖
        key_name_2 = kb_scan( );    //再次扫描键盘
        //若两次按下的是同一个键，则解析按键，执行按键功能程序
        if(key_name_1==key_name_2 && key_name_2!=0xff)
        {
            //解析按键，执行按键功能程序
            switch(key_name_2)
            {
                case '0':
                     light_change(LIGHT1);                 //执行按键功能程序
                     while(kb_scan( ) == key_name_2);      //等待按键释放
                     break;
                case '1':
                     light_change(LIGHT2);                 //执行按键功能程序
                     while(kb_scan( ) == key_name_2);      //等待按键释放
                     break;
                case '2':
                     light_change(LIGHT3);                 //执行按键功能程序
                     while(kb_scan( ) == key_name_2);      //等待按键释放
                     break;
                case '3':
                     light_change(LIGHT4);                 //执行按键功能程序
                     while(kb_scan( ) == key_name_2);      //等待按键释放
                     break;
                default:
```

```
                    break;
                }//end_switch
            }//end_if
        }//end_if
    }//end_for
}//end_main
```

【思考与实验】

1．在上述程序的基础上，实现在某1位数码管上显示被按下键的键名。例如，按下'1'键时，数码管上显示“1”。

1）由于需要数码管显示，因此需要将项目4中的数码管软件构件的led.h和led.c这两个文件添加至所建工程的05_App（应用外设构件）文件夹中。

2）需要在所建工程的07_Source（工程源程序构件）文件夹下的includes.h文件中包含数码管软件构件头文件led.h，对应的代码如下：

```
#include  "led.h"        //包含数码管软件构件头文件
```

3）在main.c文件中，主程序中需要修改两处。

（1）在“（4）初始化功能模块和外设模块”中添加数码管初始化的代码：

```
led_init( );             //初始化数码管
```

（2）将“解析按键，执行按键功能程序”代码修改如下：

```
//解析按键，执行按键功能程序
if(key_name_2>='0' && key_name_2<='9')
{
    led_show(1, key_name_2-0x30);          //数码管显示键名
}
while(kb_scan( ) == key_name_2);           //等待按键释放
```

需要说明的是，调用kb_scan函数后获取到的是键名对应的字符'0'～'9'，将其送数码管显示时，需要将其转换为对应的数字0～9，因此根据字符'0'～'9'的ASCII码值为0x30～0x39，调用led_show函数时的第2个实参变量的值为key_name_2-0x30。

2．实现在4位数码管上分别显示按照顺序按下的4个键的键名。例如，按照顺序依次按'1'、'2'、'3'、'4'键时，4位数码管显示“1234”。

根据要求，可采用主程序查询方式对键盘进行扫描，而采用定时中断实现4位数码管动态显示功能。需要将项目3中的SysTick定时器底层驱动构件的systick.h和systick.c这两个文件（或FTM基本定时底层驱动构件的ftm_timer.h和ftm_timer.c这两个文件）添加到所建工程的04_Driver（MCU底层驱动构件）文件夹中；将项目4中的数码管软件构件led.h和led.c两个文件添加到所建工程的05_App（应用外设构件）文件夹中。

对应的应用层程序如下：

1）工程总头文件 includes.h

```
//======================================================================
//文件名称：includes.h
//函数功能：工程总头文件
//版权所有：JSEI-SMH & SD-WYH
//版本更新：2017-08-31  V1.0
//======================================================================
#ifndef  _INCLUDES_H                    //防止重复定义（开头）
#define  _INCLUDES_H
//包含使用到的软件构件头文件
#include  "common.h"                    //包含公共要素软件构件头文件
#include  "gpio.h"                      //包含 GPIO 底层驱动构件头文件
#include  "matrix_kb.h"                 //包含矩阵式键盘软件构件头文件
#include  "systick.h"                   //包含 SysTick 定时器底层驱动构件头文件
#include  "led.h"                       //包含数码管软件构件头文件
#endif                                  //防止重复定义（结尾）
```

2）主程序源文件 main.c

```
//======================================================================
//文件名称：main.c
//功能概要：主程序源文件
//工程说明：详见 01_Doc 文件夹中的 Readme.txt 文件
//版权所有：JSEI-SMH & SD-WYH
//版本更新：2017-08-31  V1.0
//======================================================================
//1.包含总头文件
#include  "includes.h"
//2.定义全局变量
uint_8 g_disp[LED_NUM];                 //4 位数码管分别显示的字符（对应笔形码数组的下标）
//3.主程序
int main(void)
{
    //（1）声明主函数使用的变量
    uint_8 key_name_1,key_name_2;       //存放键盘扫描获取的键名
    uint_8 key_cnt;                     //按键次数计数器
    //（2）关总中断
    DISABLE_INTERRUPTS;                 //关总中断
    //（3）给有关变量赋初值
    key_name_1 = key_name_2 = 0xff;     //0xff 表示无键被按下
    key_cnt=0;                          //按键次数初值为 0
     g_disp[0]=29;  g_disp[1]=29;  g_disp[2]=29;  g_disp[3]=29;  //数码管全灭
    //（4）初始化功能模块和外设模块
    kb_init( );                         //初始化矩阵式键盘（假设使用 MCU 引脚内部上拉）
    led_init( );                        //初始化数码管
```

```
    systick_init(CORE_CLK_KHZ, 5);                          //初始化 SysTick，定时 5ms
    //（5）使能模块中断

    //（6）开总中断
    ENABLE_INTERRUPTS;                                       //开总中断
    //（7）进入主循环
    for(;;)
    {
        //扫描键盘，若有键被按下，则更新数码管显示的数据
        key_name_1 = kb_scan( );                             //扫描键盘，获取键名
        if(key_name_1 != 0xff)                               //若有键被按下
        {
            Delay_ms(20);                                    //延时躲抖
            key_name_2 = kb_scan( );                         //再次扫描键盘，获取键名
            //若两次按下的是同一个键，则解析按键，执行按键功能程序
            if(key_name_1==key_name_2 && key_name_2!=0xff)
            {
                //解析按键，执行按键功能程序
                key_cnt++;                                   //按键次数加 1
                for(i=key_cnt; i<LED_NUM; i++)
                {
                    g_disp[i]=29;                            //使后面的几位数码管不显示
                }
                g_disp[key_cnt-1] = key_name_2-0x30;        //更新数码管显示的数据
                if(key_cnt>=4)
                      key_cnt = 0;
                while(kb_scan( ) == key_name_2);            //等待按键释放
            }//end_if
        }//end_if
    }//end_for
}//end_main
```

3）中断服务程序源文件 isr.c

```
//======================================================================
//文件名称：isr.c
//功能概要：中断服务程序源文件
//版权所有：JSEI-SMH & SD-WYH
//版本更新：2020-05-08  V1.0
//======================================================================
//1.包含总头文件
#include  "includes.h"
//2.声明外部变量（在 main.c 中定义）
extern uint_8 g_disp[LED_NUM];  //4 位数码管分别显示的字符（对应笔形码数组的下标）
//3.中断服务程序
```

```
//SysTick 定时器中断服务程序：定时时间到，执行相应的定时功能程序
void SysTick_Handler(void)
{
    static uint_8 led_i=1;                    //数码管位序
    //以下是定时功能程序
    led_i++;
    if(led_i>LED_NUM)
        led_i=1;
    led_show(led_i, g_disp[led_i-1]);        //使某 1 位数码管显示 1 位数字
}
```

【拓展与实验】

在上述的思考与实验 2 中，如果在按照顺序依次按 4 个键的过程中，出现按错，如本应该依次按'1'、'2'、'3'、'4'键，但按了'1'键之后不小心按了'5'键，那么可以按'*'键取消本轮按键操作，重新开始依次按键。请读者思考并实现该效果。

项目 6

利用 UART 实现上位机和下位机的通信

项目导读：

为了实现上位机 PC 和下位机 MCU 之间的通信，可采用 UART、USB、Ethernet 等多种通信方式，其中 UART 是最简单的一种通信方式，也是学习其他通信方式的基础。在本项目中，首先学习 UART 的通用知识，理解 UART 的相关概念；然后学习 UART 底层驱动构件设计及使用方法，重点掌握 UART 底层驱动构件头文件的使用方法；最后学习 PC 和 MCU 的串口通信与调试方法，重点掌握利用 UART 底层驱动构件头文件进行 UART 应用层程序设计的方法，包括主程序设计和 UART 接收中断服务程序设计。另外，通过本项目还可以掌握通过 UART 实现利用格式化输出函数（printf）向 PC 输出数据的方法。

任务 6.1　学习 UART 的通用知识

UART（Universal Asynchronous Receiver/Transmitter，异步收发器）可实现异步串行通信功能。有时还将 UART 称为 SCI（Serial Communication Interface，串行通信接口），简称串口。

1．UART 硬件

MCU 的 UART 通信一般只需 3 根线：发送线 TxD、接收线 RxD 和地线 GND。由于 MCU 的 UART 引脚使用 TTL 高低电平信号表达数字逻辑“1”和“0”，因此需要地线 GND。

随着 USB 接口的普及，9 芯的 RS232 串口逐步从 PC 上消失。MCU 可通过 TTL-USB 转换器连接到 PC 的 USB 接口，在 PC 上安装相应的驱动软件，就可在 PC 上使用一般的串口通信编程方式，实现 MCU 与 PC 之间的串口通信。

2. UART 通信的数据格式

UART 通信的特点是：数据以字节（Byte）为单位，按位（bit）的顺序（如最低位优先）从一条传输线上发送出去。

图 6-1 给出了 8 位数据、1 位奇偶校验位的 UART 数据帧格式，发送设备向接收设备发送 UART 串行数据的步骤如下：

（1）发送 1 位起始位——逻辑“0”，用于通知接收设备准备接收数据，接收设备依靠检测起始位来实现与发送设备的通信同步；

（2）依次发送 8 位数据 D0～D7（低位在前、高位在后）；

（3）发送 1 位奇偶校验位（可选），便于接收设备按照双方约定的校验方式检测数据发送是否正确；

（4）发送 1～2 位停止位——逻辑“1”，用于通知接收设备该帧数据已经发送完成。

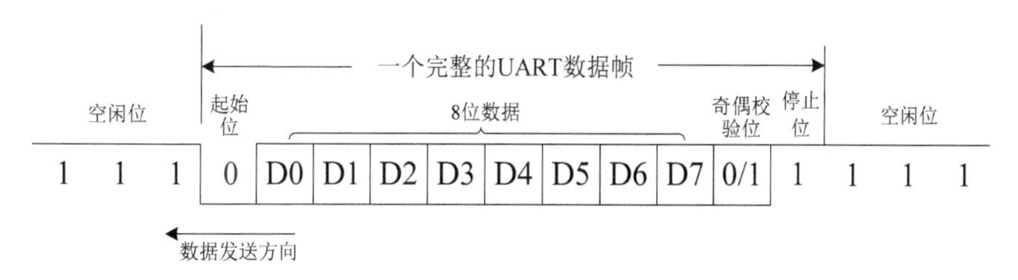

图 6-1　UART 通信的数据格式

如果发送设备没有数据发送，则通信线路上保持空闲状态——逻辑“1”。如果发送设备发送下一个 UART 数据帧，则要重新发送起始位，然后发送一个字节的新数据。

3. 数据通信的波特率

波特率通常指的是每秒钟传输二进制数码的位数，单位是 bit/s 或 bps（bit per second 的缩写）。波特率用于表示数据传输的速度，波特率越高，数据传输的速度越快。通常情况下，波特率的单位可以省略。

串口通信通常使用的波特率有 1200、1800、2400、4800、9600、19 200、38 400、57 600、115 200（bit/s）等。需要注意的是，随着波特率的提高，位长（位的持续时间）变小，导致通信易受电磁干扰，降低长距离通信的可靠性。

4. 串行通信的传输方式

在串行通信中，经常用到单工、全双工、半双工等概念，它们是串行通信的不同传输方式。

（1）单工（Simplex）通信：数据传送是单向的。通信双方，一方固定为发送端，另一方固定为接收端。信息只能沿一个方向传输，只需使用一根数据传输线。无线电广播、有线电视广播就是单工通信。

（2）全双工（Full-duplex）通信：数据传送是双向的，且通信双方可以同时发送和接收。该方式需要使用两根数据传输线，站在任何一端的角度看，一根为发送线，另一根为接收线。平时使用的手机通话就是全双工通信。一般情况下，MCU 的 UART 通信接口均是全双工的。

（3）半双工（Half-duplex）通信：数据传送也是双向的，但该方式只有一根数据传输线，任何时刻，只能由一方发送数据，另一方接收数据，不能同时收发。对讲机通话就是半双工通信。

5. MCU 的 UART 内部结构及编程模型

MCU 的 UART 内部结构如图 6-2 虚线框所示，其功能是：接收时，将外部输入引脚 RxD 的 8 位串行数据通过接收移位寄存器转换为 1 字节的并行数据送入 UART 接收数据寄存器；发送时，将 UART 发送数据寄存器中 1 字节的并行数据通过发送移位寄存器转换为 8 位串行数据发送至外部输出引脚 TxD。

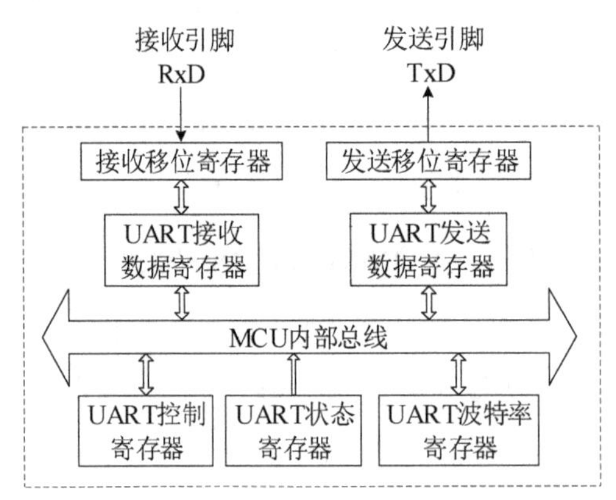

图 6-2 MCU 的 UART 内部结构及编程模型

MCU 的 UART 通信编程主要涉及以下寄存器。

（1）UART 波特率寄存器：用于设置 UART 通信波特率。

（2）UART 控制寄存器：用于设置数据帧格式（8 位或 9 位数据）、是否校验、是否允许中断等。

（3）UART 状态寄存器：用于判断是否接收到数据、数据是否发送完成等。

（4）UART 数据寄存器（缓冲器）：实际包含两个独立的寄存器，即 UART 发送数据寄存器（MCU 只写）和 UART 接收数据寄存器（MCU 只读）。这两个寄存器使用同一个名字和内存地址，这并不冲突，因为 MCU 在任何时刻要么读 UART 接收数据寄存器，要么写 UART 发送数据寄存器。

任务 6.2　学习 UART 底层驱动构件设计及使用方法

1. KEA128 的 UART 模块

KEA128 芯片中共有 3 个 UART 模块，分别是 UART0、UART1 和 UART2。每个 UART 模块的发送数据引脚为 UART*x*_TX，接收数据引脚为 UART*x*_RX，其中 *x* 表示 UART 模块号 0、1、2。根据附录 A 的 80LQFP 封装 S9KEAZ128AMLK 引脚功能分配表，可以配置 UART 模块的引脚，如表 6-1 所示。可通过系统集成模块（SIM）提供的引脚选择寄存器 SIM_PINSEL1 编程来设定 UART 模块使用的引脚。

表 6-1　KEA128 的 UART 引脚

引　脚　号	引　脚　名	ALT2	ALT3
16	PTI1		UART2_TX
17	PTI0		UART2_RX
26	PTD7	UART2_TX	
27	PTD6	UART2_RX	
41	PTB1	UART0_TX	
42	PTB0	UART0_RX	
43	PTF3	UART1_TX	
44	PTF2	UART1_RX	
59	PTA3	UART0_TX	
60	PTA2	UART0_RX	
63	PTC7	UART1_TX	
64	PTC6	UART1_RX	

UART 具有初始化、发送和接收三种基本操作。其中，UART 发送是主动任务，发送方主动控制着数据发送的操作，因此 UART 发送不必采用中断方式；而 UART 接收是被动任务，并具有一定的随机性，对方可能随时发送数据过来，因此为了确保及时接收到对方发送来的每帧数据，UART 接收一般采用中断方式。

UART 底层驱动构件由 uart.h 头文件和 uart.c 源文件组成，若要使用 UART 底层驱动构件，只需将这两个文件添加到所建工程的 04_Driver（MCU 底层驱动构件）文件夹中，即可实现对 UART 的操作。其中，uart.h 头文件主要包括相关头文件的包含、相关的宏定义（UART 号和每个 UART 使用的引脚）、对外接口函数的声明；而 uart.c 源文件是对外接口函数的具体实现，需要结合 KEA128 参考手册中的 UART 模块信息和芯片头文件 SKEAZ1284.h 进行分析与设计，对应的程序请参阅附录 F 的 F.4。应用开发者只要熟悉下面给出的 uart.h 头文件的内容，即可使用 UART 底层驱动构件进行编程。

2. UART 底层驱动构件头文件

```
//==========================================================================
//文件名称：uart.h
//功能概要：UART 底层驱动构件头文件
//芯片类型：KEA128
//版权所有：JSEI-SMH & SD-WYH
//版本更新：2020-03-30  V1.1
//==========================================================================
#ifndef _UART_H      //防止重复定义（开头）
#define _UART_H
//1.头文件包含
#include  "common.h"   //包含公共要素软件构件头文件
//2.宏定义
//（1）UART 号宏定义
#define  UART_0    0
#define  UART_1    1
#define  UART_2    2
//（2）UART 使用的引脚宏定义（由具体硬件板决定）
#define  UART_0_GROUP  2   //UART_0: 1=PTA3-TX、PTA2-RX，2=PTB1-TX、PTB0-RX
#define  UART_1_GROUP  1   //UART_1: 1=PTC7-TX、PTC6-RX，2=PTF3-TX、PTF2-RX
#define  UART_2_GROUP  1   //UART_2: 1=PTD7-TX、PTD6-RX，2=PTI1-TX、PTI0-RX
//3.对外接口函数声明
//==========================================================================
//函数名称：uart_init
//函数功能：对指定的 UART 模块进行初始化（总线时钟作为 UART 时钟源，BUS_CLK_KHZ=24MHz）
//函数参数：uartNo: UART 号 UART_0、UART_1、UART_2
//          baud_rate: 波特率 1200、2400、4800、9600、19200、115200
//函数返回：无
//==========================================================================
void uart_init(uint_8 uartNo, uint_32 baud_rate);

//==========================================================================
//函数名称：uart_send1
//函数功能：从指定的 UART 发送 1 个字符
//函数参数：uartNo: UART 号 UART_0、UART_1、UART_2
//          send_data: 要发送的字符
//函数返回：函数执行状态（1 表示发送成功，0 表示发送失败）
//==========================================================================
uint_8 uart_send1(uint_8 uartNo, uint_8 send_data);

//==========================================================================
//函数名称：uart_sendN
```

```
//函数功能：从指定的 UART 发送多个字符
//函数参数：uartNo: UART 号 UART_0、UART_1、UART_2
//          buff: 指向发送缓冲区首地址的指针
//          len: 发送的字节数
//函数返回：函数执行状态（1 表示正常，0 表示异常）
//==========================================================================
uint_8 uart_sendN(uint_8 uartNo, uint_16 len, uint_8* buff);

//==========================================================================
//函数名称：uart_send_string
//函数功能：从指定的 UART 发送一个以'\0'结束的字符串。
//     例：uart_send_string(UART_0,"abcdefg");即可发送字符串 abcdefg
//函数参数：uartNo: UART 号 UART_0、UART_1、UART_2
//          buff: 指向要发送字符串首地址的指针
//函数返回：函数执行状态（1 表示正常，0 表示异常）
//==========================================================================
uint_8 uart_send_string(uint_8 uartNo, uint_8 *buff);

//==========================================================================
//函数名称：uart_re1
//函数功能：从指定的 UART 接收 1 个字符
//函数参数：uartNo: UART 号 UART_0、UART_1、UART_2
//          re_flag: 用于传回接收状态的标志（1 表示接收成功，0 表示接收失败）
//函数返回：接收到的数据
//==========================================================================
uint_8 uart_re1 (uint_8 uartNo, uint_8 *re_flag);

//==========================================================================
//函数名称：uart_reN
//函数功能：从指定的 UART 接收多个字符
//函数参数：uartNo: UART 号 UART_0、UART_1、UART_2
//          len: 接收长度
//          buff: 指向接收缓冲区首地址的指针
//函数返回：函数执行状态（1 表示正常，0 表示异常）
//==========================================================================
uint_8 uart_reN (uint_8 uartNo ,uint_16 len ,uint_8 *buff);

//==========================================================================
//函数名称：uart_re_int_enable
//函数功能：将指定 UART 的接收中断使能
//函数参数：uartNo: UART 号 UART_0、UART_1、UART_2
//函数返回：无
//==========================================================================
```

```
void uart_re_int_enable(uint_8 uartNo);

//===================================================================
//函数名称：uart_re_int_disable
//函数功能：将指定UART的接收中断禁止
//函数参数：uartNo：UART号UART_0、UART_1、UART_2
//函数返回：无
//===================================================================
void uart_re_int_disable(uint_8 uartNo);

//===================================================================
//函数名称：uart_re_int_get
//函数功能：获取指定UART的接收中断标志
//函数参数：uartNo：UART号UART_0、UART_1、UART_2
//函数返回：接收中断标志（1表示有接收中断，0表示无接收中断）
//===================================================================
uint_8 uart_re_int_get(uint_8 uartNo);

#endif          //防止重复定义（结尾）
```

任务6.3　学习PC与MCU的串口通信与调试方法

6.3.1　UART通信的应用层程序设计

在如表1-5所示的框架下，设计07_Source（工程源程序构件）的文件，以实现UART的通信功能。本项目采用KEA128的UART2模块进行PC与MCU之间的串口通信，如果使用UART0或UART1模块，编程时只需修改对应的参数即可。

1．工程总头文件includes.h

```
//===================================================================
//文件名称：includes.h
//函数功能：工程总头文件
//版权所有：JSEI-SMH & SD-WYH
//版本更新：2017-08-31  V1.0
//===================================================================
#ifndef  _INCLUDES_H      //防止重复定义（开头）
#define  _INCLUDES_H
//包含使用到的软件构件头文件
#include  "common.h"      //包含公共要素软件构件头文件
#include  "uart.h"        //包含UART底层驱动构件头文件
```

```
#endif                        //防止重复定义（结尾）
```

2. 主程序源文件 main.c

```
//======================================================================
//文件名称：main.c
//功能概要：主程序源文件
//工程说明：详见01 Doc文件夹中的Readme.txt文件
//版权所有：JSEI-SMH & SD-WYH
//版本更新：2020-07-29  V1.1
//======================================================================
//1.包含总头文件
#include  "includes.h"
//2.定义全局变量

//3.主程序
int main(void)
{
    //（1）声明主函数使用的变量
    uint_8 str1[ ] = "UART is OK!\n";
    uint_8 str2[ ] = "I love CHINA!\n";
    uint_8 str3[ ] = "2020-07-12\n";
    uint_8 i;
    //（2）关总中断
    DISABLE_INTERRUPTS;                        //关总中断
    //（3）给有关变量赋初值

    //（4）初始化功能模块和外设模块
    uart_init(UART_2, 9600);                   //初始化UART2，波特率为9600
    //（5）使能模块中断
    uart_re_int_enable(UART_2);                //使能UART2接收中断
    //（6）开总中断
    ENABLE_INTERRUPTS;                         //开总中断
    //（7）进入主循环
    for(;;)
    {
        for(i=0; i<12; i++)
        {
            uart_send1(UART_2, str1[i]);       //输出str1字符串中的1个字符
            Delay_ms(500);                     //延时500ms
        }
        uart_sendN(UART_2, 14, str2);          //输出str2字符串的前14个字符
        Delay_ms(500);                         //延时500ms
        uart_send_string(UART_2, str3);        //输出str3字符串
```

```
        Delay_ms(500);                          //延时500ms
    }  //主循环结束
}
```

3. 中断服务程序源文件 isr.c

```
//==========================================================================
//文件名称：isr.c
//功能概要：中断服务程序源文件
//芯片类型：KEA128
//版权所有：JSEI-SMH & SD-WYH
//版本更新：2020-07-12  V1.0
//==========================================================================
//1.包含总头文件
#include "includes.h"
//2.声明外部变量（在main.c中定义）

//3.中断服务程序
//UART2 接收中断服务程序
//==========================================================================
//函数功能：进入中断后确认是否接收中断；若是，则接收1个字符，然后从原UART 口回送
//          所收到的这个字符
//==========================================================================
void UART2_IRQHandler(void)
{
    DISABLE_INTERRUPTS;                          //关总中断
    uint_8 re_data;                              //存放接收到的数据
    uint_8 re_flag = 0;                          //接收标志：1表示接收成功，0表示接收失败
    if(uart_re_int_get(UART_2))
    {
        re_data = uart_re1(UART_2, &re_flag);    //接收1个字符，并清接收中断标志位
        if(re_flag)                              //如果接收成功
        {
            uart_send1(UART_2, re_data);         //从原UART口回送1个字符
        }
    }
    ENABLE_INTERRUPTS;                           //开总中断
}
```

6.3.2 UART 通信的测试方法

UART 通信与调试步骤如下：

（1）将 USB-TTL 转换器 TTL 端的 RX、TX、GND 端子分别与 MCU 的 TX、RX、GND 引脚相连接，将 USB-TTL 转换器的 USB 端与 PC 的 USB 接口连接；

（2）打开 PC 串口调试软件，打开串口，并且设置与 MCU 的 UART 相同的波特率；

（3）运行MCU程序，通过PC串口调试窗口查看MCU发送给PC的信息；

（4）在PC串口调试窗口中写入字符或字符串并发送给MCU，在串口调试窗口中查看是否有MCU回送到PC的信息；

（5）调试结束后，先在PC串口调试软件中关闭串口，然后将USB-TTL转换器从PC的USB接口断开。

【思考与实验】

请读者修改6.3.1节所给出的文件isr.c中的UART2接收中断服务程序，以实现：当通过PC串口调试窗口向MCU发送不同的字符时，可改变不同小灯的状态。例如，向MCU发送字符'1'时，将改变小灯LIGHT1的状态。

6.3.3　使用printf函数输出数据

1．通过UART使用printf函数的方法

除了使用UART底层驱动构件中的对外接口函数外，还可以使用格式化输出函数printf来灵活地从UART口输出调试信息，配合PC的串口调试软件，可方便地进行嵌入式程序的调试。在使用printf函数时，需要将printf软件构件对应的printf.h头文件和printf.c源文件添加到所建工程的06_Soft（通用软件构件）文件夹中。在printf.h头文件中，添加了以下两条预处理命令，这样就可以通过UART使用printf函数输出数据了。

```
#include  "uart.h"                //包含UART底层驱动构件头文件
#define   UART_Debug  UART_2     //printf函数使用的UART号
```

根据上述宏定义，由于printf函数使用了UART2，因此在进行UART应用层程序设计时，需要在主程序和中断服务程序中对UART2进行编程。

需要说明的是，printf函数是一个标准库函数，其函数原型在头文件stdio.h中。但作为一个特例，不要求在使用printf函数之前必须包含stdio.h文件。

2．printf函数的使用方法

下面简要介绍printf函数的使用方法。printf函数的作用是向显示器输出若干个任意类型的数据，其一般形式为**printf(格式控制字符串，输出列表)**

例如：printf("%d,%c\n", i, c)

其括号内包含以下两部分。

（1）格式控制字符串。格式控制字符串是由双撇号括起来的一个字符串，它包含以下两种信息：①由%开头的格式符，用于指定数据的输出格式。例如，%d是以十进制形式输出带符号整数，%x是以十六进制形式输出无符号整数，%c用于输出单个字符，%s用于输出字符串，%f是以小数形式输出单、双精度实数（隐含输出6位小数），%e是

以指数形式输出实数，%%用于输出一个%。②原样输出的字符，在显示中起提示作用。

（2）输出列表。输出列表是需要输出的一些数据，可以是常量、变量或表达式。多个数据之间要用逗号隔开。

使用 printf 函数时，要求格式控制字符串中必须含有与输出项一一对应的格式符，并且类型要匹配。printf 函数也可以没有输出项，即输出列表也可以没有内容。

3．通过 UART 使用 printf 函数输出数据的应用层程序设计

1）工程总头文件 includes.h

```
//======================================================================
//文件名称：includes.h
//函数功能：工程总头文件
//版权所有：JSEI-SMH & SD-WYH
//版本更新：2020-07-29  V1.1
//======================================================================
#ifndef  _INCLUDES_H      //防止重复定义（开头）
#define  _INCLUDES_H
//包含使用到的软件构件头文件
#include  "common.h"      //包含公共要素软件构件头文件
#include  "gpio.h"        //包含 GPIO 底层驱动构件头文件
#include  "light.h"       //包含小灯软件构件头文件
#include  "uart.h"        //包含 UART 底层驱动构件头文件
#include  "printf.h"      //包含 printf 软件构件头文件
#include  "ValueType.h"   //包含数值类型转换构件头文件①
#endif                    //防止重复定义（结尾）
```

2）主程序源文件 main.c

```
//======================================================================
//文件名称：main.c
//功能概要：主程序源文件
//工程说明：详见 01_Doc 文件夹中的 Readme.txt 文件
//版权所有：JSEI-SMH & SD-WYH
//版本更新：2020-07-29  V1.1
//======================================================================
//1.包含总头文件
#include  "includes.h"
//2.定义全局变量

//3.主程序
int main(void)
```

① 有些编译系统可能不支持 printf 输出实数，为了解决这一问题，可先将实数转换为对应的字符串，然后用 printf 输出与该实数对应的字符串。本书提供了数值类型转换函数，对应的软件构件是 ValueType.h 头文件和 ValueType.c 源文件，使用时，需要将这两个文件添加到所建工程的 06_Soft（通用软件构件）文件夹中，并在工程总头文件 includes.h 中包含 ValueType.h 头文件。

```
{
    //（1）声明主函数使用的变量
    char     ch;                    //字符型变量
    uint_16   i;                    //整型变量
    float     j;                    //实型变量
    char     *str;                  //字符型指针变量
    uint_8   float_str[10];         //存放实数转换后的字符串
    //（2）关总中断
    DISABLE_INTERRUPTS;             //关总中断
    //（3）给有关变量赋初值
    ch='a';
    i=65000;
    j=2.30;
    str ="UART is OK!";             //使 str 指向字符串
    DoubleToStr(j, 2, float_str); //将实数转换为字符串，小数点后保留 2 位
    //（4）初始化功能模块和外设模块
    light_init(LIGHT1, LIGHT_ON); //初始化小灯 LIGHT1
    uart_init(UART_2, 9600);        //初始化 UART2（printf 使用 UART2）
    //（5）UART 发送信息至 PC（经 PC 的串口调试软件显示）
    printf("Hello UART!\n");        //原样输出一串字符，并换行
    printf("%c\n", ch);             //输出一个字符，并换行
    printf("%d\n", i);              //输出一个整数，并换行
    printf("%s\n", float_str);      //输出实数对应的字符串，并换行
    printf("%s\n", "CHINA");        //输出字符串，并换行
    //（6）使能模块中断
    uart_re_int_enable(UART_2);     //使能 UART2 接收中断
    //（7）开总中断
    ENABLE_INTERRUPTS;              //开总中断
    //（8）进入主循环
    for(;;)
    {
        light_change(LIGHT1);       //改变小灯 LIGHT1 的状态
        printf("%s\n", str);        //输出 str 字符串，并换行
        Delay_ms(500);              //延时 500ms
    }
}
```

【思考与实验】

1．请读者使用 printf 函数替代 6.3.1 节所给出的文件 main.c 和 isr.c 中的 UART 发送函数，以实现相同的实验效果。

2．借助 sizeof 运算符，在主程序中使用 printf 函数输出常见数据类型（char、short int、int、long int、float、double）在本编译系统中的字节数。例如：

```
printf("char 型字节数：%d\n",sizeof(char));     //输出 char 型的字节数
```

项目 7

利用 PWM 实现小灯亮度控制

项目导读：

脉宽调制（Pulse-Width Modulation，PWM）信号是一个高电平和低电平重复交替的输出信号，PWM 广泛应用于电机转速控制、车灯亮度控制等领域。在本项目中，首先学习 PWM 的通用知识，理解 PWM 的相关概念；然后学习 PWM 底层驱动构件设计及使用方法，重点掌握 PWM 底层驱动构件头文件的使用方法；最后学习利用 PWM 实现小灯亮度控制的应用层程序设计方法。

任务 7.1　学习 PWM 的通用知识

1. PWM 的基本概念与技术指标

PWM 信号是一个高电平和低电平重复交替的输出信号。利用 MCU 输出 PWM 信号时，需要一个产生 PWM 信号的时钟源，设其周期为 T_{CLK}。PWM 信号的主要技术指标有周期、脉宽、占空比、极性、分辨率、对齐方式等。

1）周期

PWM 信号的周期用其持续的时钟周期个数来度量。例如，图 7-1 给出的 PWM 信号的周期是 8 个时钟周期，即 $T_{PWM} = 8T_{CLK}$。

2）脉宽

脉宽是脉冲宽度的简称，是指一个 PWM 周期内 PWM 信号处于高电平的时间，可用其持续的时钟周期来度量。图 7-1（a）、图 7-1（b）、图 7-1（c）中的 PWM 脉宽分别是 $2T_{CLK}$、$4T_{CLK}$、$6T_{CLK}$。

3）占空比

PWM 信号的占空比是指其脉宽与周期之比，用百分比表示。图 7-1（a）、图 7-1（b）、图 7-1（c）中的 PWM 信号的占空比分别是 2/8 = 25%、4/8 = 50%、6/8 =75%。

4）极性

PWM 信号的极性决定了 PWM 信号的有效电平。正极性表示 PWM 信号的有效电平为高，PWM 引脚的平时电平（空闲电平）为低；负极性表示 PWM 信号的有效电平为低，PWM 引脚的平时电平（空闲电平）为高。

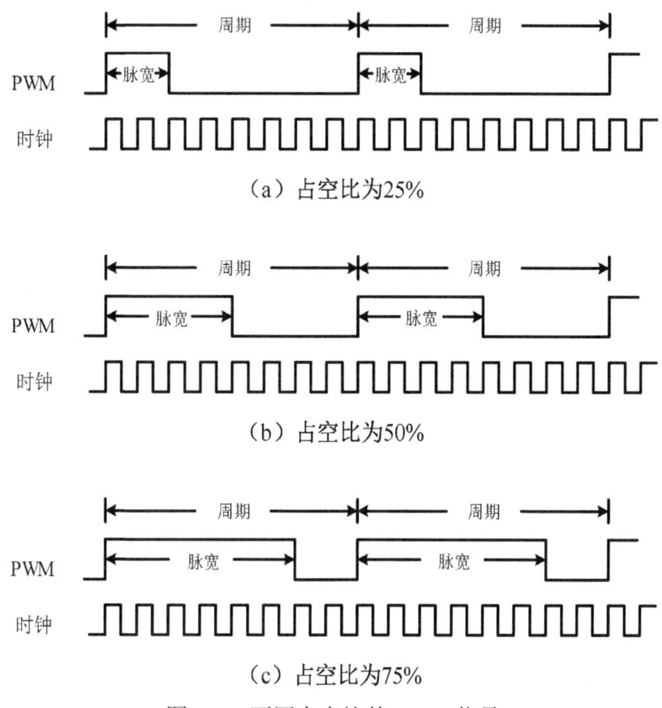

图 7-1　不同占空比的 PWM 信号

5）分辨率

PWM 信号的分辨率（ΔT）是指脉宽的最小时间增量。例如，若 PWM 信号是利用频率为 48MHz 的时钟源产生的，则时钟周期=(1/48)μs=0.0208μs，PWM 信号的分辨率 ΔT=0.0208μs。

6）对齐方式

现以正极性 PWM 信号为例，说明利用 MCU 定时/计数器实现两种对齐方式的 PWM 信号的工作原理，如图 7-2 所示。

2. PWM 的应用场合

PWM 的最常见的应用是电机控制，还有一些其他用途。

（1）利用 PWM 为其他设备产生类似于时钟的信号。例如，PWM 可用来控制灯以一定的频率闪烁。

（2）利用 PWM 控制输入到某个设备的平均电流或电压。在图 7-1 中，如果 PWM 低电平信号为 0V，高电平信号为 5V，则图 7-1（a）、图 7-1（b）、图 7-1（c）中 PWM 信号的平均电压分别是 1.25V、2.5V、3.75V。可见，利用 PWM 可以通过设置适当的占空比而得到所需的平均电压。直流电机在输入电压时会转动，而转速与输入的平均电压的大小成正比。假设电机的转速等于输入的平均电压的 100 倍，当输入的平均电压为 1.25V、2.5V、3.75V 时，对应的电机转速分别为 125r/min、250r/min、375r/min。如果所设置的 PWM 周期足够短，则电机就可以平稳运转（不会明显感觉到电机在加速或减速）。

（3）利用 PWM 控制命令字编码。例如，不同的脉宽代表不同的含义，如果用此控制无线遥控车，那么 2ms、4ms、6ms 的脉宽可分别代表左转命令、右转命令、前进命令。接收端可以使用定时器来测量脉宽，在脉冲开始时启动定时器，脉冲结束时停止定时器，由此确定所经过的时间，从而判断接收到的命令。

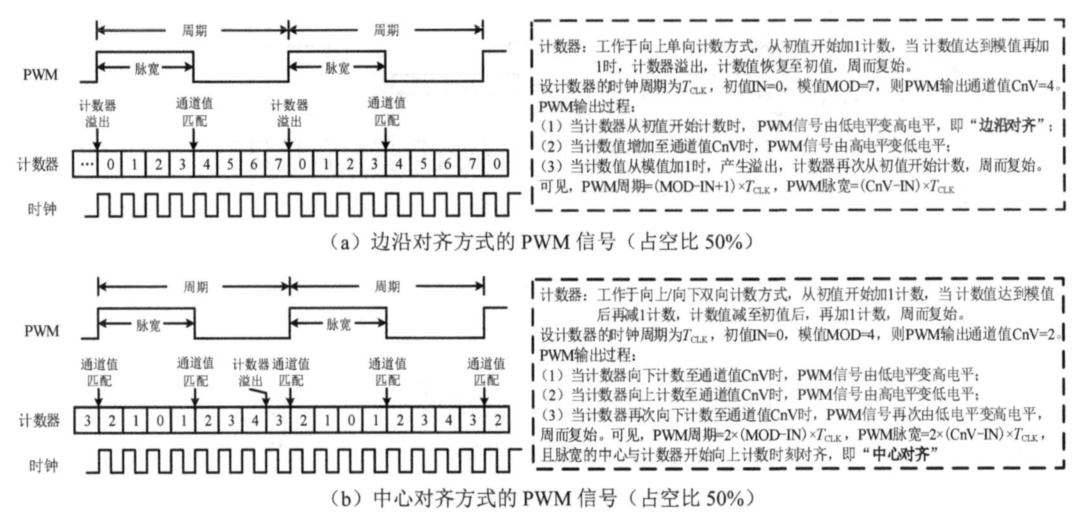

（a）边沿对齐方式的 PWM 信号（占空比 50%）

（b）中心对齐方式的 PWM 信号（占空比 50%）

图 7-2　MCU 输出不同对齐方式 PWM 信号的原理图

任务 7.2　学习 FTM_PWM 底层驱动构件设计及使用方法

1. KEA128 的 FTM_PWM 模块

在 KEA128 芯片中，可利用 FTM 定时器实现 PWM 功能，其中 FTM 的 FTM0 和 FTM1 各有 2 个通道，FTM2 有 6 个通道。根据附录 A 的 80LQFP 封装 S9KEAZ128AMLK 引脚功能分配表，可以配置为 FTM 通道的引脚，如表 7-1 所示，可通过系统集成模块（SIM）提供的引脚选择寄存器 SIM_PINSEL 编程来设定通道使用的引脚。

表 7-1　KEA128 的 FTM 通道引脚

引　脚　号	引　脚　名	ALT2	ALT3	ALT4
62	PTA0	FTM0_CH0		
40	PTB2		FTM0_CH0	
61	PTA1	FTM0_CH1		
39	PTB3		FTM0_CH1	

续表

引 脚 号	引 脚 名	ALT2	ALT3	ALT4
7	PTH2			FTM1_CH0
77	PTC5		FTM1_CH1	
6	PTE7			FTM1_CH1
32	PTC0	FTM2_CH0		
19	PTH0	FTM2_CH0		
55	PTF0	FTM2_CH0		
31	PTC1	FTM2_CH1		
18	PTH1	FTM2_CH1		
54	PTF1	FTM2_CH1		
25	PTC2	FTM2_CH2		
2	PTD0	FTM2_CH2		
53	PTG4	FTM2_CH2		
24	PTC3	FTM2_CH3		
1	PTD1	FTM2_CH3		
52	PTG5	FTM2_CH3		
51	PTG6	FTM2_CH4		
23	PTB4	FTM2_CH4		
22	PTB5	FTM2_CH5		
50	PTG7	FTM2_CH5		

FTM_PWM 底层驱动构件由 ftm_pwm.h 头文件和 ftm_pwm.c 源文件组成，若要使用 FTM_PWM 底层驱动构件，只需将这两个文件添加到所建工程的 04_Driver（MCU 底层驱动构件）文件夹中，即可实现对 FTM_PWM 的操作。其中，ftm_pwm.h 头文件主要包括相关头文件的包含、相关的宏定义（FTM 号、FTM 通道使用的引脚、PWM 极性和对齐方式等）、对外接口函数的声明；而 ftm_pwm.c 源文件是对外接口函数的具体实现，需要结合 KEA128 参考手册中的 FTM 模块信息和芯片头文件 SKEAZ1284.h 进行分析与设计，对应的程序请参阅附录 F 的 F.5。应用开发者只要熟悉下面给出的 ftm_pwm.h 头文件的内容，即可使用 FTM_PWM 底层驱动构件进行编程。

2. FTM_PWM 底层驱动构件头文件

```
//======================================================================
//文件名称：ftm_pwm.h
//功能概要：FTM_PWM底层驱动构件头文件
//芯片类型：KEA128
//版权所有：JSEI-SMH & SD-WYH
//版本更新：2020-07-29  V1.1
//======================================================================
#ifndef  _PWM_H            //防止重复定义（开头）
```

```
#define  _PWM_H
//1.头文件包含
#include  "common.h"                //包含公共要素软件构件头文件
#include  "gpio.h"                  //包含GPIO底层驱动构件头文件
//2.宏定义
//（1）FTM号宏定义
#define  FTM_0   0
#define  FTM_1   1
#define  FTM_2   2
//（2）FTM通道使用的引脚宏定义（由实际使用的引脚决定）
#define  FTM0_CH0   (PORT_B|2)     //FTM0_CH0通道：PTA0、PTB2
#define  FTM0_CH1   (PORT_B|3)     //FTM0_CH1通道：PTA1、PTB3
#define  FTM1_CH0   (PORT_H|2)     //FTM1_CH0通道：PTH2、PTC4（用于SWD_CLK）
#define  FTM1_CH1   (PORT_E|7)     //FTM1_CH1通道：PTC5、PTE7
#define  FTM2_CH0   (PORT_C|0)     //FTM2_CH0通道：PTC0、PTH0、PTF0
#define  FTM2_CH1   (PORT_C|1)     //FTM2_CH1通道：PTC1、PTH1、PTF1
#define  FTM2_CH2   (PORT_C|2)     //FTM2_CH2通道：PTC2、PTD0、PTG4
#define  FTM2_CH3   (PORT_C|3)     //FTM2_CH3通道：PTC3、PTD1，PTG5
#define  FTM2_CH4   (PORT_G|6)     //FTM2_CH4通道：PTG6、PTB4（用于NMI）
#define  FTM2_CH5   (PORT_B|5)     //FTM2_CH5通道：PTB5、PTG7
//（3）PWM极性和对齐方式宏定义
#define  PWM_P       1             //正极性（平时电平为低电平，有效电平为高电平）
#define  PWM_N       0             //负极性（平时电平为高电平，有效电平为低电平）
#define  PWM_EDGE    1             //边沿对齐
#define  PWM_CENTER  0             //中心对齐
//（4）FTM时钟源频率（由system_SKEAZ1284.h和system_SKEAZ1284.c决定）
#define  FTM_CLK_SOURCE_MHZ    24 //24MHz
//3.对外接口函数声明
//======================================================================
//函数名称：ftm_pwm_init
//函数功能：对指定的FTM通道进行PWM初始化（使用系统时钟SYSTEM_CLK_KHZ/2=24MHz作为FTM的
//          时钟源，且128分频）
//函数参数：FTMx_CHy：FTM模块号_通道号（FTM0_CH0、FTM0_CH1；FTM1_CH0、FTM1_CH1；FTM2_CH0、
//                    FTM2_CH1、FTM2_CH2、FTM2_CH3、FTM2_CH4、FTM2_CH5）
//          pol：PWM极性选择（1为正极性，0为负极性，可用PWM极性宏定义）
//          align：PWM对齐方式选择（1为边沿对齐，0为中心对齐，可用PWM对齐方式宏定义）
//          period：PWM周期，单位为us
//          duty：有效电平的占空比0.0～100.0，对应0%～100%
//注：period=PWM周期对应的FTM计数次数*FTM计数周期
//            =PWM周期对应的FTM计数次数/FTM计数频率
//            =PWM周期对应的FTM计数次数/(FTM时钟源频率/分频因子)
//            =PWM周期对应的FTM计数次数*分频因子/FTM时钟源频率
//经计算，在FTM时钟源频率24MHz、128分频下，计数频率为187.5kHz，PWM周期的合理范围为1000～349525us
```

```
//函数返回：无
//==================================================================
void ftm_pwm_init(uint_16 FTMx_CHy, uint_8 pol, uint_8 align, float period, float duty);

//==================================================================
//函数名称：ftm_pwm_update
//函数功能：更新指定的FTM_PWM通道输出有效电平的占空比
//函数参数：FTMx_CHy：FTM模块号_通道号（FTM0_CH0、FTM0_CH1；FTM1_CH0、FTM1_CH1；FTM2_CH0、
//                   FTM2_CH1、FTM2_CH2、FTM2_CH3、FTM2_CH4、FTM2_CH5）
//          duty：有效电平的占空比0.0～100.0，对应0%～100%
//函数返回：无
//==================================================================
void ftm_pwm_update(uint_16 FTMx_CHy, float duty);

#endif                  //防止重复定义（结尾）
```

任务7.3　利用PWM实现小灯亮度控制的应用层程序设计

在如表1-5所示的框架下，设计07_Source（工程源程序构件）的文件，以实现PWM信号的输出控制功能。

1. 工程总头文件includes.h

```
//==================================================================
//文件名称：includes.h
//函数功能：工程总头文件
//版权所有：JSEI-SMH & SD-WYH
//版本更新：2017-08-31  V1.0
//==================================================================
#ifndef  _INCLUDES_H     //防止重复定义（开头）
#define  _INCLUDES_H
//包含使用到的软件构件头文件
#include  "common.h"     //包含公共要素软件构件头文件
#include  "gpio.h"       //包含GPIO底层驱动构件头文件
#include  "ftm_pwm.h"    //包含FTM_PWM底层驱动构件头文件
#endif                   //防止重复定义（结尾）
```

2. 主程序源文件main.c

```
//==================================================================
//文件名称：main.c
//功能概要：主程序源文件
```

```
//工程说明：详见01_Doc文件夹中的Readme.txt文件
//版权所有：JSEI-SMH & SD-WYH
//版本更新：2020-07-23  V1.0
//======================================================================
//1.包含总头文件
#include  "includes.h"
//2.定义全局变量

//3.主程序
int main(void)
{
    //（1）声明主函数使用的变量
    float duty;                 //PWM有效电平占空比
    //（2）关总中断
    DISABLE_INTERRUPTS;         //关总中断
    //（3）给有关变量赋初值

    //（4）初始化功能模块和外设模块
    //初始化FTM0_CH0通道PWM，正极性、边沿对齐、周期为1000us、占空比为100
    ftm_pwm_init(FTM0_CH0, PWM_P, PWM_EDGE, 1000, 100);
    //（5）使能模块中断

    //（6）开总中断
    ENABLE_INTERRUPTS;      //开总中断
    //（7）进入主循环
    for(;;)
    {
        ;    //原地踏步
    }  //主循环结束
}
```

系统测试时，需要将PWM通道的引脚与被控小灯的引脚相连接。请读者将PWM初始化函数ftm_pwm_init中的占空比参数依次设置为100、75、50、25、0，分别运行其对应的程序，观察小灯亮度的变化情况，并分析其原因（需要首先明确小灯点亮的驱动电平是高电平还是低电平）。若将上述程序中的PWM初始化函数ftm_pwm_init中的PWM极性参数PWM_P改为PWM_N，运行效果又如何？

【思考与实验】

1. 请读者在上述程序的主循环for(;;)中使用FTM_PWM底层驱动构件中的“更新指定的PWM通道输出有效电平的占空比”函数ftm_pwm_update，分别实现频闪灯和小灯逐渐变亮的效果。

2. 具有逻辑分析仪的读者，可以用逻辑分析仪测试PWM通道输出的信号。

项目 8

利用输入捕捉测量脉冲信号的周期和脉宽

项目导读：

输入捕捉（Input Capture）可用于测量脉冲信号的周期和脉宽。在本项目中，首先学习输入捕捉的通用知识，理解输入捕捉的过程和原理；然后学习输入捕捉底层驱动构件设计及使用方法，重点掌握输入捕捉底层驱动构件头文件的使用方法；最后学习输入捕捉功能的应用层程序设计方法。

任务 8.1 学习输入捕捉的通用知识

输入捕捉主要用来测量外部开关量输入信号变化的时刻。当外部信号在指定的 MCU 输入捕捉引脚上发生一个沿跳变（上升沿或下降沿）时，定时/计数器的通道会捕捉到沿跳变，并将计数器的当前值锁存到对应的通道值寄存器；若允许输入捕捉中断，则此时会产生输入捕捉中断（在 KEA128 芯片中也称为通道中断）。在中断处理程序中，可通过读取通道值寄存器的值得到沿跳变对应的时刻。

只要记录了输入信号的连续的沿跳变，然后就可以用软件计算出输入信号的周期和脉宽。例如，为了测量如图 8-1 所示的脉冲信号的周期，只要记录两个相邻的上升沿的时刻（时刻 1 和时刻 3）或下降沿的时刻（时刻 2 和时刻 4），两者相减即可得到周期；为了测量脉宽，只要记录相邻的两个不同极性的沿跳变的时刻（时刻 1 和时刻 2，或时刻 3 和时刻 4），两者相减即可得到脉宽。需要说明的是：当被测信号的周期或脉宽小于定时器的溢出周期时，只要将两次沿跳变对应的计数值直接相减后再乘以定时器的计数周期，即可计算出输入信号的周期或脉宽；如果被测信号的周期或脉宽大于定时器的溢出周期，那么在两次输入捕捉中断之间就会发生定时器计数的溢出翻转，这时直接将两次沿跳变对应的计数值相减是没有意义的，此时需要考虑定时器的溢出次数。

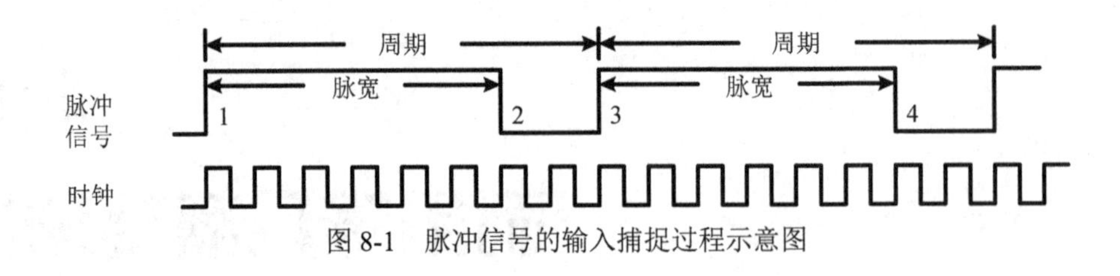

图 8-1　脉冲信号的输入捕捉过程示意图

任务8.2　学习FTM输入捕捉底层驱动构件设计及使用方法

1. KEA128 的 FTM_INCAP 模块

在KEA128芯片中，可利用FTM定时器实现输入捕捉功能，其中FTM的FTM0和FTM1各有2个通道，FTM2有6个通道，可以配置为FTM通道的引脚如表7-1所示。

FTM_INCAP底层驱动构件由ftm_incap.h头文件和ftm_incap.c源文件组成，若要使用FTM_INCAP底层驱动构件，只需将这两个文件添加到所建工程的04_Driver（MCU底层驱动构件）文件夹中，即可实现对FTM_INCAP的操作。其中，ftm_incap.h头文件主要包括相关头文件的包含、相关的宏定义（FTM号、FTM通道使用的引脚、输入捕捉模式等）、对外接口函数的声明；而ftm_incap.c源文件是对外接口函数的具体实现，需要结合KEA128参考手册中的FTM模块信息和芯片头文件SKEAZ1284.h进行分析与设计，对应的程序请参阅附录F的F.6。应用开发者只要熟悉下面给出的ftm_incap.h头文件的内容，即可使用FTM_INCAP底层驱动构件进行编程。

2. FTM_INCAP 底层驱动构件头文件

```
//======================================================================
//文件名称：ftm_incap.h
//功能概要：FTM_INCAP（输入捕捉）底层驱动构件头文件
//芯片类型：KEA128
//版权所有：JSEI-SMH & SD-WYH
//版本更新：2020-07-28  V1.1
//======================================================================
#ifndef  _FTM_INCAP_H          //防止重复定义（开头）
#define  _FTM_INCAP_H
//1.头文件包含
#include  "common.h"           //包含公共要素软件构件头文件
#include  "gpio.h"             //包含GPIO底层驱动构件头文件
//2.宏定义
//（1）FTM号宏定义
#define  FTM_0   0
#define  FTM_1   1
```

```
#define  FTM_2   2
//（2）FTM通道使用的引脚宏定义（由实际使用的引脚决定）
#define  FTM0_CH0   (PORT_B|2)          //FTM0_CH0通道：PTA0或PTB2
#define  FTM0_CH1   (PORT_B|3)          //FTM0_CH1通道：PTA1或PTB3
#define  FTM1_CH0   (PORT_H|2)          //FTM1_CH0通道：PTH2或PTC4（用于SWD_CLK）
#define  FTM1_CH1   (PORT_E|7)          //FTM1_CH1通道：PTC5或PTE7
#define  FTM2_CH0   (PORT_C|0)          //FTM2_CH0通道：PTC0或PTH0、PTF0
#define  FTM2_CH1   (PORT_C|1)          //FTM2_CH1通道：PTC1或PTH1、PTF1
#define  FTM2_CH2   (PORT_C|2)          //FTM2_CH2通道：PTC2或PTD0、PTG4
#define  FTM2_CH3   (PORT_C|3)          //FTM2_CH3通道：PTC3或PTD1，PTG5
#define  FTM2_CH4   (PORT_G|6)          //FTM2_CH4通道：PTG6或PTB4（用于NMI）
#define  FTM2_CH5   (PORT_B|5)          //FTM2_CH5通道：PTB5或PTG7
//（3）输入捕捉模式宏定义
#define  CAP_UP        1                //上升沿捕捉
#define  CAP_DOWN      2                //下降沿捕捉
#define  CAP_DOUBLE    3                //双边沿（上升沿或下降沿）捕捉
//（4）FTM时钟源频率（由system_SKEAZ1284.h和system_SKEAZ1284.c决定）
#define  FTM_CLK_SOURCE_MHZ    24      //24MHz
//（5）FTM计数频率（24MHz，128分频）
#define  FTM_COUNT_FRQ       187.5     //187.5kHz
//3.对外接口函数声明
//======================================================================
//函数名称：ftm_incap_init
//函数功能：对指定的FTM通道进行输入捕捉初始化（使用系统时钟SYSTEM_CLK_KHZ/2=24MHz作为FTM
//          的时钟源，且128分频）
//函数参数：FTMx_CHy：FTM模块号_通道号（FTM0_CH0、FTM0_CH1；FTM1_CH0、FTM1_CH1；FTM2_CH0、
//                   FTM2_CH1、FTM2_CH2、FTM2_CH3、FTM2_CH4、FTM2_CH5）
//          capmode：输入捕捉模式(上升沿、下降沿、上升沿或下降沿，可使用宏定义CAP_UP、CAP_DOWN、
//                   CAP_DOUBLE）
//函数返回：无
//相关说明：经计算，在FTM时钟源频率24MHz、128分频下，定时器的计数频率为187.5kHz，定时器的溢
//          出周期大约是349ms。当被测脉冲信号的周期或脉宽小于定时器的溢出周期时，脉冲信号的周期
//          或脉宽=对应的计数次数/计数频率。正确的通道输入信号的最大频率是系统时钟的4分频，信号
//          采样需要符合Nyquist标准
//======================================================================
void ftm_incap_init(uint_16 FTMx_CHy, uint_8 capmode);

//======================================================================
//函数名称：ftm_incap_mode
//函数功能：对指定的FTM通道进行捕捉模式选择
//函数参数：FTMx_CHy：FTM模块号_通道号（FTM0_CH0、FTM0_CH1；FTM1_CH0、FTM1_CH1；FTM2_CH0、
//                   FTM2_CH1、FTM2_CH2、FTM2_CH3、FTM2_CH4、FTM2_CH5）
//         capmode：输入捕捉模式（上升沿、下降沿、上升沿或下降沿，可使用宏定义CAP_UP、CAP_DOWN、
```

```
//                    CAP_DOUBLE）
//函数返回：无
//======================================================================
void ftm_incap_mode(uint_16 FTMx_CHy, uint_8 capmode);

//======================================================================
//函数名称：ftm_incap_get_value
//函数功能：获取 FTMx_CHy 通道的计数器当前值
//函数参数：FTMx_CHy：FTM 模块号_通道号（FTM0_CH0、FTM0_CH1；FTM1_CH0、FTM1_CH1；FTM2_CH0、
//                    FTM2_CH1、FTM2_CH2、FTM2_CH3、FTM2_CH4、FTM2_CH5）
//函数返回：FTMx_CHy 通道的计数器当前值
//======================================================================
uint_16 ftm_incap_get_value(uint_16 FTMx_CHy);

//======================================================================
//函数名称：ftm_int_enable
//函数功能：将指定 FTM 模块的中断使能（使 NVIC 使能 FTM 模块中断请求）
//函数参数：ftm_No：FTM 号 FTM_0、FTM_1、FTM_2
//函数返回：无
//======================================================================
void ftm_int_enable(uint_8 ftm_No);

//======================================================================
//函数名称：ftm_int_disable
//函数功能：将指定 FTM 模块的中断禁止（使 NVIC 禁止 FTM 模块中断请求）
//函数参数：ftm_No：FTM 号 FTM_0、FTM_1、FTM_2
//函数返回：无
//======================================================================
void ftm_int_disable(uint_8 ftm_No);

//======================================================================
//函数名称：ftm_tof_get
//函数功能：获取指定 FTM 的定时器溢出标志 TOF 的值
//函数参数：ftm_No：FTM 号 FTM_0、FTM_1、FTM_2
//函数返回：1 表示定时器溢出，0 表示定时器未溢出
//相关说明：若定时器溢出中断使能且 FTM 模块中断使能，则 TOF=1 时产生定时器溢出中断
//======================================================================
uint_8 ftm_tof_get(uint_8 ftm_No);

//======================================================================
//函数名称：ftm_chf_get
//函数功能：获取 FTMx_CHy 通道标志 CHF 的值
//函数参数：FTMx_CHy：FTM 模块号_通道号（FTM0_CH0、FTM0_CH1；FTM1_CH0、FTM1_CH1；FTM2_CH0、
```

```
//                    FTM2_CH1、FTM2_CH2、FTM2_CH3、FTM2_CH4、FTM2_CH5）
//函数返回：1 表示有通道事件发生，0 表示无通道事件发生
//相关说明：若通道中断使能且 FTM 模块中断使能，则 CHF=1 时产生通道中断
//===================================================================
uint_8 ftm_chf_get(uint_16 FTMx_CHy);

//===================================================================
//函数名称：ftm_tof_clear
//函数功能：清除指定 FTM 的定时器溢出标志 TOF
//函数参数：ftm_No：FTM 号 FTM_0、FTM_1、FTM_2
//函数返回：无
//===================================================================
void ftm_tof_clear(uint_8 ftm_No);

//===================================================================
//函数名称：ftm_chf_clear
//函数功能：清除 FTMx_CHy 通道标志 CHF
//函数参数：FTMx_CHy：FTM 模块号_通道号（FTM0_CH0、FTM0_CH1；FTM1_CH0、FTM1_CH1；FTM2_CH0、
//                    FTM2_CH1、FTM2_CH2、FTM2_CH3、FTM2_CH4、FTM2_CH5）
//函数返回：无
//===================================================================
void ftm_chf_clear(uint_16 FTMx_CHy);

#endif             //防止重复定义（结尾）
```

任务 8.3　学习 FTM 输入捕捉功能的应用层程序设计方法

现利用 FTM 输入捕捉功能（采用通道中断方式）测量项目 7 中的 PWM 信号的周期和脉宽。在如表 1-5 所示的框架下，设计 07_Source（工程源程序构件）的文件，以实现输入捕捉的功能。下面给出通过 UART 使用 printf 函数向 PC 串口调试窗口输出 PWM 信号的周期和脉宽所对应的定时器计数次数的参考程序。

1．工程总头文件 includes.h

```
//===================================================================
//文件名称：includes.h
//函数功能：工程总头文件
//版权所有：JSEI-SMH & SD-WYH
//版本更新：2017-08-31  V1.0
//===================================================================
#ifndef  _INCLUDES_H                        //防止重复定义（开头）
```

```
#define  _INCLUDES_H
//包含使用到的软件构件头文件
#include  "common.h"                          //包含公共要素软件构件头文件
#include  "gpio.h"                            //包含 GPIO 底层驱动构件头文件
#include  "uart.h"                            //包含 UART 底层驱动构件头文件
#include  "printf.h"                          //包含 printf 软件构件头文件
#include  "ftm_pwm.h"                         //包含 FTM_PWM 底层驱动构件头文件
#include  "ftm_incap.h"                       //包含 FTM_INCAP 底层驱动构件头文件
#endif                                        //防止重复定义（结尾）
```

2. 主程序源文件 main.c

```
//=====================================================================
//文件名称：main.c
//功能概要：主程序源文件
//工程说明：详见 01_Doc 文件夹中的 Readme.txt 文件
//版权所有：JSEI-SMH & SD-WYH
//版本更新：2020-07-28  V1.1
//=====================================================================
//1.包含总头文件
#include  "includes.h"
//2.定义全局变量
uint_32  g_period_cnt;                       //存放脉冲信号周期对应的计数次数
uint_32  g_pw_cnt;                           //存放脉冲信号脉宽对应的计数次数
//3.主程序
int main(void)
{
    //（1）声明主函数使用的变量

    //（2）关总中断
    DISABLE_INTERRUPTS;                       //关总中断
    //（3）给有关变量赋初值

    //（4）初始化功能模块和外设模块
    uart_init(UART_2, 9600);                  //初始化 UART2（printf 使用 UART2）
    //初始化 FTM1_CH1 通道 PWM，正极性、边沿对齐、周期为 10000us、占空比为 20
    ftm_pwm_init(FTM1_CH1, PWM_P, PWM_EDGE, 10000, 20);
    ftm_incap_init(FTM2_CH0, CAP_UP);         //初始化 FTM2_CH0 输入捕捉，上升沿捕捉
    //（5）使能模块中断
    ftm_int_enable(FTM_2);                    //使能 FTM2 中断
    //（6）开总中断
    ENABLE_INTERRUPTS;                        //开总中断
    //（7）进入主循环
    for(;;)
```

```
    {
        Delay_ms(20);
        printf("period count=%d,", g_period_cnt);  //输出脉冲信号周期对应的计数次数
        printf("pw count=%d\n\n", g_pw_cnt);        //输出脉冲信号脉宽对应的计数次数
    }
}
```

3. 中断服务程序源文件 isr.c

```
//======================================================================
//文件名称：isr.c
//功能概要：中断服务程序源文件
//芯片类型：KEA128
//版权所有：JSEI-SMH & SD-WYH
//版本更新：2020-07-28  V1.1
//======================================================================
//1.包含总头文件
#include "includes.h"
//2.声明外部变量（在main.c中定义）
extern  uint_32  g_period_cnt;          //存放脉冲信号周期对应的计数次数
extern  uint_32  g_pw_cnt;              //存放脉冲信号脉宽对应的计数次数
//3.中断服务程序
// FTM2 中断服务程序
//======================================================================
//函数功能：进入中断后判断是定时器溢出中断，还是通道中断。若是定时器溢出中断，
//          则清除定时器溢出标志后返回；若是通道中断，则记录当前捕获值
//======================================================================
void FTM2_IRQHandler(void)
{
    uint_8  i;
    static uint_32 cap_value[4];        //存放捕获的通道值
    static uint_8  cap_cnt=0;           //捕捉的次数
    //若有定时器溢出中断产生
    if(ftm_tof_get(FTM_2))              //读取FTM定时器溢出标志TOF
    {
        ftm_tof_clear(FTM_2);           //清除FTM定时器溢出标志TOF
    }
    //若有通道中断产生
    if(ftm_chf_get(FTM2_CH0))           //读取FTMx_CHy通道标志CHF
    {
        ftm_chf_clear(FTM2_CH0);        //清除FTMx_CHy通道标志CHF
        cap_value[cap_cnt] = ftm_incap_get_value(FTM2_CH0); //获取通道捕获值
        cap_cnt++;
        if(cap_cnt==1)
```

```
        {
            ftm_incap_mode(FTM2_CH0, CAP_DOWN);         //开启下降沿捕捉
        }
        else if(cap_cnt==2)
        {
            ftm_incap_mode(FTM2_CH0, CAP_UP);           //开启上升沿捕捉
        }
        else if(cap_cnt==3)
        {
            ftm_incap_mode(FTM2_CH0, CAP_DOWN);         //开启下降沿捕捉
        }
        else if(cap_cnt==4)
        {
            cap_cnt=0;
            FTM2_CNT = 0;                               //FTM2 计数器清零
            ftm_incap_mode(FTM2_CH0, CAP_UP);           //开启上升沿捕捉
            g_pw_cnt =cap_value[1]-cap_value[0];        //获取脉冲信号脉宽对应的计数次数
            g_period_cnt =cap_value[2]-cap_value[0];    //获取脉冲信号周期对应的计数次数
        }
    }
}
```

在测试上述程序时，需要将 PWM 信号输出引脚（PTE7）与 FTM2 的 CH0 通道引脚（PTC0）连接。为了实现通过 printf 函数向 PC 串口调试窗口输出信息，需要按照 6.3.2 节中介绍的“UART 通信与调试步骤”进行调试。

【思考与实验】

在上述应用程序中，实现：计算并输出脉冲信号的周期和脉宽。

项目 9

利用 ADC 设计简易数字电压表

项目导读：

在嵌入式测控系统中，往往需要通过模数转换器（Analog to Digital Converter，ADC）将模拟输入量转换为数字量，以供 MCU 接收和处理。在本项目中，首先学习 ADC 的通用知识，理解与 ADC 直接相关的基本问题，掌握最简单的 A/D 转换采样电路；然后学习 ADC 底层驱动构件设计及使用方法，重点掌握 ADC 底层驱动构件头文件的使用方法；最后学习利用 ADC 进行简易数字电压表的设计方法，需要掌握简易数字电压表的硬件电路组成和工作原理，以及对应的 ADC 应用层程序设计方法。

任务 9.1　学习 ADC 的通用知识

在实际应用中，温度、湿度、浓度、速度、压力、声音、光照、质量等模拟输入信号可通过相应的**传感器**转换为电信号。传感器输出的电信号一般比较微弱，不能被 MCU 直接获取，而需要利用**放大器**对其进行放大，然后再通过 **ADC** 转换成数字信号，供 MCU 接收和处理。目前许多 MCU 内部包含 ADC 模块，当然也可根据需要外接 ADC 芯片。

1．与 ADC 直接相关的基本问题

学习 ADC 的编程，应该先了解与 ADC 直接相关的一些基本问题，主要有转换精度、转换速度、单端输入、差分输入、ADC 参考电压、滤波、物理量回归等。

1）转换精度

转换精度是指当数字量变化一个最小量时模拟信号的变化量，通常用 ADC 的位数来表征。ADC 的位数通常有 8 位、10 位、12 位、14 位、16 位等。设 ADC 的位数为 n，则其分辨率为 $1/2^n$。例如，某一 ADC 是 12 位，若模拟输入信号的量程为 5V，则该 ADC 可以检测到的模拟量变化最小值（转换精度）为 $5V/2^{12}=1.22mV$。

表 9-1　不同位的 A/D 转换值与对应的电压值关系（模拟输入信号的量程为 5V）

8 位 A/D 转换值	对应的电压值	12 位 A/D 转换值	对应的电压值
0000 0000	0V	0000 0000 0000	0V
0000 0001	$1*5V/2^8=19.53mV$	0000 0000 0001	$1*5V/2^{12}=1.22mV$
0000 0010	$2*5V/2^8=39.06mV$	0000 0000 0010	$2*5V/2^{12}=2.44mV$
0000 0011	$3*5V/2^8=58.59mV$	0000 0000 0011	$3*5V/2^{12}=3.66mV$
⋮	⋮	⋮	⋮
1111 1111	$255*5V/2^8=4.980V$	1111 1111 1111	$4095*5V/2^{12}=4.998V$

2）转换速度

转换速度通常用完成一次 A/D 转换所要花费的时间来表征。转换速度与 ADC 的硬件类型及制造工艺等因素密切相关，其特征值为 ns 级。ADC 的硬件类型主要有逐次逼近型、积分型、Σ-Δ 调制型等。

3）单端输入与差分输入

单端输入只有一个输入引脚，使用公共地 GND 作为参考电平。这种输入方式的优点是简单；缺点是容易受干扰，由于 GND 电位始终是 0V，因此 A/D 转换值也会随着干扰而变化。

差分输入比单端输入多了一个引脚，ADC 的采样值是两个引脚的电平差值（VIN+、VIN−两个引脚电平相减）。差分输入的优点是降低了干扰，缺点是多用了一个引脚。通常两根差分线会布在一起，因此受到的干扰程度接近，引入 A/D 转换引脚的共模干扰①，在进入 ADC 内部电路时会被抵消掉，从而降低了干扰。

4）ADC 参考电压

A/D 转换需要一个参考电压 V_{REF}，比如要把一个电压分成 1024 份，每一份的基准必须是稳定的，这个电平来自基准电压，即 ADC 参考电压。在一般要求下，ADC 参考电压使用芯片的供电电源电压。在更为精确的要求下，ADC 参考电压使用单独电源，要求功率小（在 mW 级即可），波动小（如 0.1%），但成本较高。

5）滤波

为了使采样的数据更准确，必须对采样的数据进行筛选，去掉误差较大的毛刺。通常采用中值滤波和均值滤波来提高采样精度。中值滤波是将 M 次连续采样值按大小进行排序，取中间值作为滤波结果；均值滤波是将 N 次采样结果值相加，然后再除以采样次数 N，得到的平均值作为滤波结果。若要得到更高的采样精度，则可以通过建立其他误差模型分析方式来实现。

6）物理量回归

在实际应用中，得到稳定的 A/D 采样值以后，还需要把 A/D 采样值与实际物理量对应

① 共模干扰一般是指同时加载在各个输入信号接口端的共有的信号干扰。采用屏蔽双绞线并有效接地、采用线性稳压电源或高品质的开关电源、使用差分式电路等方式可以有效地抑制共模干扰。

起来，这一步称为物理量回归。A/D 转换的目的是把模拟信号转化为数字信号，供计算机处理，但必须知道 A/D 转换后的数值所代表的实际物理量的值，这样才有实际意义。例如，利用 MCU 采集室内温度，经 A/D 转换后的数值是 126，实际它代表多少温度呢？如果当前室内温度是 25.1℃，则 A/D 转换值 126 就代表实际温度 25.1℃。

物理量回归与仪器仪表的“标定”一词的基本内涵是一致的，但仪器仪表只是不涉及 A/D 转换概念，而是与标准仪表进行对应，以便使得待标定的仪表准确。而物理量回归，要解决 A/D 采样值如何与实际物理量值对应起来，也需要借助标准仪表，从这个意义上理解，它们的基本内涵一致。设 A/D 转换值为 x，实际物理量为 y，物理量回归需要寻找它们之间的函数关系：$y=f(x)$。

2．最简单的 A/D 转换采样电路

在此，以光敏/温度传感器为例，给出一个最简单的 A/D 转换采样电路，以说明 A/D 转换应用中的硬件电路的基本原理。

光敏电阻是一种阻值随入射光的强弱而改变的电阻。入射光增强，阻值减小；入射光减弱，阻值增大。光敏电阻一般用于光的测量、光的控制和光电转换（将光的变化转换为电的变化）。一般光敏电阻的结构如图 9-1（a）所示。

与光敏电阻类似，温度传感器是利用一些金属、半导体等材料与温度有关的特性制成的，这些特性包括热膨胀、电阻、电容、磁性、热电势、热噪声、弹性及光学特征，根据制造材料将其分为热敏电阻传感器、半导体热电偶传感器、PN 结温度传感器和集成温度传感器等类型。热敏电阻传感器是一种比较简单的温度传感器，其最基本的电气特性是其阻值随着温度的变化而变化。热敏电阻如图 9-1（b）所示。

在实际应用中，将光敏电阻或热敏电阻接入图 9-1（c）的分压式采样电路中，光敏电阻或热敏电阻和一个特定阻值的电阻串联，由于光敏电阻或热敏电阻的阻值会随着外界环境的变化而变化，因此 A/D 采样点的电压也会随之变化。A/D 采样点的电压为：

$$V_{\mathrm{A/D}}=\frac{R_0}{R_\mathrm{x}+R_0}\times V_{\mathrm{REF}}$$

式中，R_x 是光敏电阻或热敏电阻的阻值；R_0 是一特定阻值，根据实际光敏电阻或热敏电阻的不同而加以选定。

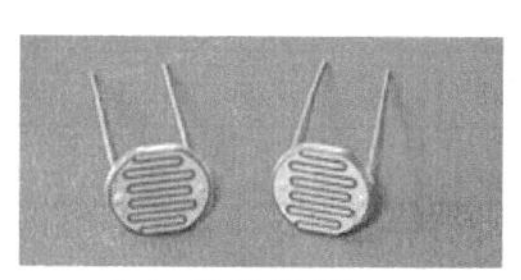
（a）光敏电阻

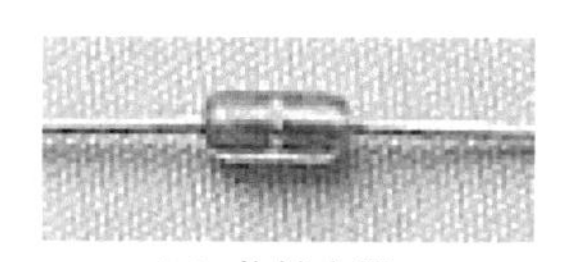
（b）热敏电阻

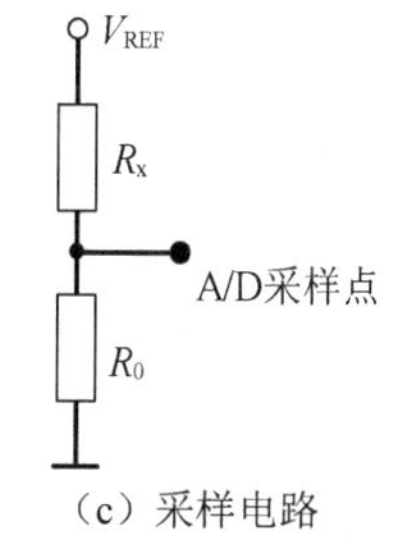

（c）采样电路

图 9-1　光敏电阻、热敏电阻及其采样电路

以热敏电阻为例，假设热敏电阻的阻值增大，A/D 采样点的电压就会减小，A/D 转换结果也相应减小；反之，热敏电阻的阻值减小，A/D 采样点的电压就会增大，A/D 转换结果也相应增大。所以采用这种方法，MCU 就会获知外界温度的变化。如果想知道外界的具体温度值，那么就需要进行物理量回归操作，也就是通过 A/D 采样值，根据采样电路及热敏电阻的温度变化曲线，推算当前温度值。

灰度传感器是由光敏元件构成的。所谓灰度，也可认为是亮度，简单说就是色彩的深浅程度。灰度传感器的主要工作原理是，它使用两只二极管，一只为发白光的高亮度发光二极管，另一只为光敏二极管（探头）。发光二极管发出的超强白光照射在物体上，经物体反射落在光敏二极管上。光敏二极管的阻值在反射光线很弱（也就是物体为深色）时为几百千欧，在反射光线很强（也就是物体颜色很浅，几乎全反射）时为几十欧，一般光照度下为几千欧。这样就可以检测物体颜色的灰度。

任务 9.2　学习 ADC 底层驱动构件设计及使用方法

1. KEA128 的 ADC 模块

KEA128 芯片具有一个 ADC 模块，记为 ADC0，具有多达 16 个外部模拟输入和 5 个内部模拟输入，可通过设置 ADC 模块的状态控制寄存器 ADC_SC1 的通道选择位 ADCH 选择实际使用的模拟输入通道，如表 9-2 所示。KEA128 芯片的 ADC 模块的工作电压和参考电压的范围为 2.7～5.5V，它使用了线性逐次逼近算法，支持具有 8 位、10 位、12 位共 3 种精度的转换模式，可以进行单次或连续转换（在单次转换后自动返回到空闲状态），支持多达 8 个可选大小的 FIFO（先进先出）结果队列，支持 4 个可选输入时钟源。KEA128 芯片的 ADC 模块不具有差分输入引脚功能。

KEA128 芯片的 ADC 模块单次转换消耗的时间由所选择的时钟源和分频率决定。例如，根据芯片参考手册，在 10 位精度模式中，总线时钟作为输入时钟源，若输入时钟 1 分频，总线时钟频率为 8MHz，则 A/D 单次转换的转换时间约为 3.5μs。

表 9-2　KEA128 的 ADC 模拟输入通道

通道选择位 ADC_SC1[ADCH]		引脚号	引脚名	默认功能	ADC 通道
十进制	二进制				
0	00000	62	PTA0	ADC0_SE0	AD0
1	00001	61	PTA1	ADC0_SE1	AD1
2	00010	46	PTA6	ADC0_SE2	AD2
3	00011	45	PTA7	ADC0_SE3	AD3
4	00100	42	PTB0	ADC0_SE4	AD4
5	00101	41	PTB1	ADC0_SE5	AD5

续表

通道选择位 ADC_SC1[ADCH]		引脚号	引脚名	默认功能	ADC 通道
十进制	二进制				
6	00110	40	PTB2	ADC0_SE6	AD6
7	00111	39	PTB3	ADC0_SE7	AD7
8	01000	32	PTC0	ADC0_SE8	AD8
9	01001	31	PTC1	ADC0_SE9	AD9
10	01010	25	PTC2	ADC0_SE10	AD10
11	01011	24	PTC3	ADC0_SE11	AD11
12	01100	38	PTF4	ADC0_SE12	AD12
13	01101	37	PTF5	ADC0_SE13	AD13
14	01110	36	PTF6	ADC0_SE14	AD14
15	01111	35	PTF7	ADC0_SE15	AD15
22	10110				片内温度传感器
23	10111				Bandgap（带隙）
29	11101	10	VREFH	VREFH	VREFH（ADC 高参考电压）
30	11110	11	VREFL	VREFL	VREFL（ADC 低参考电压）
31	11111				ADC 模块禁止

ADC 底层驱动构件由 adc.h 头文件和 adc.c 源文件组成，若要使用 ADC 底层驱动构件，只需将这两个文件添加到所建工程的 04_Driver（MCU 底层驱动构件）文件夹中，即可实现对 ADC 的操作。其中，adc.h 头文件主要包括相关头文件的包含、对外接口函数的声明；而 adc.c 源文件是对外接口函数的具体实现，需要结合 KEA128 参考手册中的 ADC 模块信息和芯片头文件 SKEAZ1284.h 进行分析与设计，对应的程序请参阅附录 F 的 F.7。应用开发者只要熟悉下面给出的 adc.h 头文件的内容，即可使用 ADC 底层驱动构件进行编程。

2. KEA128 的 ADC 底层驱动构件头文件

```
//==========================================================================
//文件名称：adc.h
//功能概要：ADC 底层驱动构件头文件
//芯片类型：KEA128
//版权所有：JSEI-SMH & SD-WYH
//版本更新：2020-07-08  V1.0
//==========================================================================
#ifndef  _ADC_H           //防止重复定义（开头）
#define  _ADC_H
//1.头文件包含
#include  "common.h"      //包含公共要素软件构件头文件
//2.对外接口函数声明
//==========================================================================
//函数名称：adc_init
```

```
//函数功能：对指定的 ADC 通道进行初始化
//函数参数：channel：通道号，0~15 分别对应 AD0~AD15，22 对应片内温度传感器
//                  MCU 引脚号、引脚名与 ADC 外部输入通道对应关系：
//                  62-PTA0-AD0， 61-PTA1-AD1， 46-PTA6-AD2， 45-PTA7-AD3
//                  42-PTB0-AD4， 41-PTB1-AD5， 40-PTB2-AD6， 39-PTB3-AD7
//                  32-PTC0-AD8， 31-PTC1-AD9， 25-PTC2-AD10，24-PTC3-AD11
//                  38-PTF4-AD12，37-PTF5-AD13，36-PTF6-AD14，35-PTF7-AD15
//         accurary：采样精度，单端 8 位、10 位、12 位
//函数返回：无
//相关说明：ADC 转换时钟频率范围如下：
//         高速（ADLPC=0）下，0.4～8MHz；低功耗（ADLPC=1）下，0.4～4MHz
//==================================================================
void adc_init(uint_8 channel,uint_8 accurary);

//==================================================================
//函数名称：adc_read
//函数功能：对指定的 ADC 通道进行一次采样，读取 A/D 转换结果
//函数参数：channel：通道号，0～15 分别对应 AD0～AD15，22 对应片内温度传感器
//函数返回：A/D 转换结果
//==================================================================
uint_16 adc_read(uint_8 channel);

#endif                //防止重复定义（结尾）
```

任务 9.3　简易数字电压表的设计

9.3.1　简易数字电压表的硬件电路组成和工作原理

图 9-2 给出了一种简易数字电压表的硬件电路，它由电位器、具有片内 ADC 模块的 MCU、显示器组成，其中电位器与 MCU 使用同一个电源供电。电位器的 A 端作为 ADC 模块的模拟输入引脚，MCU 通过 ADC 对 A 端的模拟电压进行 A/D 转换，根据 A/D 转换的结果可以计算出 A 端的电压值：

$$u_A = \frac{ADC_{result}}{2^n} \times VCC$$

式中，ADC_{result} 为 A/D 转换结果对应的十进制数；n 是 ADC 的位数；VCC 是电位器的供电电压，在这里也是 MCU 的供电电压，其具体电压值可用万用表测量出来。

MCU 在通过上述公式计算出 A 端的电压值后，将其计算结果送往显示器显示。当转动电位器的转柄时，A 端的电压发生变化，显示器显示的数值也将随之变化。

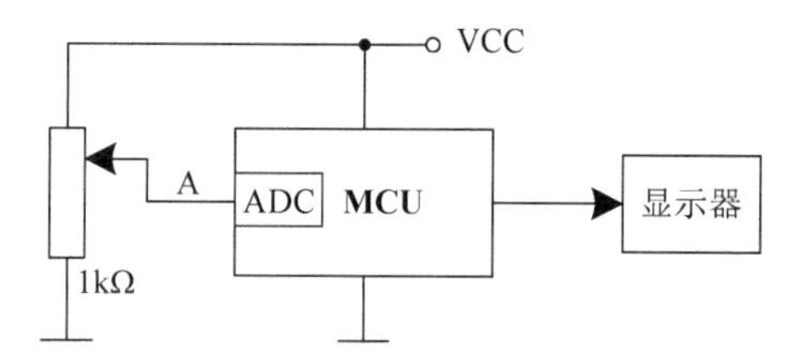

图 9-2　简易数字电压表的电路组成图

9.3.2　简易数字电压表的应用层程序设计

在如表 1-5 所示的框架下，设计 07_Source（工程源程序构件）的文件，以实现 ADC 的功能。下面给出通过 UART 使用 printf 函数向 PC 串口调试窗口输出 A/D 转换结果的参考程序。

1．工程总头文件 includes.h

```
//======================================================================
//文件名称：includes.h
//函数功能：工程总头文件
//版权所有：JSEI-SMH & SD-WYH
//版本更新：2017-08-31  V1.0
//======================================================================
#ifndef  _INCLUDES_H      //防止重复定义（开头）
#define  _INCLUDES_H
//包含使用到的软件构件头文件
#include  "common.h"      //包含公共要素软件构件头文件
#include  "gpio.h"        //包含 GPIO 底层驱动构件头文件
#include  "light.h"       //包含小灯软件构件头文件
#include  "uart.h"        //包含 UART 底层驱动构件头文件
#include  "adc.h"         //包含 ADC 底层驱动构件头文件
#include  "printf.h"      //包含 printf 软件构件头文件
#endif                    //防止重复定义（结尾）
```

2．主程序源文件 main.c

```
//======================================================================
//文件名称：main.c
//功能概要：主程序源文件
//工程说明：详见 01_Doc 文件夹中的 Readme.txt 文件
//版权所有：JSEI-SMH & SD-WYH
//版本更新：2020-07-08  V1.0
//======================================================================
//1.包含总头文件
#include  "includes.h"
//2.定义全局变量
```

```
//3.主程序
int main(void)
{
    //（1）声明主函数使用的变量
    uint_16 adc_result;   //存放A/D转换结果
    //（2）关总中断
    DISABLE_INTERRUPTS;   //关总中断
    //（3）给有关变量赋初值

    //（4）初始化功能模块和外设模块
    light_init(LIGHT1, LIGHT_OFF);            //初始化小灯LIGHT1
    uart_init(UART_2,9600);                   //初始化UART2（printf使用UART2）
    adc_init(8, 12);                          //初始化ADC，使用通道8，精度为12位
    //（5）使能模块中断

    //（6）开总中断
    ENABLE_INTERRUPTS;                        //开总中断
    //（7）进入主循环
    for(;;)
    {
        //运行指示灯闪烁
        light_change(LIGHT1);                 //改变小灯LIGHT1的状态
        Delay_ms(50);
        //对1个通道采样1次
        adc_result = adc_read(8);             //获取通道13的A/D转换结果
        printf("AD转换值：%d\n", adc_result);  //输出A/D转换结果
    }  //主循环结束
}
```

系统测试时，将电位器A端引脚与AD13通道对应的PTF5引脚相连，可转动电位器的转柄，观察PC串口调试窗口输出的A/D转换结果变化情况。

【思考与实验】

1．结合9.3.1节的简易数字电压表的硬件电路组成和工作原理，完善上述主程序，实现：通过printf函数向PC串口调试窗口依次输出A/D转换结果及对应的电压值（其中，ADC参考电压与MCU的供电电压相同，其实际值可通过万用表测量出来）。

2．结合项目4中的数码管构件及数码管动态显示程序设计方法，分别实现：①在数码管上显示1个ADC通道的A/D转换值；②在数码管上显示1个ADC通道的A/D转换值对应的电压值（显示3位，其中小数点后保留2位）。需要特别注意的是，数码管占用的I/O引脚不能与ADC通道使用的引脚重复，以免冲突。**在嵌入式应用系统设计中，需要根据所使用的外设（含片内外设）对MCU的引脚资源进行统筹规划。**

3．修改上述主程序，实现：对多个 ADC 通道进行 A/D 转换，并通过 printf 函数向 PC 串口调试窗口输出每个通道的 A/D 转换结果和电压值。

4．利用所建工程的 06_Soft\common.h 文件中的计算多个数据的平均值函数 datas_ave 实现对 1 个 ADC 通道的多次采样值进行均值滤波，并输出其结果。

5．利用所建工程的 06_Soft\common.h 文件中的计算多个数据的中值函数 datas_mid 实现对 1 个 ADC 通道的多次采样值进行中值滤波，并输出其结果。

项目 10

利用 CAN 实现多机通信

项目导读：

CAN（Controller Area Network，控制器局域网）是德国 Bosch 公司针对汽车电子领域开发的具有国际标准的现场总线，由于 CAN 具有很强的可靠性、安全性和实时性，目前 CAN 广泛应用于汽车电子、工业控制、农业控制、机电产品等领域的分布式测控系统。利用 CAN 可以很方便地实现多机联网。在本项目中，首先学习 CAN 的通用知识，理解 CAN 的相关概念；然后学习 CAN 底层驱动构件设计及使用方法，重点掌握 CAN 底层驱动构件头文件的使用方法；最后学习多机之间的 CAN 通信与调试方法，重点掌握基于 CAN 的嵌入式局域网的设计方法，以及利用 CAN 底层驱动构件头文件进行 CAN 应用层程序设计的方法。

任务 10.1 学习 CAN 的通用知识

10.1.1 CAN 系统的总体构成

CAN 系统主要由若干节点、两条数据传输线（CAN-H 和 CAN-L）及负载电阻组成，如图 10-1 所示。其中，负载电阻的作用是防止反射波干扰。在实际应用中，一般将负载电阻设置在总线的终端，因此又称之为终端电阻。一般要求终端电阻的总阻值为 60Ω。例如，可将两个终端电阻均设置为 120Ω。

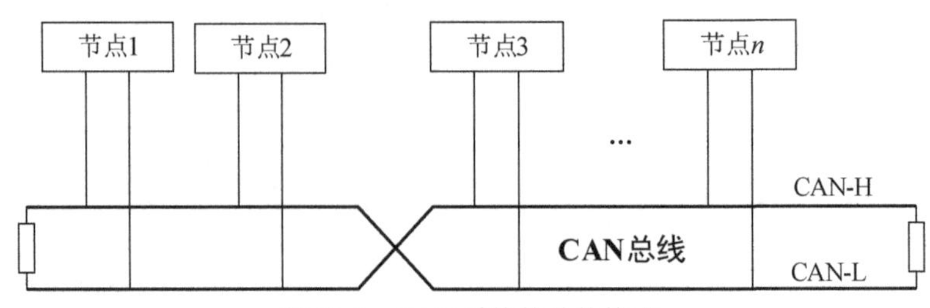

图 10-1 CAN 系统的总体构成

CAN 总线上的每个节点可独立完成网络数据交换和测控任务，理论上 CAN 总线可以连接无数个节点，但实际上受总线驱动能力的限制，目前每个 CAN 系统中最多可以连接 110 个节点。

10.1.2 CAN 节点的硬件结构和网络通信原理

1. CAN 节点的硬件结构

CAN 节点的硬件结构主要由传感器、MCU、CAN 控制器、CAN 收发器、执行器组成，如图 10-2 所示。需要说明的是，目前越来越多的 MCU 内部已经集成了 CAN 控制器，使得 CAN 节点硬件电路设计大大简化。例如，本书采用的 KEA128 芯片内部集成了 1 路 CAN 控制器。目前常用的一般 CAN 收发器有 TJA1050、TJA1040、PCA82C250 等，容错 CAN 收发器有 TJA1054、TJA1055 等[①]。

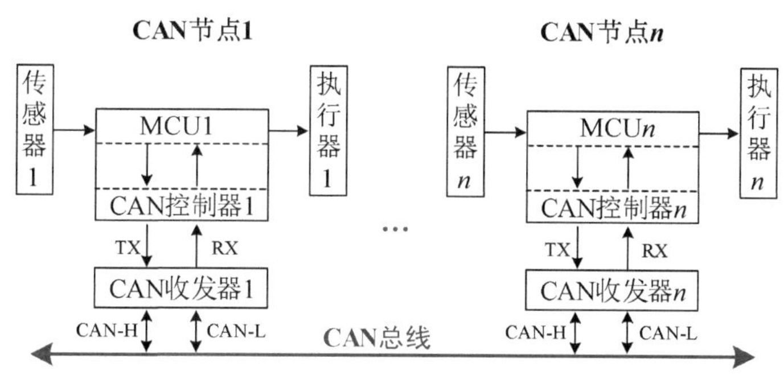

图 10-2 CAN 节点的硬件结构示意图

在此，给出 CAN 收发器 PCA82C250 对应的 CAN 接口硬件构件设计，如图 10-3 所示，其他型号的 CAN 收发器对应的 CAN 接口电路与之大同小异。

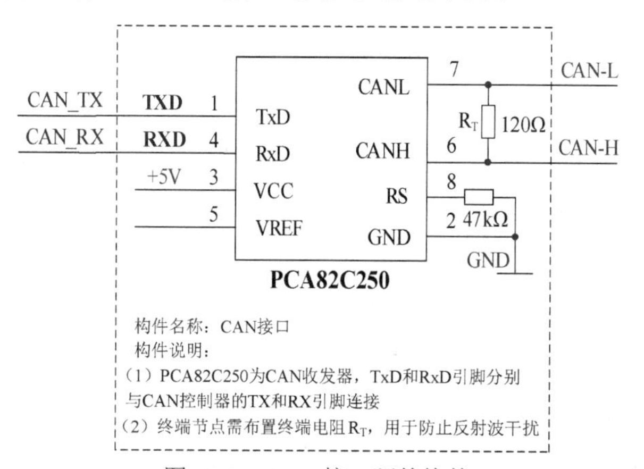

图 10-3 CAN 接口硬件构件

① 容错 CAN 收发器主要用于汽车舒适网络系统，容错 CAN 系统可单线运行。

2. CAN 的网络结构

CAN 只使用了物理层、数据链路层和应用层，提高了通信的实时性。其数据链路层和物理层的作用如图 10-4 所示。其协议分别由 CAN 控制器和 CAN 收发器硬件自动实现。因此，CAN 总线应用系统软件设计的主要任务是对其应用层程序进行设计。

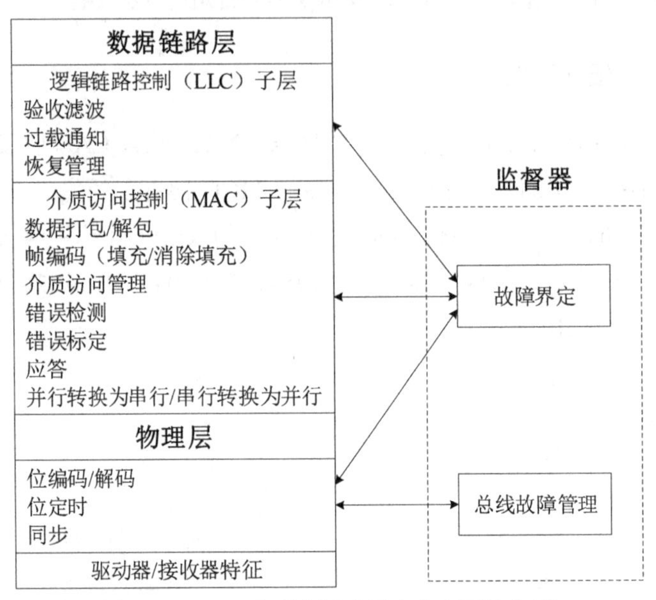

图 10-4 CAN 的数据链路层和物理层的作用

3. CAN 的数据传输流程

现以如图 10-2 所示的节点 1 向节点 *n* 发送数据帧为例，简单说明 CAN 的数据通信过程。大家平时寄快件时，每件快件都会有一个快递单号，快递单上一般会注明寄的物品名称和物品数量。类似地，在 CAN 的数据通信中，对应有数据包（帧）的标识符（identifier，ID）(类似于快递单号)、数据的长度（类似于物品的数量)、相关的数据（如传感器信号或开关信号)。在图 10-2 中，节点 1 向节点 *n* 发送数据帧的过程如下。

节点 1 的 MCU1 先对传感器 1 进行数据采集，然后将传感器 1 对应的数字信号附加一个帧 ID 和数据的长度后发送给 CAN 控制器 1；CAN 控制器 1 对传感器 1 对应的数字信号、帧 ID、数据的长度、循环冗余校验（CRC）码等信息进行数据打包（组装数据帧，这类似于寄快递时要进行打包)，然后将组装好的数据帧对应的并行数据转换为串行数字信号发送给 CAN 收发器 1；CAN 收发器 1 再将数据帧对应的串行数字信号转换为对应的 CAN 总线电压信号，从而完成了节点 1 向 CAN 总线上发送数据。

当节点 *n* 从 CAN 总线上接收到总线电压信号后，由 CAN 收发器 *n* 将 CAN 总线电压信号转换为对应的串行数字信号并发送给 CAN 控制器 *n*，然后 CAN 控制器 *n* 将接收到的串行数字信号转换为并行数据，并对该数据进行解包。此时，CAN 控制器 *n* 要解决一个问题：判断收到的信号是否是自身节点需要的数据，也就是所谓的“验收过滤”（这类似于我们在 QQ 群中收到一则消息之后，首先要看一下这则消息是否与自己有关。如果有关，那么我们就要认真仔细查看消息的具体内容；如果无关，那么我们就会放弃它，不再详细查看其具体内容。当然这个过程也类似于我们去取快件时，拿到快件之后需要先核对收件人）。对 CAN 控制器 *n* 而言，如果判断收到的数据是自身节点 *n* 需要的数据，且 CRC 结果正确，那么它就会接受此数据，同时向 CAN 总线上发送应答信号，表示节点 *n* 已经正确接收到总线上其他节点发送的数据。然后 MCU*n* 读取 CAN 控制器 *n* 中的有效数据（来自节点 1 的传感器信号）并控制执行器 *n* 动作。如果 CAN 控制器 *n* 判断收到的信号不是自身节点需要的数据或者 CRC 结果错误，那么节点 *n* 就会放弃此次来自 CAN 总线上的数据。

通过上述分析，不难看出：当节点向 CAN 总线上**发送**数据时，CAN 控制器具有数据打包和数据的并/串转换等功能；而 CAN 收发器具有发送器的功能，另外还有将数字信号转换为 CAN 总线电压信号的功能。当节点从 CAN 总线上**接收**数据时，CAN 收发器具有接收器的功能，另外还有将 CAN 总线电压信号转换为数字信号的功能；而 CAN 控制器具有数据的串/并转换、数据解包、验收过滤、错误检测和应答等功能。

需要说明的是，由于 CAN 收发器具有“边说边听”功能（也就是同时发送和接收），因此当一个节点向 CAN 总线上发送数据时，该节点会同时接收到 CAN 总线上的数据，即 CAN 总线是双向串行总线。

4．CAN 总线电压信号与数字信号之间的关系

图 10-5 给出了 CAN 总线电压信号与数字信号之间的对应关系[①]。如前所述，CAN 收发器具有信号转换的功能，也就是具有 CAN 总线电压信号与数字信号相互转换的功能。CAN 收发器对 CAN-H 和 CAN-L 两根数据线的电压信号做“差分”运算后生成差分电压信号（$V_{diff}=V_{CAN\text{-}H}-V_{CAN\text{-}L}$），然后采用“负逻辑”将其差分电压信号转换为数字信号。

【思考与练习】

请读者根据如图 10-5 所示的 CAN 总线电压波形，总结 CAN-H 与 CAN-L 的电压值具有什么特点。

细心的读者可能已经看到图 10-5 中的“显性”和“隐性”字样，数字信号 0 对应显性，数字信号 1 对应隐性，关于这个问题，涉及下面要介绍的帧 ID、数据优先级及数据的仲裁问题。

---

① 在汽车电子领域，汽车舒适网络系统一般采用容错 CAN，对应的收发器是容错 CAN 收发器，CAN-H 的两个电压值分别是 0V 和 4V，对应的 CAN-L 的两个电压值分别是 5V 和 1V。空闲状态下，CAN-H 和 CAN-L 的电压值分别是 0V 和 5V。

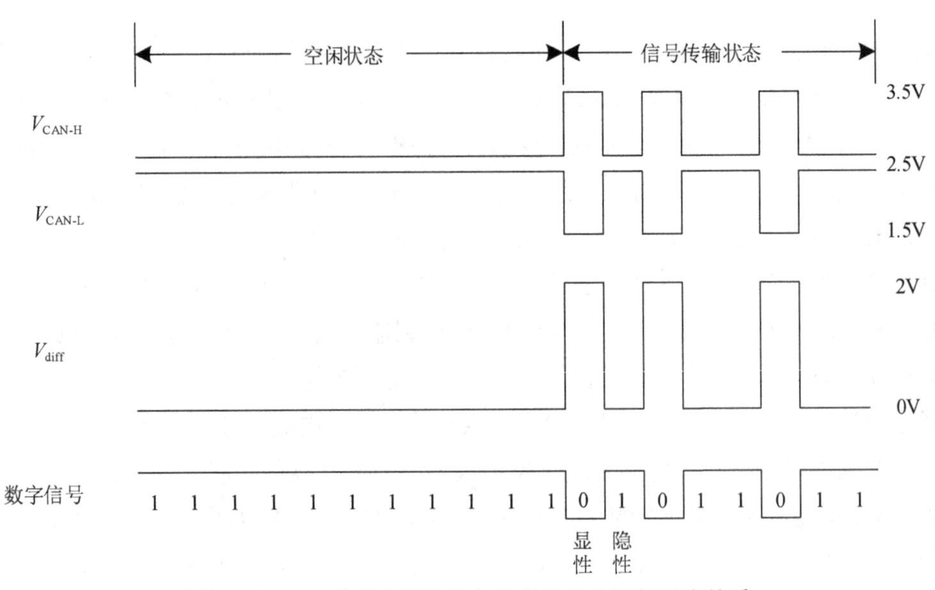

图 10-5　CAN 总线电压信号与数字信号之间的对应关系

5. CAN 的帧 ID、数据优先级、数据的仲裁

CAN 为多主工作方式，任一节点均可在任意时刻主动地向 CAN 总线上其他节点发送数据，而不分主从。如果有多个节点同时向 CAN 总线上发送数据，那么这多个数据就会在 CAN 总线上出现“撞车”现象，这就像生活中很多人一起讨论问题，如果几个人同时讲话，就会乱套，此时需要进行仲裁，决定哪个人先讲，哪个人后讲。一般来说，谁讲的话最重要，谁就先讲。那么在 CAN 系统中如何实现数据的仲裁呢？要想回答这个问题，需要先理解帧 ID 和数据优先级的关系问题。

在 CAN 系统中，帧 ID 有这样一个特点：**节点发送的数据包实时性要求越高，优先级越高，对应的帧 ID 就越小。**其原理是：当多个节点同时向总线上发送数据时，总线上的结果是这多个数据“逻辑与”的值。“逻辑与”的运算规则是：参与运算的数据，只要有一个是 0，那么“逻辑与”的结果就是 0；只有参与运算的数据全是 1，“逻辑与”的结果才是 1。例如，如果节点 A 向总线上发送数字信号 0，而节点 B 同时向总线上发送数字信号 1，那么总线上的结果是 0 和 1“逻辑与”的值 0。该过程就相当于：在总线上，节点 A 发送的数字信号 0 被显示出来，而节点 B 发送的数字信号 1 被隐蔽掉。因此我们把 0 称为**显性位**，而把 1 称为**隐性位**。同时，这也说明了 0 的优先级比 1 的优先级高。正因如此，**CAN 总线利用帧 ID 来标识数据包的优先级。帧 ID 越小，数据包的优先级就越高；反之，数据包的优先级就越低。在实际应用时，应该按照数据包的优先级，给每个数据包分配一个唯一的 ID。需要注意的是，CAN 协议要求 ID 的高 7 位不能同时为 1。**

在理解帧 ID 与数据包优先级之间的关系基础上，便易理解 CAN 系统中的仲裁机制了。如前所述，CAN 节点的收发器具有“边说边听”的功能，也就是当节点向 CAN 总线上发送数据时，它也能同时监听到总线上的数据。在一个节点向 CAN 总线上发送数据前，首先监听总线是否处于**空闲状态**。当总线上连续出现11位以上的隐性位时，可视为总线处于空闲状态，否则说明有其他节点占用总线。如果节点监听到总线处于空闲状态，那么该节点就可以向总线上发送数据；否则，需要等待其他节点发送完毕，直到总线处于空闲状态。当多个节点同时向总线上发送数据时，总线上的结果是多个数据“逻辑与”的值。

当一个节点向CAN总线上发送数据包时，首先向总线上发送自己的帧ID。在发送帧ID的过程中，如果一个节点向总线上发送的数据和从总线上接收到的数据一致，也就是它说的话和它听到的话一致，那么这个节点就可以继续向总线上发送数据；而如果一个节点向总线上说的话和从总线上听到的话不一致，那么这个节点就要停止向总线上发送数据，转为听众，也就是“只听不说”。

下面，以如图10-6所示的三个节点同时向总线上发送数据为例，分析CAN系统的数据仲裁机制。

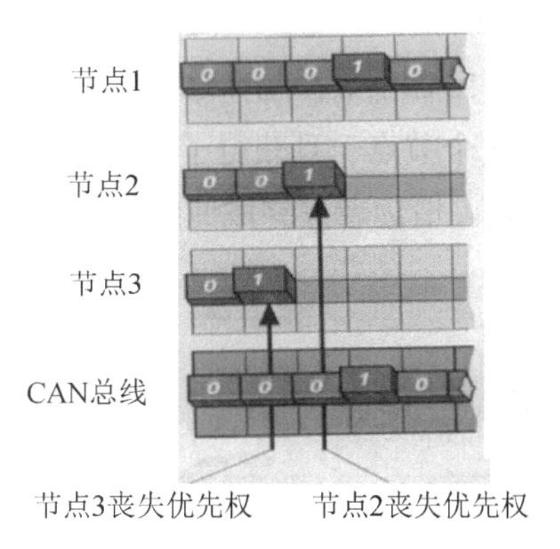

图10-6 CAN系统的数据仲裁

开始时刻，三个节点同时向总线上发送数字信号0，总线上是这三个数字信号“逻辑与”的值0。这一时刻，这三个节点向总线说的是0，从总线上听到的也是0，也就是它们说的话和听到的话都是一致的，因此它们都可以继续向总线上发送数据。

第2时刻，节点1和节点2这两个节点都向总线上发送数字信号0，而节点3向总线上发送数字信号1，此时总线上是这三个数字信号“逻辑与”的值0。这一时刻，节点1和节点2这两个节点向总线上说的是0，从总线上听到的也是0，也就是它们说的话和听到的话一致，因此它们都可以继续向总线上发送数据；节点3向总线上说的是1，而从总线上听到的是0，也就是它说的话和听到的话不一致，因此节点3要停止继续向总线上发送数据，转为听众，即节点3在这一时刻丧失优先权。

第3时刻，节点1向总线上发送数字信号0，而节点2向总线上发送数字信号1，此时总线上是这两个数字信号“逻辑与”的值0。这一时刻，节点1向总线上说的是0，从总线上听到的也是0，也就是它说的话和听到的话一致，因此它可以继续向总线上发送数据；节点2向总线上说的是1，而从总线上听到的是0，也就是它说的话和听到的话不一致，因此节点2要停止继续向总线上发送数据，转为听众，即节点2在这一时刻丧失优先权。

第 4 时刻，节点 1 向总线上发送数字信号 1，由于此时节点 1 独占总线而使总线上的数据也是 1。由于节点 1 向总线上说的话和从总线上听到的话一致，因此它可以继续向总线上发送数据。

至此，三个节点通过帧 ID 进行优先级竞争的结果是节点 1 首先获得总线使用权，可将其数据包发送至 CAN 总线；在节点 1 将其数据包发送完毕后，若总线处于空闲状态，则系统会自动使节点 2 和节点 3 继续通过发送帧 ID 重新竞争总线的使用权（自动重发）。

通过上述分析，可以看出：CAN 系统的仲裁是基于 CAN 收发器的“边说边听”功能进行的，在 CAN 系统的仲裁过程中，不会出现不同优先级数据包之间的相互破坏，这就是所谓的“**非破坏性仲裁**”。

【思考与练习】

如图 10-7 所示，A、B、C、D 四个节点在不同的时刻分别向 CAN 总线上发送帧 ID 为 5、7、3、6 的数据包。请读者画出各个数据包在总线上出现的顺序（假设每帧报文的传输时间占 3 格）。需要提示的是，**一个节点一旦获得了总线的使用权，它会一口气将其数据包发送完，而不会受其他节点影响。**请读者在完成此练习后谈谈自己的体会。

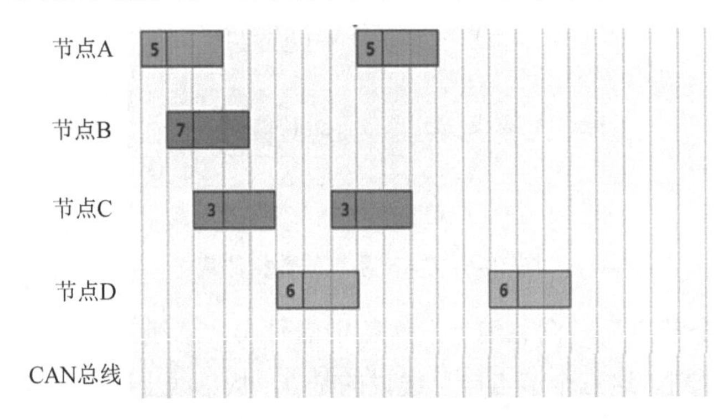

图 10-7　多个节点在不同时刻向总线上发送数据

6．CAN 验收过滤功能的实现

在 CAN 通信网络中，CAN 数据以广播方式在 CAN 总线上发送，每个节点都要通过 CAN 控制器的验收过滤功能来决定否接受该数据。那么，验收过滤功能是如何实现的呢？在 CAN 系统中，是通过 CAN 控制器内的标识符验收寄存器（Identifier Acceptance Register，IDAR）和标识符屏蔽寄存器（Identifier Mask Register，IDMR）来实现的。具体而言，**当某个节点的标识符屏蔽寄存器的某位设置为“有关”时，该节点只能接受帧 ID 与自身标识符验收寄存器对应位数值相等的数据帧；当某个节点的标识符屏蔽寄存器的某位设置为“无关”时，该节点可接受帧 ID 对应位为任意值的数据帧。**

【思考与练习】

根据 CAN 系统的验收过滤原理，分析以下情况：若某个节点的标识符验收寄存器和标识符屏蔽寄存器的设置如表 10-1 所示，请在该表中填写该节点可以接受的数据帧的 ID。说明：标识符屏蔽寄存器中的 1 表示“无关”，0 表示“有关”。

表 10-1　CAN 节点的验收过滤结果

标识符验收寄存器	100 1011 0110
标识符屏蔽寄存器	001 0010 0000
可以接受的数据帧的 ID	

借助验收过滤功能，可以灵活实现 CAN 系统的“点对点”“一点对多点（广播式）”“多点对一点”的数据通信方式。下面举两个实例，说明 CAN 系统的数据通信方式。

在如图 10-8 所示的车门 CAN 系统中，驾驶员通过玻璃升降组合开关（有 4 个开关）“分别”控制 4 个车门的玻璃升降电机，这属于“点对点”的数据通信方式；而驾驶员通过中央门锁开关“同时”控制 4 个车门的闭锁器，这属于“一点对多点（广播式）”的数据通信方式。

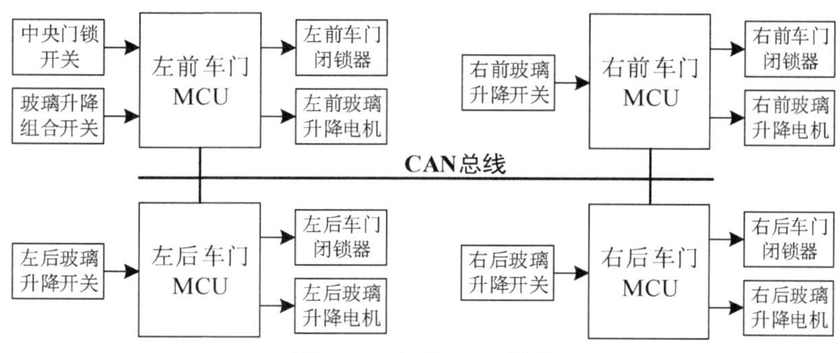

图 10-8　车门 CAN 系统

在如图 10-9 所示的基于 CAN 的考核系统中，教师机在通过 CAN 总线向学生机发放考试题时，可以采用“点对点”或“一点对多点（广播式）”的数据通信方式；而若干学生机在通过 CAN 总线向教师机发送答案时，采用“多点对一点”的数据通信方式。

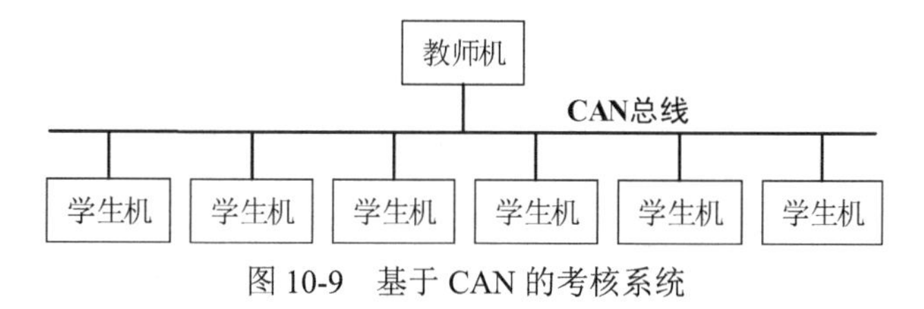

图 10-9　基于 CAN 的考核系统

8．CAN 数据帧的组成

CAN 协议中有四种报文帧（Message Frame），分别是数据帧、远程帧、错误帧和过载帧。其中，数据帧和远程帧与用户编程相关；而错误帧和过载帧由 CAN 控制器硬件自动处理，与用户编程无关。

在 CAN 节点之间的通信中，若将数据从一个节点的发送器传输到另一个节点的接收器，则必须发送数据帧；而总线节点发送远程帧的作用是请求其他节点发送具有相同标识符的数据帧。

CAN 数据帧由 7 个不同的位域组成：帧起始、仲裁域、控制域、数据域、CRC 域、应答域和帧结束，如图 10-10 所示。与数据帧相比，远程帧的组成中无数据域部分。

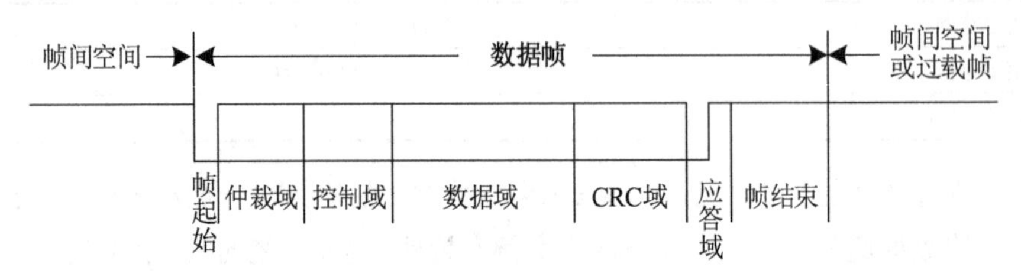

图 10-10　CAN 数据帧的组成

（1）帧起始：仅由一个显性位（数字信号 0）组成，由 CAN 控制器硬件自动完成。帧起始表示一帧数据的开始，所有节点必须同步于首先开始发送报文的节点的帧起始前沿。

（2）仲裁域：主要包括帧 ID 和远程发送请求位（RTR），由用户通过编程设定。在 CAN 2.0B 协议中定义了标准格式与扩展格式两种帧格式，其中标准格式帧的 ID 为 11 位，扩展格式帧的 ID 为 29 位。帧格式由标识符扩展位（IDE）决定：当 IDE 为 0 时，表示该帧为标准格式帧；当 IDE 为 1 时，表示该帧为扩展格式帧。在标准格式中，IDE 属于仲裁域；在扩展格式中，IDE 属于控制域。当节点向总线上发送帧 ID 时，是从最高位开始发送的。当 RTR 为 0 时，表示该帧为数据帧；当 RTR 为 1 时，表示该帧为远程帧。

（3）控制域：主要包括有效数据的字节数，即数据长度代码（DLC），由用户通过编程设定。DLC 取值范围是 0～8，即数据帧的有效数据最多 8 字节。

（4）数据域：由数据帧发送的有效数据组成，可以是 0～8 字节，由用户通过编程设定。当节点向总线上发送 1 字节数据时，是从该字节数据的最高位开始发送的。

（5）CRC 域：由 15 位循环冗余校验（CRC）序列和 1 位 CRC 界定符（隐性位，即数字信号 1）组成，用于检测数据传输是否有误。该域由 CAN 控制器硬件自动完成。

（6）应答域：由 1 位应答位和 1 位应答界定符（隐性位）组成。发送方在应答位上发送隐性位（数字信号 1），而接收方正确接收到有效的报文时，会在应答位上发送显性位（数字信号 0）以表示应答。此时相当于多个节点同时向总线上发送数据，其中发送方发送的是数字信号 1，而接收方发送的是数字信号 0，这样总线上的数据是数字信号 0 和 1 的“逻辑与”值 0。对发送方而言，在数据帧的应答位上向总线上说的是 1，而从总线上听到的是 0，则表明有其他节点已经正确接收了该数据帧，否则表明其他节点没有正确接收到该数据帧。由于应答位属于报文帧内部的 1 位，因此 CAN 系统采用的是“**帧内应答**”机制，从而确保了 CAN 通信的实时性。该域由 CAN 控制器硬件自动处理。

（7）帧结束：由 7 个隐性位（数字信号 1）组成，它标志着数据帧的结束，接收方可以通过该域判断一帧数据是否结束。该域由 CAN 控制器硬件自动完成。

可以看出，用户编程时，仅需要设置仲裁域、控制域和数据域相关的寄存器。

9. CAN 的位速率（波特率）

位速率（Bit Rate）是指 CAN 的传输速率。在给定的 CAN 系统中，位速率是固定唯一的。CAN 总线上任意两个节点之间的最大传输距离与位速率有关，表 10-2 列出了最大传输距离与位速率的对应关系。这里的最大传输距离是指在不使用中继器的情况下两个节点之间的距离。

表 10-2　CAN 总线上任意两个节点之间的最大传输距离与位速率的对应关系

位速率/（kbit/s）	1000	500	250	125	100	50	20	10	5
最大传输距离/m	40	130	270	530	620	1300	3300	6700	10000

10. CAN-H 与 CAN-L 中的“H”和“L”的真正含义

在此，借助于如图 10-5 所示的 CAN 总线波形说明“H”和“L”的真正含义。CAN 总线由“空闲状态”转为“信号传输状态”的瞬间，CAN-H 从空闲状态开始向上（高处，High）跳动，而 CAN-L 从空闲状态开始向下（低处，Low）跳动。因此，CAN-H 和 CAN-L 中的“H”和“L”，指的是总线由“空闲状态”转为“信号传输状态”的瞬间开始跳动的方向。请读者不要误解为 CAN-H 的电压高于 CAN-L 的电压，“H”和“L”与电压没有直接关系。

10.1.3　CAN 的优点

CAN 具有很强的可靠性、安全性和实时性，其主要表现如下。

（1）CAN 总线采用双绞线和差分电压机制，使其“既能防人，又不害人”，即 CAN 总线能对外抗干扰，同时又不对外产生干扰。

当总线受到干扰时，由于 CAN-H 线与 CAN-L 线双线缠绕，因此干扰脉冲信号对 CAN-H 线和 CAN-L 线的作用是等幅值、等相位、同频率的。例如，在某段时间内，CAN-H 线和 CAN-L 线的正常电压分别为 3.5V 和 1.5V，则差分电压 V_{diff}=3.5V−1.5V=2V。假如，某个时刻外界对总线产生干扰脉冲信号 X 时，CAN-H 线和 CAN-L 线的电压分别变为 3.5V−X 和 1.5V−X，但其差分电压 V_{diff}=(3.5V−X)−(1.5V−X)=2V，其值并未发生变化，如图 10-11 所示。显然，外界对总线产生了干扰，但总线的差分电压值保持不变，因此外界干扰不会影响 CAN 总线的数据传输。

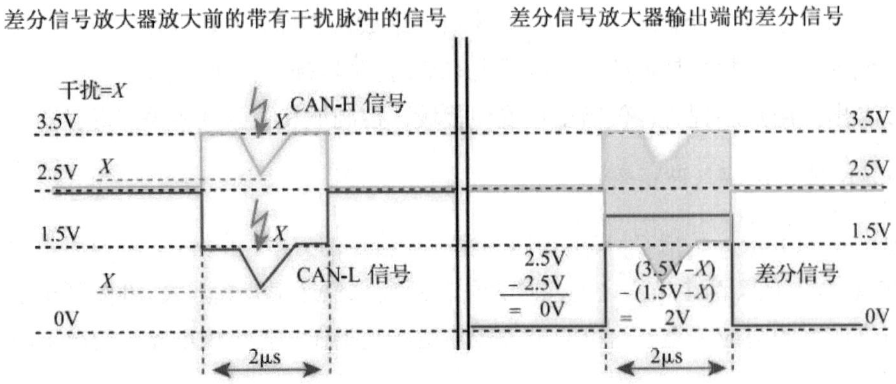

差分信号放大器放大前的带有干扰脉冲的信号　差分信号放大器输出端的差分信号

干扰=X

CAN-H 信号

CAN-L 信号

3.5V 2.5V 1.5V 0V

2.5V − 2.5V = 0V

(3.5V−X) − (1.5V−X) = 2V

差分信号

2μs

图 10-11　CAN 系统消除外界干扰的过程

当 CAN 总线对外辐射电磁波时，双线缠绕使 CAN-H 线与 CAN-L 线对外界的干扰是等幅值、同频率的，但方向相反，因此相互抵消，如图 10-12 所示。

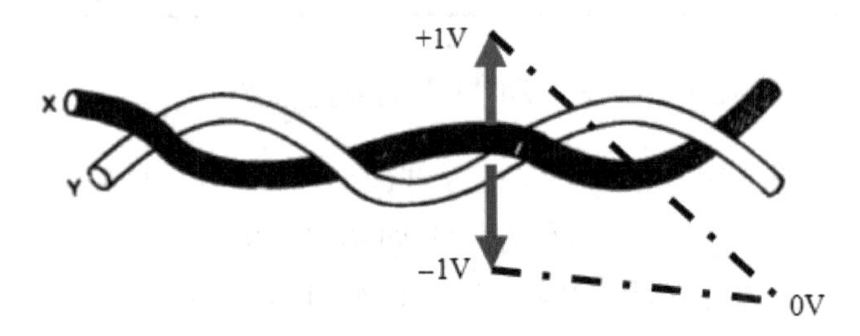

图 10-12　CAN 总线不对外产生干扰

（2）CAN 系统采用“边说边听”方式的非破坏性仲裁机制。CAN 节点只要检测到总线上有其他节点在发送数据，就要等待总线处于空闲状态。当多个节点同时向总线上发送数据时，数据优先级高的节点先发送，而数据优先级低的节点后发送。发送期间丢失仲裁或出错的帧可自动重发，故障节点可自动脱离总线。

（3）CAN 系统采用短帧格式，核心的有效数据最多 8 字节，从而保证了通信的实时性和可靠性。

（4）CAN 系统采用先进的循环冗余校验，保证了通信的可靠性。

（5）CAN 系统采用帧内应答机制，保证了通信的实时性。

任务 10.2　学习 CAN 底层驱动构件设计及使用方法

1. KEA128 的 MSCAN 模块

KEA128 芯片中只有 1 个 MSCAN 模块，其发送数据引脚为 CAN0_TX，接收数据引脚为 CAN0_RX。根据附录 A 的 80LQFP 封装 S9KEAZ128AMLK 引脚功能分配表，可以配置为 CAN 模块的引脚如表 10-3 所示。可通过系统集成模块（SIM）提供的引脚选择寄存器 SIM_PINSEL1 编程来设定 CAN 模块使用的引脚。

表 10-3 KEA128 的 CAN 引脚

引 脚 号	引 脚 名	ALT5
6	PTE7	CAN0_TX
7	PTH2	CAN0_RX
63	PTC7	CAN0_TX
64	PTC6	CAN0_RX

2．KEA128 的 MACAN 模块相关寄存器

MSCAN 模块的所有寄存器均为 8 位寄存器，MSCAN 寄存器简介如表 10-4 所示。读者可借助 KEA128 参考手册及附录 F 的 F.8 中的 CAN 底层驱动构件源文件 can.c 加以理解和应用。

表 10-4 MSCAN 寄存器简介

寄 存 器 名	功 能 描 述
控制寄存器 *n*（MSCAN_CANCTL*n*）（*n*=0,1）	控制 MSCAN 模块的基本功能
总线时序寄存器 *n*（MSCAN_CANBTR*n*）（*n*=0,1）	设置 CAN 的波特率
接收标准标识符寄存器 *n*（MSCAN_RSIDR*n*）（*n*=0,1）	存放接收的标准格式帧的 ID
接收扩展标识符寄存器 *n*（MSCAN_REIDR*n*）（*n*=0～3）	存放接收的扩展格式帧的 ID
标识符验收控制寄存器（MSCAN_CANIDAC）	控制标识符验收过滤模式，指示命中的过滤器
第一块（First Bank）标识符验收寄存器 *n*（MSCAN_CANIDAR*n*）（*n*=0～3）	存放节点预想接收的帧 ID
第二块（Second Bank）标识符验收寄存器 *n*（MSCAN_CANIDAR*n*）（*n*=0～3）	
第一块（First Bank）标识符屏蔽寄存器 *n*（MSCAN_CANIDMR*n*）（*n*=0～3）	设置是否将接收标准标识符寄存器（或接收扩展标识符寄存器）与标识符验收寄存器中的对应位进行匹配处理
第二块（Second Bank）标识符屏蔽寄存器 *n*（MSCAN_ CANIDMR*n*）（*n*=0～3）	
接收扩展数据段寄存器 *n*（MSCAN_REDSR*n*）（*n*=0～7）	存放接收的数据（0～8 字节）
接收数据长度寄存器（MSCAN_RDLR）	存放接收数据的长度（0～8 字节）
接收器标志寄存器（MSCAN_CANRFLG）	包含接收器状态标志位
接收器中断使能寄存器（MSCAN_CANRIER）	包含接收中断使能位
发送标准标识符寄存器 *n*（MSCAN_TSIDR*n*）（*n*=0,1）	存放待发送的标准格式帧的 ID
发送扩展标识符寄存器 *n*（MSCAN_TEIDR*n*）（*n*=0～3）	存放待发送的扩展格式帧的 ID
发送缓冲区选择寄存器（MSCAN_CANTBSEL）	选择发送缓冲区
发送缓冲区优先级寄存器（MSCAN_TBPR）	设置发送缓冲区的优先级
发送扩展数据段寄存器 *n*（MSCAN_TEDSR*n*）（*n*=0～7）	存放待发送的数据（0～8 字节）

续表

寄 存 器 名	功 能 描 述
发送数据长度寄存器（MSCAN_TDLR）	存放待发送数据的长度（0～8 字节）
发送器标志寄存器（MSCAN_CANTFLG）	反映发送缓冲区状态
发送器中断使能寄存器（MSCAN_CANTIER）	包含发送中断使能位
发送器消息中止请求寄存器（MSCAN_CANTARQ）	包含消息中止请求位
发送器消息中止应答寄存器（MSCAN_CANTAAK）	包含消息中止应答位
接收时间戳寄存器 H（MSCAN_RTSRH）	通过 MSCAN 内部定时器获得接收数据的时间戳
接收时间戳寄存器 L（MSCAN_RTSRL）	
发送时间戳寄存器 H（MSCAN_TTSRH）	通过 MSCAN 内部定时器获得发送数据的时间戳
发送时间戳寄存器 L（MSCAN_TTSRL）	
接收错误计数器（MSCAN_CANRXERR）	反映 MSCAN 接收错误计数器的状态
发送错误计数器（MSCAN_CANTXERR）	反映 MSCAN 发送错误计数器的状态
杂项寄存器（MSCAN_CANMISC）	配置 MSCAN 模块是否保持处于 bus-off 状态

CAN 具有初始化、发送和接收三种基本操作。其中，CAN 发送是主动任务，发送方主动控制着数据发送的操作，因此 CAN 发送不必采用中断方式；而 CAN 接收是被动任务，并具有一定的随机性，对方可能随时发送数据过来，因此为了确保及时接收到对方发送来的每帧数据，CAN 接收一般采用中断方式。

CAN 底层驱动构件由 can.h 头文件和 can.c 源文件组成，若要使用 CAN 底层驱动构件，只需将这两个文件添加到所建工程的 04_Driver（MCU 底层驱动构件）文件夹中，即可实现对 CAN 的操作。其中，can.h 头文件主要包括相关头文件的包含、相关的宏定义、CAN 通信的数据包结构体声明、对外接口函数的声明；而 can.c 源文件是对外接口函数的具体实现，需要结合 KEA128 参考手册中的 MSCAN 模块信息和芯片头文件 SKEAZ1284.h 进行分析与设计，对应的程序请参阅附录 F 的 F.8。应用开发者只要熟悉下面给出的 can.h 头文件的内容，即可使用 CAN 底层驱动构件进行编程。

3. KEA128 的 CAN 底层驱动构件头文件

```
//======================================================================
//文件名称：can.h
//功能概要：CAN 底层驱动构件头文件
//芯片类型：KEA128
//版权所有：JSEI-SMH & SD-WYH
//版本更新：2019-07-01  V1.0
//======================================================================
#ifndef  _CAN_H                //防止重复定义（开头）
#define  _CAN_H
//1.头文件包含
#include  "common.h"           //包含公共要素软件构件头文件
```

```
//2.宏定义
//（1）CAN 工作模式宏定义
#define  LOOP_MODE   0        //回环测试模式
#define  NORM_MODE   1        //正常工作模式
//（2）CAN 接收过滤器宏定义
#define  FILTER_ON   1        //接收过滤器开启，只接收对应 ID 的帧
#define  FILTER_OFF  0        //接收过滤器关闭，接收所有帧
//（3）CAN 使用的引脚宏定义（由具体硬件板决定）
#define  CAN_GROUP   1        //1 表示 PTC7-TX、PTC6-RX，2 表示 PTE7-TX、PTH2-RX
//3.CAN 通信的数据包结构体声明
typedef struct CanMsg
{
   uint_32 m_ID;              //帧 ID
   uint_8  m_IDE;             //标准格式帧为 0，扩展格式帧为 1
   uint_8  m_RTR;             //数据帧为 0，远程帧为 1
   uint_8  m_data[8];         //帧数据
   uint_8  m_dataLen;         //帧数据长度
   uint_8  m_priority;        //发送优先级
} CAN_Msg;
//4.对外接口函数声明
//======================================================================
//函数名称：can_init
//函数功能：CAN 模块初始化（使用标准格式帧），采用总线时钟作为 CAN 模块的时钟源
//函数参数：baud_rate：波特率 50、100、200、250、500、1000，单位为 kbit/s
//          rcv_id：预想接收的帧 ID
//          filter：接收过滤器开关，可使用宏定义
//                  FLITER_ON 表示开启过滤器，只接收 ID 为 rcv_id 的帧
//                  FILTER_OFF 表示关闭过滤器，接收所有帧
//函数返回：无
//======================================================================
void can_init(uint_16 baud_rate, uint_32 rcv_id, uint_8 filter);

//======================================================================
//函数名称：can_fill_std_msg
//函数功能：填充一个待发送的 CAN 标准格式帧数据包
//函数参数：send_msg：待发送 CAN 数据包结构体的首地址
//          id：待发送 CAN 标准格式帧的 ID（11 位）
//          buff：待发送数据缓冲区首地址
//          len：待发送数据长度（≤8 字符）
//函数返回：函数执行状态（0 表示填充成功，1 表示数据长度输入错误）
```

```
//===========================================================================
uint_8 can_fill_std_msg(CAN_Msg *send_msg, uint_32 id, uint_8 *buff, uint_8 len);

//===========================================================================
//函数名称：can_send_msg
//函数功能：CAN 发送数据包
//函数参数：send_msg：待发送 CAN 数据包结构体的首地址
//函数返回：函数执行状态（0 表示发送成功，1 表示数据帧长度错误，2 表示发送扩展格式帧）
//===========================================================================
uint_8 can_send_msg(CAN_Msg *send_msg);

//===========================================================================
//函数名称：can_rcv_msg
//函数功能：CAN 接收数据包
//函数参数：rcv_msg：存放待接收 CAN 数据包结构体缓冲区的首地址
//函数返回：函数执行状态（0 表示成功接收帧，1 表示未接收到帧，2 表示接收到扩展格式帧）
//===========================================================================
uint_8 can_rcv_msg(CAN_Msg *rcv_msg);

//===========================================================================
//函数名称：can_rcv_int_enable
//函数功能：CAN 接收中断使能
//函数参数：无
//函数返回：无
//===========================================================================
void can_rcv_int_enable(void);

//===========================================================================
//函数名称：can_rcv_int_disable
//函数功能：CAN 接收中断禁止
//函数参数：无
//函数返回：无
//===========================================================================
void can_rcv_int_disable(void);

#endif              //防止重复定义（结尾）
```

4. KEA128 的 CAN 初始化、发送、接收程序设计流程

CAN 初始化、CAN 发送、CAN 接收中断的流程图分别如图 10-13、图 10-14、图 10-15 所示，读者可以参照附录 F 的 F.8 中的 CAN 底层驱动构件源文件 can.c 加以理解。

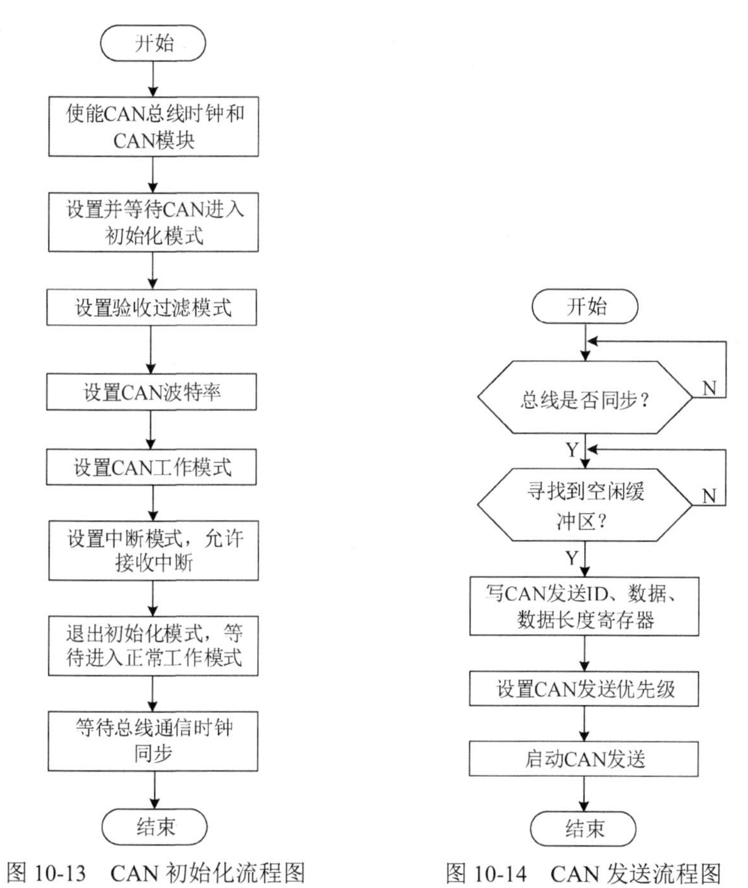

图 10-13　CAN 初始化流程图

图 10-14　CAN 发送流程图

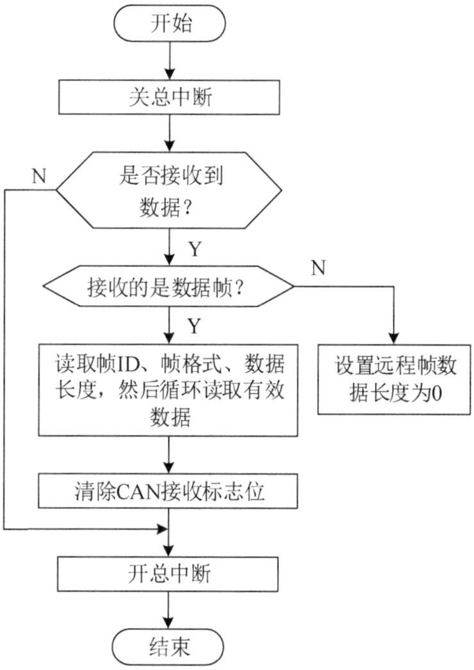

开始
关总中断
是否接收到数据？
N
Y
接收的是数据帧？
N
Y
读取帧ID、帧格式、数据长度，然后循环读取有效数据
设置远程帧数据长度为0
清除CAN接收标志位
开总中断
结束

图 10-15　CAN 接收中断流程图

任务 10.3　学习多机之间的 CAN 通信与调试方法

下面以两个 CAN 节点进行通信为例，简要介绍 CAN 通信的设计与实现方法。用两个带有 CAN 通信接口的 KEA128 实验板作为两个 CAN 节点，分别记为节点 A 和节点 B。这里对节点预接收的帧 ID、发送或接收数据段的含义做如表 10-5 所示的约定。

表 10-5　CAN 通信约定

	预接收的帧 ID	发送或接收数据段的含义							
		DATA0	DATA1	DATA2	DATA3	DATA4	DATA5	DATA6	DATA7
节点 A	0x0A	改变小灯的状态	—	—	—	—	—	—	—
节点 B	0x0B	改变小灯的状态	—	—	—	—	—	—	—

假设两个节点通信均传输标准格式的数据帧，各节点通过验收过滤机制接收对应 ID 的数据包：节点 A 将接收节点 B 发送的数据包，节点 B 将接收节点 A 发送的数据包。两个节点均通过中断方式接收来自 CAN 总线上的数据，接收到对应的数据包后，解析其数据段中的数据，并执行相应的功能程序。

在如表 1-5 所示的框架下，设计两个节点 07_Source（工程源程序构件）的文件，以实现多机之间的 CAN 通信功能。下面给出节点 A 的应用层程序参考代码，节点 B 与节点 A 程序代码的区别在于加虚线框的 3 行代码，读者按照注释说明进行修改即可。

1．工程总头文件 includes.h

```
//=====================================================================
//文件名称：includes.h
//函数功能：工程总头文件
//版权所有：JSEI-SMH & SD-WYH
//版本更新：2017-08-31  V1.0
//=====================================================================
#ifndef  _INCLUDES_H     //防止重复定义（开头）
#define  _INCLUDES_H
//包含使用到的软件构件头文件
#include  "common.h"     //包含公共要素软件构件头文件
#include  "gpio.h"       //包含 GPIO 底层驱动构件头文件
#include  "light.h"      //包含小灯软件构件头文件
#include  "can.h"        //包含 CAN 底层驱动构件头文件
#endif                   //防止重复定义（结尾）
```

2．主程序源文件 main.c

```
//=====================================================================
//文件名称：main.c
//功能概要：主程序源文件
```

```
//工程说明：详见01_Doc文件夹中的Readme.txt文件
//版权所有：JSEI-SMH & SD-WYH
//版本更新：2020-07-15  V1.1
//======================================================================
//1.包含总头文件
#include  "includes.h"
//2.定义全局变量
CAN_Msg  g_rcv_msg;           //待接收数据包的结构体变量
uint_8   g_can_rcvFlag;       //CAN接收标志：0为接收成功，1为接收失败
//3.主程序
int main(void)
{
    //（1）声明主函数使用的变量
    uint_32  rcv_id;          //预接收的帧ID
    CAN_Msg  send_msg;        //待发送数据包的结构体
    uint_32  send_id ;        //待发送的帧ID
    uint_8  send_data[8] ;    //待发送的数据段
    uint_8  send_dataLen;     //待发送的数据段字节数
    //（2）关总中断
    DISABLE_INTERRUPTS;       //关总中断
    //（3）给有关变量赋初值
    rcv_id = 0x0A;            //预接收的帧ID（节点B：0x0A改为0x0B）
    send_id = 0x0B;           //待发送的帧ID（节点B：0x0B改为0x0A）
    send_dataLen = 1;         //待发送的数据段字节数
    send_data[0] = 0x01;      //待发送的数据段
    //填充待发送的标准帧数据包
    (void) can_fill_std_msg(&send_msg, send_id, send_data, send_dataLen);
    g_can_rcvFlag = 1;        //CAN接收标志：0为接收成功，1为接收失败
    //（4）初始化功能模块和外设模块
    light_init(LIGHT1, LIGHT_OFF);      //初始化小灯LIGHT1
    light_init(LIGHT2, LIGHT_OFF);      //初始化小灯LIGHT2
    light_init(LIGHT3, LIGHT_OFF);      //初始化小灯LIGHT3
    light_init(LIGHT4, LIGHT_OFF);      //初始化小灯LIGHT4
    can_init(100, rcv_id, FILTER_ON); //初始化CAN，波特率为100kbit/s，开启过滤器
    //（5）使能模块中断
    can_rcv_int_enable( );              //使能CAN接收中断
    //（6）开总中断
    ENABLE_INTERRUPTS;                  //开总中断
    //（7）向CAN总线发送标准数据帧
    (void) can_send_msg(&send_msg);     //节点B：无此语句
    //（8）进入主循环
    for(;;)
    {
        if(!g_can_rcvFlag)              //若接收到CAN数据
        {
```

```
            g_can_rcvFlag = 1;          //重置CAN接收标志，以便于下次接收
            //解析接收到的数据，执行相关功能
            if(g_rcv_msg.m_data[0] ==1)
            {
                light_change(LIGHT1);
            }
            Delay_ms(500);
            (void) can_send_msg(&send_msg);     //发送CAN数据帧
        }
    } //主循环结束
}
```

3. 中断服务程序源文件 isr.c

```
//======================================================================
//文件名称：isr.c
//功能概要：中断服务程序源文件
//芯片类型：KEA128
//版权所有：JSEI-SMH & SD-WYH
//版本更新：2020-07-15  V1.1
//======================================================================
//1.包含总头文件
#include "includes.h"
//2.声明外部变量（在main.c中定义）
extern  CAN_Msg  g_rcv_msg;        //待接收数据包的结构体变量
extern  uint_8   g_can_rcvFlag;    //CAN接收标志：0为接收成功，1为接收失败
//3.中断服务程序
//CAN接收中断服务程序
void MSCAN_RX_IRQHandler(void)
{
    DISABLE_INTERRUPTS;                            //关总中断
    g_can_rcvFlag = can_rcv_msg(&g_rcv_msg);     //接收CAN帧
    ENABLE_INTERRUPTS;                             //开总中断
}
```

在进行CAN通信测试前，必须确保两个节点的硬件电路连接好。需要特别说明的是，要确保两个节点的CAN-H与CAN-H连接，CAN-L与CAN-L连接，线路不能接反。

分别将上述两个节点程序对应的.hex 文件下载到对应的MCU实验板之后，首先给节点B上电，使节点B等待接收CAN总线数据；然后给节点A上电，使节点A向节点B发送CAN数据帧。请读者结合上述程序及实验现象理解两个节点的CAN通信过程。

【思考与实验】

1. 增加一个CAN节点C，实现三个节点的CAN通信。
2. 结合本书前面的项目，设计更加复杂的CAN通信功能。

附录 A

80LQFP 封装 S9KEAZ128AMLK 引脚功能分配表

引脚号	引脚名	默认功能	ALT0	ALT1	ALT2	ALT3	ALT4	ALT5	ALT6
1	PTD1	DISABLED	PTD1	KBI0_P25	FTM2_CH3	SPI1_MOSI			
2	PTD0	DISABLED	PTD0	KBI0_P24	FTM2_CH2	SPI1_SCK			
3	PTH7	DISABLED	PTH7	KBI1_P31	PWT_IN1				
4	PTH6	DISABLED	PTH6	KBI1_P30					
5	PTH5	DISABLED	PTH5	KBI1_P29					
6	PTE7	DISABLED	PTE7	KBI1_P7	TCLK2		FTM1_CH1	CAN0_TX	
7	PTH2	DISABLED	PTH2	KBI1_P26	BUSOUT		FTM1_CH0	CAN0_RX	
8	VDD	VDD							VDD
9	VDDA	VDDA						VREFH	VDDA
10	VREFH	VREFH							VREFH
11	VREFL	VREFL							VREFL
12	VSS/ VSSA	VSS/ VSSA						VSSA	VSS
13	PTB7	EXTAL	PTB7	KBI0_P15	I2C0_SCL				EXTAL
14	PTB6	XTAL	PTB6	KBI0_P14	I2C0_SDA				XTAL
15	PTI4	DISABLED	PTI4		IRQ				
16	PTI1	DISABLED	PTI1		IRQ	UART2_TX			
17	PTI0	DISABLED	PTI0		IRQ	UART2_RX			
18	PTH1	DISABLED	PTH1	KBI1_P25	FTM2_CH1				
19	PTH0	DISABLED	PTH0	KBI1_P24	FTM2_CH0				
20	PTE6	DISABLED	PTE6	KBI1_P6					
21	PTE5	DISABLED	PTE5	KBI1_P5					
22	PTB5	DISABLED	PTB5	KBI0_P13	FTM2_CH5	SPI0_PCS	ACMP1_OUT		
23	PTB4	NMI_b	PTB4	KBI0_P12	FTM2_CH4	SPI0_MISO	ACMP1_IN2	NMI_b	
24	PTC3	ADC0_SE11	PTC3	KBI0_P19	FTM2_CH3		ADC0_SE11		
25	PTC2	ADC0_SE10	PTC2	KBI0_P18	FTM2_CH2		ADC0_SE10		
26	PTD7	DISABLED	PTD7	KBI0_P31	UART2_TX				
27	PTD6	DISABLED	PTD6	KBI0_P30	UART2_RX				
28	PTD5	DISABLED	PTD5	KBI0_P29	PWT_IN0				
29	PTI6	DISABLED	PTI6	IRQ					
30	PTI5	DISABLED	PTI5	IRQ					

续表

引脚号	引脚名	默认功能	ALT0	ALT1	ALT2	ALT3	ALT4	ALT5	ALT6
31	PTC1	ADC0_SE9	PTC1	KBI0_P17	FTM2_CH1		ADC0_SE9		
32	PTC0	ADC0_SE8	PTC0	KBI0_P16	FTM2_CH0		ADC0_SE8		
33	PTH4	DISABLED	PTH4	KBI1_P28	I2C1_SCL				
34	PTH3	DISABLED	PTH3	KBI1_P27	I2C1_SDA				
35	PTF7	ADC0_SE15	PTF7	KBI1_P15			ADC0_SE15		
36	PTF6	ADC0_SE14	PTF6	KBI1_P14			ADC0_SE14		
37	PTF5	ADC0_SE13	PTF5	KBI1_P13			ADC0_SE13		
38	PTF4	ADC0_SE12	PTF4	KBI1_P12			ADC0_SE12		
39	PTB3	ADC0_SE7	PTB3	KBI0_P11	SPI0_MOSI	FTM0_CH1	ADC0_SE7		
40	PTB2	ADC0_SE6	PTB2	KBI0_P10	SPI0_SCK	FTM0_CH0	ADC0_SE6		
41	PTB1	ADC0_SE5	PTB1	KBI0_P9	UART0_TX		ADC0_SE5		
42	PTB0	ADC0_SE4	PTB0	KBI0_P8	UART0_RX	PWT_IN1	ADC0_SE4		
43	PTF3	DISABLED	PTF3	KBI1_P11	UART1_TX				
44	PTF2	DISABLED	PTF2	KBI1_P10	UART1_RX				
45	PTA7	ADC0_SE3	PTA7	KBI0_P7	FTM2_FLT2	ACMP1_IN1	ADC0_SE3		
46	PTA6	ADC0_SE2	PTA6	KBI0_P6	FTM2_FLT1	ACMP1_IN0	ADC0_SE2		
47	PTE4	DISABLED	PTE4	KBI1_P4					
48	VSS	VSS							VSS
49	VDD	VDD							VDD
50	PTG7	DISABLED	PTG7	KBI1_P23	FTM2_CH5	SPI1_PCS			
51	PTG6	DISABLED	PTG6	KBI1_P22	FTM2_CH4	SPI1_MISO			
52	PTG5	DISABLED	PTG5	KBI1_P21	FTM2_CH3	SPI1_MOSI			
53	PTG4	DISABLED	PTG4	KBI1_P20	FTM2_CH2	SPI1_SCK			
54	PTF1	DISABLED	PTF1	KBI1_P9	FTM2_CH1				
55	PTF0	DISABLED	PTF0	KBI1_P8	FTM2_CH0				
56	PTD4	DISABLED	PTD4	KBI0_P28					
57	PTD3	DISABLED	PTD3	KBI0_P27	SPI1_PCS				
58	PTD2	DISABLED	PTD2	KBI0_P26	SPI1_MISO				
59	PTA3	DISABLED	PTA3	KBI0_P3	UART0_TX	I2C0_SCL			
60	PTA2	DISABLED	PTA2	KBI0_P2	UART0_RX	I2C0_SDA			
61	PTA1	ADC0_SE1	PTA1	KBI0_P1	FTM0_CH1	I2C0_ 4WSDAOUT	ACMP0_IN1	ADC0_SE1	
62	PTA0	ADC0_SE0	PTA0	KBI0_P0	FTM0_CH0	I2C0_ 4WSCLOUT	ACMP0_IN0	ADC0_SE0	
63	PTC7	DISABLED	PTC7	KBI0_P23	UART1_TX			CAN0_TX	
64	PTC6	DISABLED	PTC6	KBI0_P22	UART1_RX			CAN0_RX	
65	PTI3	DISABLED	PTI3	IRQ					
66	PTI2	DISABLED	PTI2	IRQ					
67	PTE3	DISABLED	PTE3	KBI1_P3	SPI0_PCS				
68	PTE2	DISABLED	PTE2	KBI1_P2	SPI0_MISO	PWT_IN0			
69	VSS	VSS							VSS

续表

引脚号	引脚名	默认功能	ALT0	ALT1	ALT2	ALT3	ALT4	ALT5	ALT6
70	VDD	VDD							VDD
71	PTG3	DISABLED	PTG3	KBI1_P19					
72	PTG2	DISABLED	PTG2	KBI1_P18					
73	PTG1	DISABLED	PTG1	KBI1_P17					
74	PTG0	DISABLED	PTG0	KBI1_P16					
75	PTE1	DISABLED	PTE1	KBI1_P1	SPI0_MOSI		I2C1_SCL		
76	PTE0	DISABLED	PTE0	KBI1_P0	SPI0_SCK	TCLK1	I2C1_SDA		
77	PTC5	DISABLED	PTC5	KBI0_P21		FTM1_CH1		RTC_CLKOUT	
78	PTC4	SWD_CLK	PTC4	KBI0_P20	RTC_CLKOUT	FTM1_CH0	ACMP0_IN2	SWD_CLK	
79	PTA5	RESET_b	PTA5	KBI0_P5	IRQ	TCLK0	RESET_b		
80	PTA4	SWD_DIO	PTA4	KBI0_P4		ACMP0_OUT	SWD_DIO		

附录 B

Keil MDK 集成开发环境使用方法

B.1 软件的下载和安装

1. Keil MDK 软件的下载与安装

Keil MDK 是 ARM 公司推出的面向 ARM 内核的嵌入式集成开发环境，下载的安装文件为“MDK529.exe”（更新日期为 2019 年 11 月），安装包大小为 835MB。Keil MDK 具有编辑、编译、下载程序、调试等功能。Keil MDK 下载地址为 https://www.keil.com/download/product/。Keil MDK 支持的操作系统有 Windows 7/8/10（32 位和 64 位）。在 Windows XP 系统下也能安装，但可能会出现意想不到的问题，一般推荐在 Windows7/8/10 系统下安装 Keil MDK。

安装方法：双击 Keil MDK 安装文件 MDK529.EXE 图标，根据提示安装即可。其中，安装路径需要选择全英文路径，如图 B-1 所示。在下一步的输入用户信息时，可以随意填写，如图 B-2 所示。

安装完成后，系统会自动在线安装 Keil MDK 软件支持包，如图 B-3 所示。

Keil MDK 软件支持包安装完成后，双击电脑桌面上的 Keil uVision5 图标，打开 Keil MDK 软件，选择菜单栏中“File→Licence Mangement..”命令，在弹出的如图 B-4 所示的对话框中，输入和添加软件的许可代码 LIC。

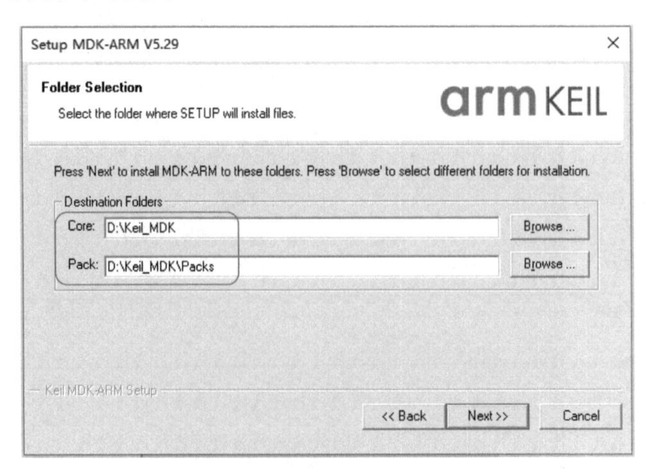

图 B-1　Keil MDK 安装路径设置

图 B-2 输入用户信息

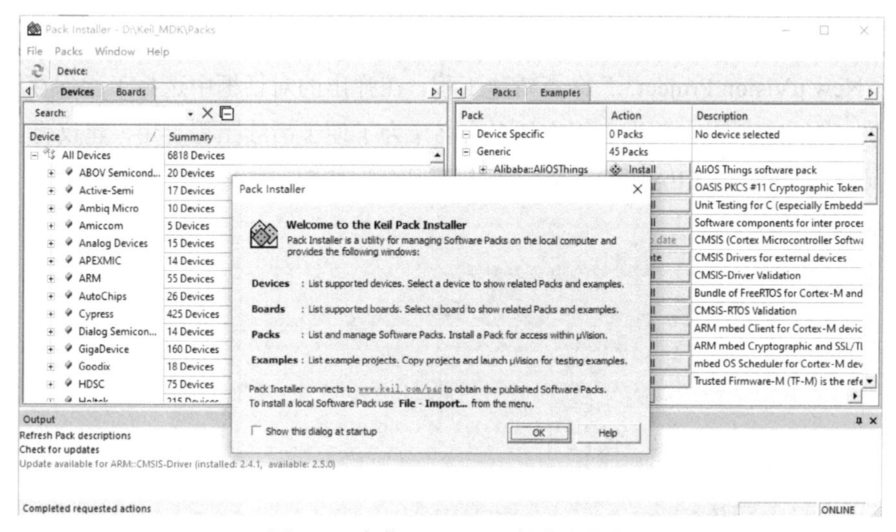

图 B-3 安装 Keil MDK 软件支持包

图 B-4 输入和添加软件的许可代码

2. MCU 软件开发包的下载与安装

为了便于在 Keil MDK 环境下进行 MCU 的嵌入式软件开发，Keil 网站会及时更新和发布 MCU 的软件开发包，下载地址为 http://www.keil.com/dd2/pack。例如，可以在该网站上下载 KEA 系列的软件开发包 Keil.Kinetis_KEAxx_DFP.1.3.0.pack，下载后，双击软件开发包 Keil.Kinetis_KEAxx_DFP.1.3.0.pack 图标，系统会自动将其安装到图 B-1 中设定的安装路径中。

B.2 软件的简明使用方法

1. 嵌入式软件最小系统（工程模板）的生成

（1）双击电脑桌面上的 Keil uVision5 图标，打开 Keil MDK 软件，选择菜单栏中的 “Project→New μVision Project...” 命令新建工程，在弹出的对话框中选择工程保存路径（如 E:\KEA128_EXAMPLE），并为工程文件名命名（为了便于后续工程复用，建议将工程文件名命名为芯片型号，如 KEA128），最后单击“保存”按钮，如图 B-5 所示。

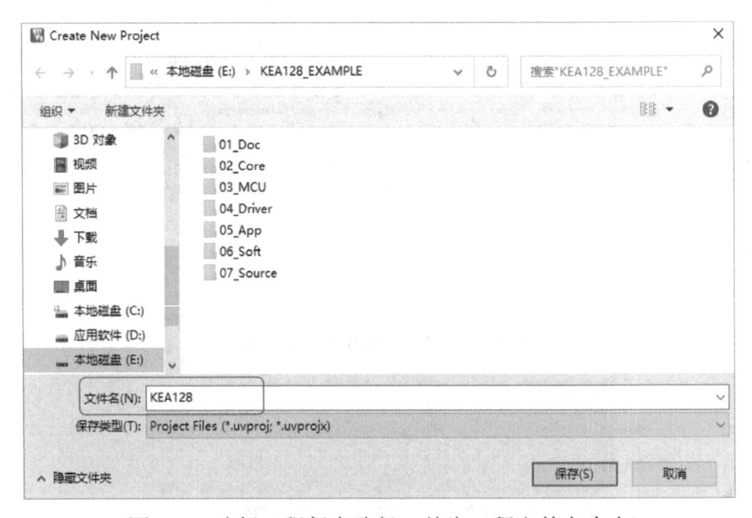

图 B-5 选择工程保存路径，并为工程文件名命名

（2）在弹出的如图 B-6 所示的对话框中选择工程所使用的 MCU 芯片型号，然后单击 “OK” 按钮。

（3）在工程窗口中右击 “Target 1” 文件夹，在弹出的快捷菜单中选择 “Manage Project Items...” 命令（见图 B-7），或者单击工具栏中的 图标，弹出如图 B-8 所示的工程管理界面。在工程管理界面中，双击 “Project Targets” 列表框中默认的工程目标名 “Target 1”，将其修改为工程应用名（如 EXAMPLE）；在 “Groups” 列表框中单击 按钮添加与物理存储的工程文件夹相对应的“组”，如图 B-9 所示。在如图 B-9 所示界面中，单击 “Groups” 列表框中的某个组（如 07_Source），然后单击 “Add Files...” 按钮，将物理存储上对应的文件添加至该组，如图 B-10 所示。按照此方法将物理存储上的工程文件夹中的所有文件添加到 MDK 工程对应的组中。最后单击图 B-9 中的“OK”按钮，即可生成如图 B-11 所示的工程管理树，其逻辑组织与物理组织一致。

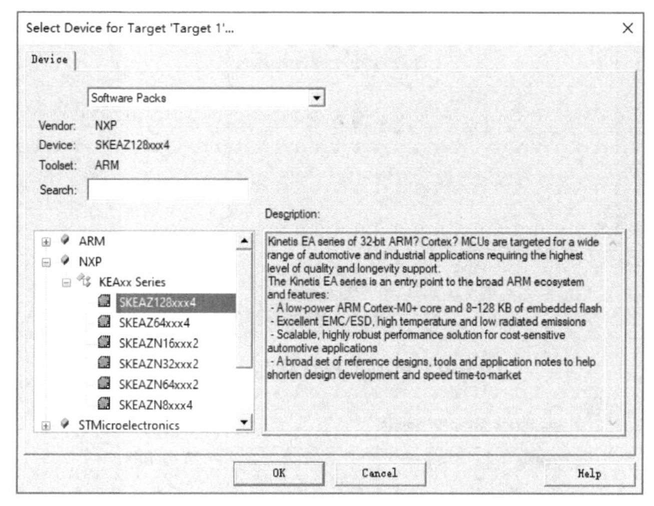

图 B-6　选择工程所用的 MCU 芯片型号

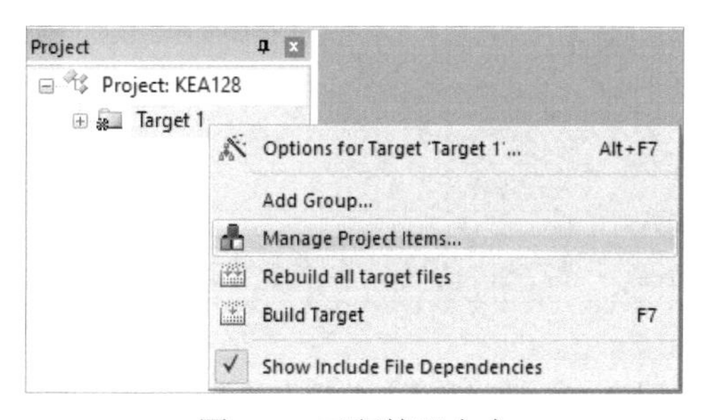

图 B-7　工程管理命令

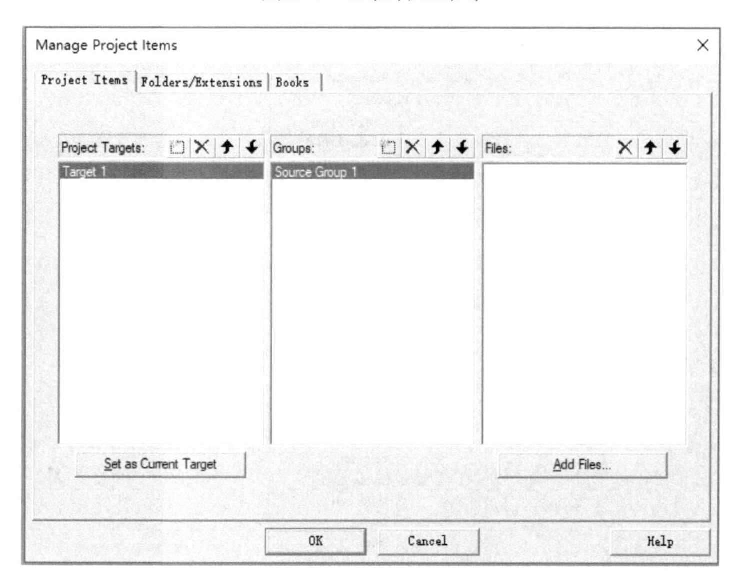

图 B-8　工程管理界面

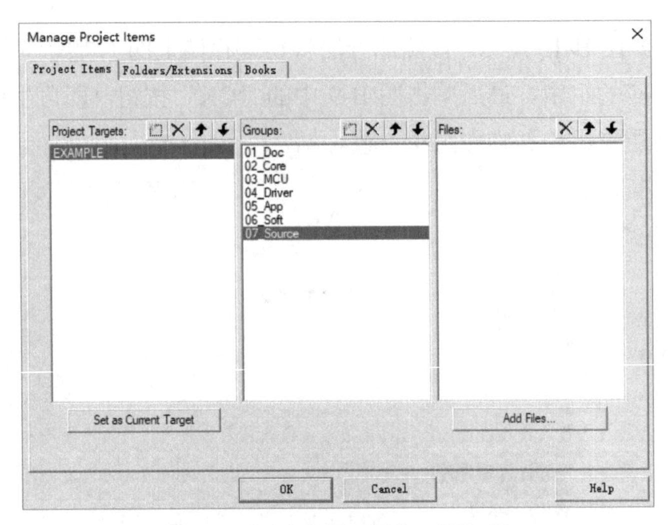

图 B-9　更改工程目标名，添加组

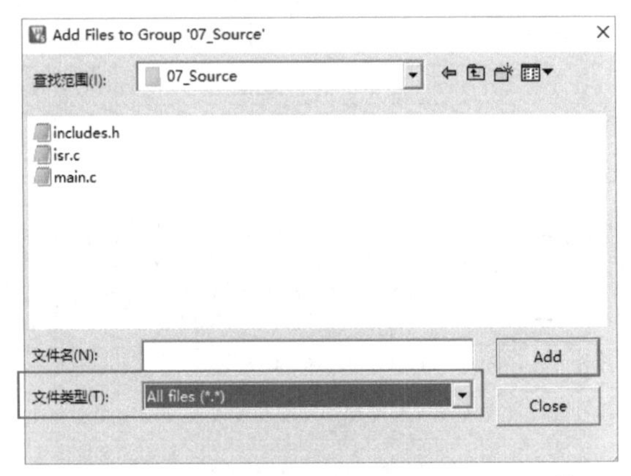

图 B-10　选择和添加物理存储上对应的文件

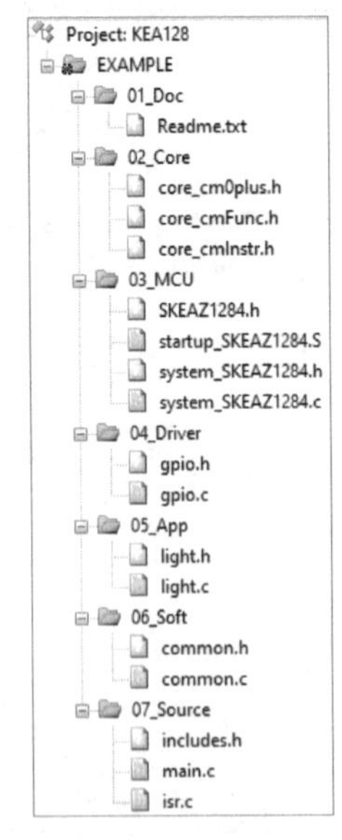

图 B-11　工程管理树

向某个组添加物理存储上对应的文件时，也可在如图 B-11 所示的工程管理树中双击该组文件夹（如 07_Source），在弹出的对话框中选择和添加物理存储上该组对应的文件。

如果想将如图 B-11 所示的工程管理树中的某个文件移除，那么可右击该文件（如 04_Driver 组中的 gpio.h），在弹出的快捷菜单中选择“Remove File 'gpio.h'”命令即可，如图 B-12 所示。

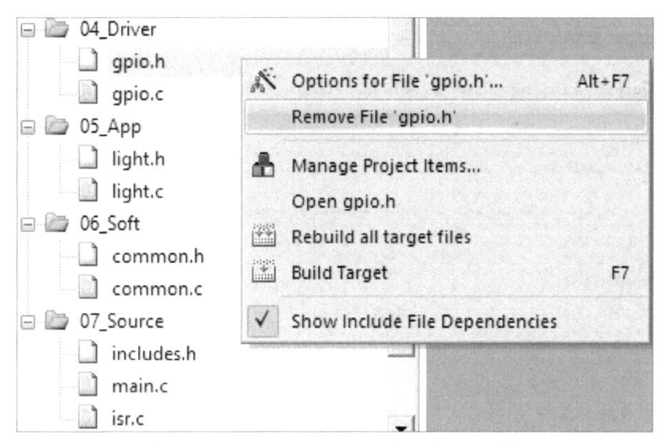

图 B-12　删除工程中的某个文件

（4）进行基本配置。在对工程进行编译前，选择 Keil MDK 菜单栏中的“Project→Options for Target”命令或单击工具栏上的图标，在弹出的对话框中单击“Output”选项卡，勾选“Create HEX File”复选框，如图 B-13 所示，以便在编译工程后生成可执行的 HEX 文件，其中可执行文件名被系统默认为设定的工程名“KEA128”。

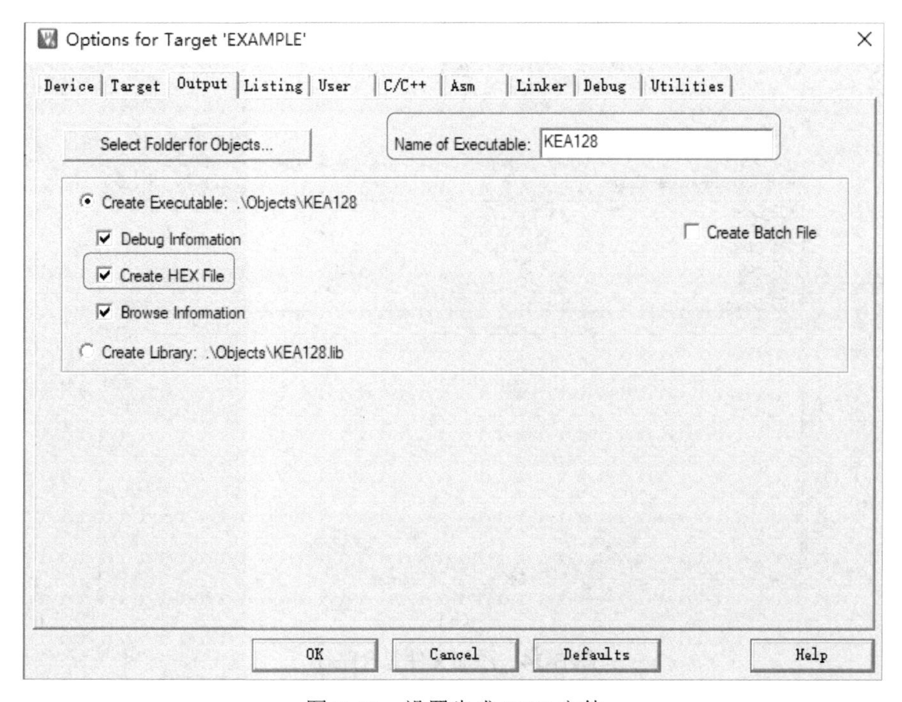

图 B-13　设置生成 HEX 文件

单击如图 B-13 所示对话框中的“C/C++”选项卡，添加文件包含路径。单击图 B-14（a）中“Include Paths”项右侧的按钮，在弹出的如图 B-14（b）所示的对话框中单击按钮，然后单击空白条右侧的按钮，在弹出的如图 B-14（c）所示的对话框中选择文件包含路径（对应物理存储上的文件夹）。添加完成后，系统会自动将绝对路径设置成相对路径，最后单击“OK”按钮。

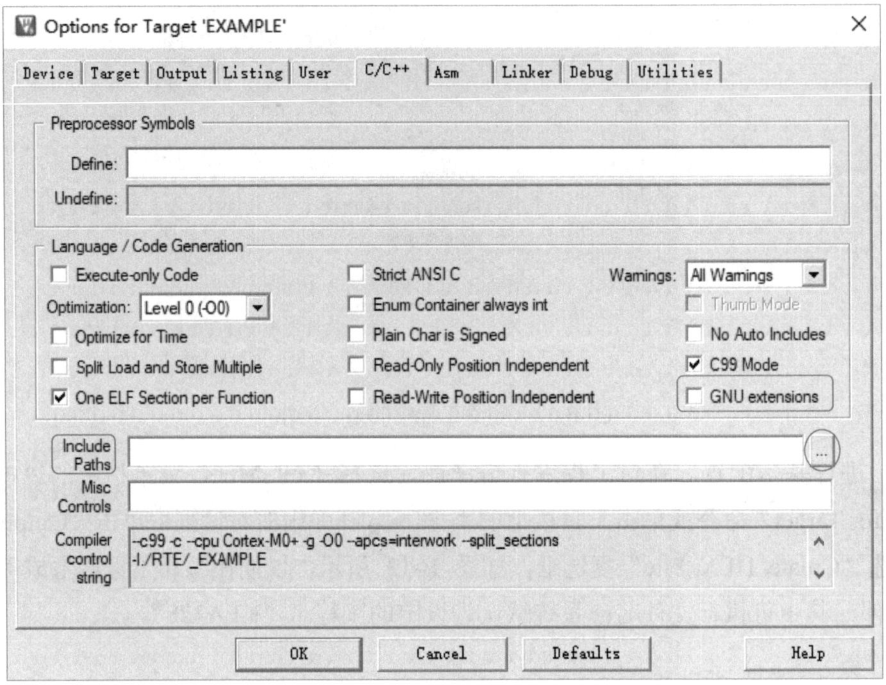

（a）

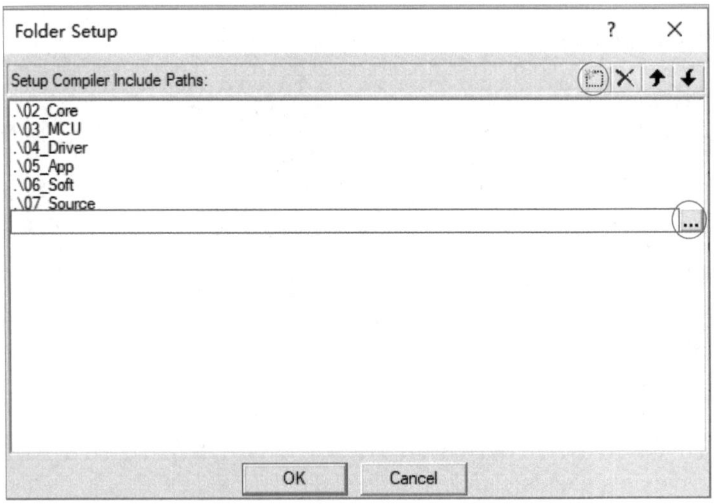

（b）

图 B-14　添加文件包含路径

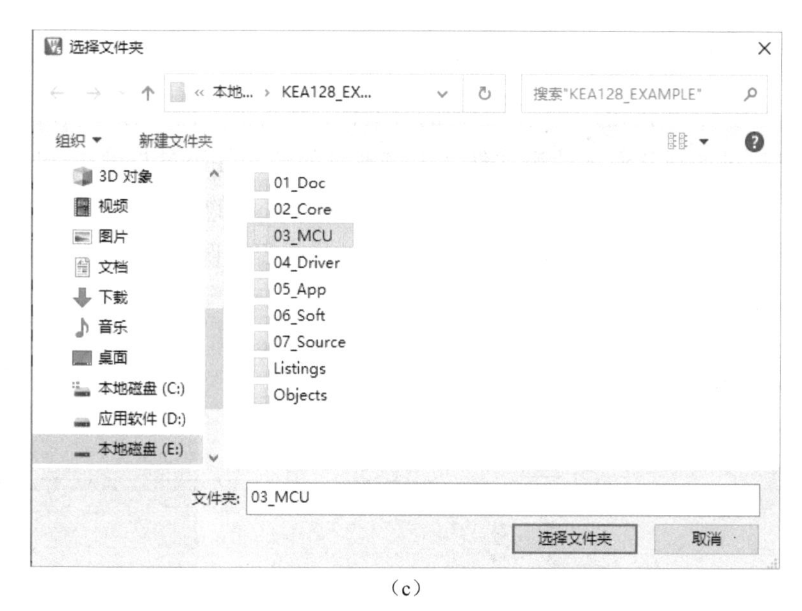

（c）

图 B-14　添加文件包含路径（续）

经过上述操作后，即可生成 KEA128 芯片的工程模板，如图 B-15 所示。在工程模板中，可双击某个文件查看或修改该文件的内容。

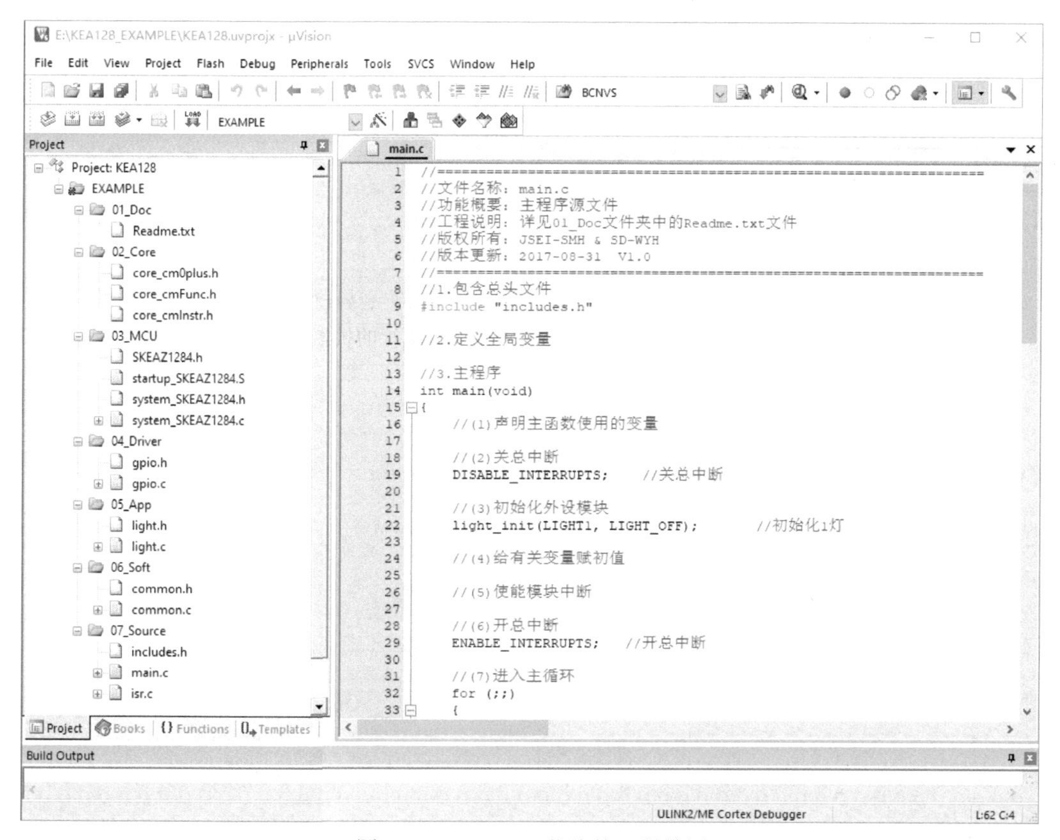

图 B-15　KEA128 芯片的工程模板

2. 编译与链接工程，生成可执行的机器码

单击工具栏中的按钮，仅编译当前的源文件；单击工具栏中的按钮，可编译整个工程中已经修改过的或新添加的源文件（未修改过的源文件不参与编译，因此这样可以节省编译时间）；单击工具栏中的按钮，可编译整个工程的所有文件（主要用于首次编译新工程的所有文件）。在编译过程中，如果编译结果报告错误或警告，则要根据提示对程序进行修改，直到编译通过，如图 B-16 所示。

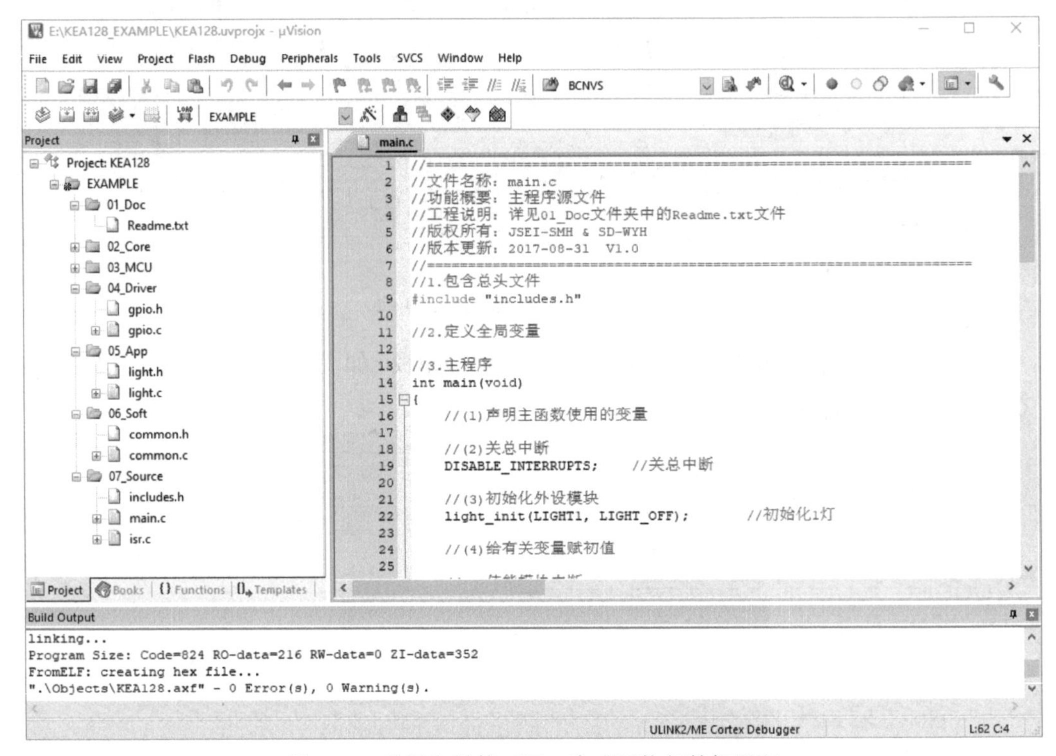

图 B-16 编译与链接工程，生成可执行的机器码

附录 C

下载软件 J-Flash 简明使用方法

（1）安装 JLink 软件。

（2）配置 J-Flash 工程模板。双击J-Flash图标，打开 J-Flash 软件，在如图 C-1 所示的对话框中单击“Create a new project”单选按钮，单击“Start J-Flash”按钮，弹出如图 C-2 所示的“Create New Project”对话框。单击“Target Device”选项区中的按钮，在弹出的对话框中选择目标 MCU 的型号，如图 C-3 所示。在图 C-2 中的 CPU 端模式中使用默认的“Little endian”模式，在“Target Interface”选项区中选择“SWD”选项，最后单击“OK”按钮。

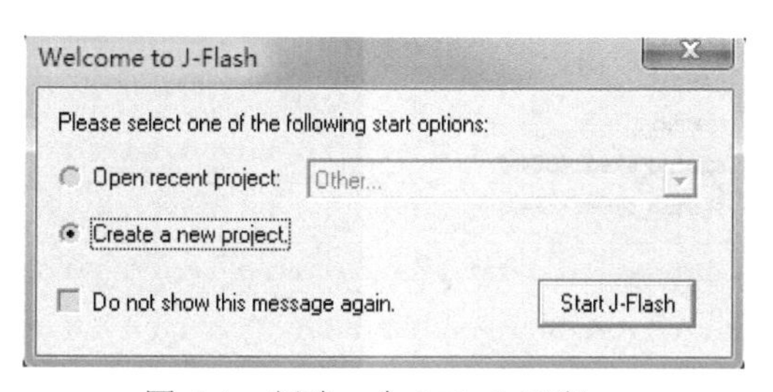

图 C-1　新建一个 J-Flash 工程

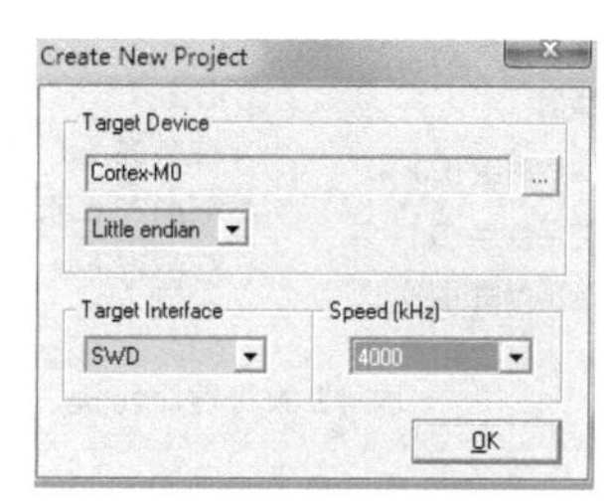

图 C-2　设置参数

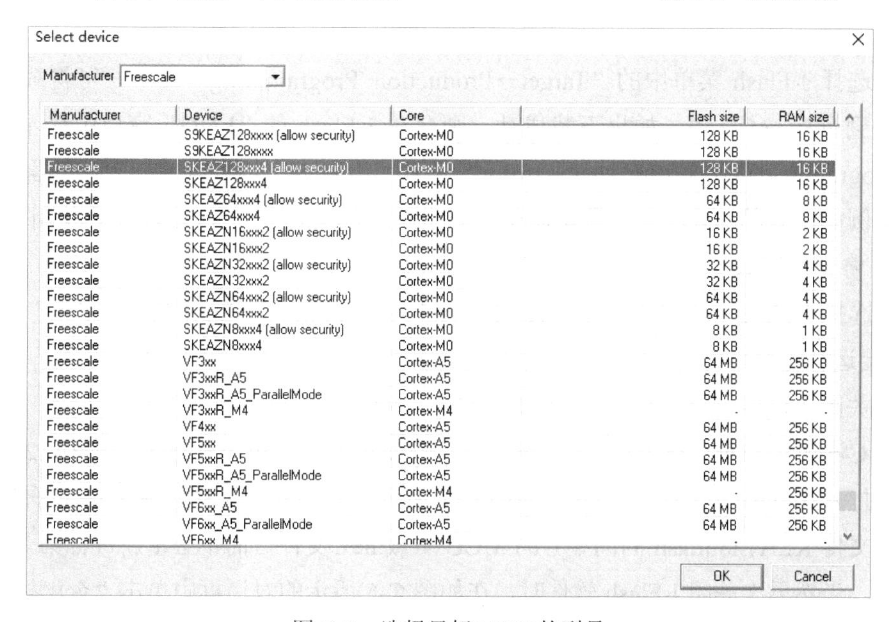

Manufacturer	Device	Core	Flash size	RAM size
Freescale	S9KEAZ128xxxx (allow security)	Cortex-M0	128 KB	16 KB
Freescale	S9KEAZ128xxxx	Cortex-M0	128 KB	16 KB
Freescale	SKEAZ128xxx4 (allow security)	Cortex-M0	128 KB	16 KB
Freescale	SKEAZ128xxx4	Cortex-M0	128 KB	16 KB
Freescale	SKEAZ64xxx4 (allow security)	Cortex-M0	64 KB	8 KB
Freescale	SKEAZ64xxx4	Cortex-M0	64 KB	8 KB
Freescale	SKEAZN16xxx2 (allow security)	Cortex-M0	16 KB	2 KB
Freescale	SKEAZN16xxx2	Cortex-M0	16 KB	2 KB
Freescale	SKEAZN32xxx2 (allow security)	Cortex-M0	32 KB	4 KB
Freescale	SKEAZN32xxx2	Cortex-M0	32 KB	4 KB
Freescale	SKEAZN64xxx2 (allow security)	Cortex-M0	64 KB	4 KB
Freescale	SKEAZN64xxx2	Cortex-M0	64 KB	4 KB
Freescale	SKEAZN8xxx4 (allow security)	Cortex-M0	8 KB	1 KB
Freescale	SKEAZN8xxx4	Cortex-M0	8 KB	1 KB
Freescale	VF3xx	Cortex-A5	64 MB	256 KB
Freescale	VF3xxR_A5	Cortex-A5	64 MB	256 KB
Freescale	VF3xxR_A5_ParallelMode	Cortex-A5	64 MB	256 KB
Freescale	VF3xxR_M4	Cortex-M4	-	-
Freescale	VF4xx	Cortex-A5	64 MB	256 KB
Freescale	VF5xx	Cortex-A5	64 MB	256 KB
Freescale	VF5xxR_A5	Cortex-A5	64 MB	256 KB
Freescale	VF5xxR_A5_ParallelMode	Cortex-A5	64 MB	256 KB
Freescale	VF5xxR_M4	Cortex-M4	-	256 KB
Freescale	VF6xx_A5	Cortex-A5	64 MB	256 KB
Freescale	VF6xx_A5_ParallelMode	Cortex-A5	64 MB	256 KB
Freescale	VF6xx_M4	Cortex-M4	-	-

图 C-3　选择目标 MCU 的型号

（3）通过 SWD 下载器将 PC 与目标 MCU 硬件连接之后，选择 J-Flash 菜单中的“Target→Connect”命令，如果 SWD 下载器硬件连接无误，则会在 J-Flash 的“LOG”窗口中显示“connected successfully”；否则，J-Flash 会提示连接错误，需要仔细检查 SWD 下载器的硬件连接情况。

（4）在确保上述连接成功后，选择 J-Flash 菜单中的“File→Open data file”命令，在弹出的如图 C-4 所示的对话框中选择要载入的目标.hex 文件（位于工程文件夹\Objects 文件夹中），单击“打开”按钮（或双击对应的.hex 文件），即可载入目标.hex 文件。

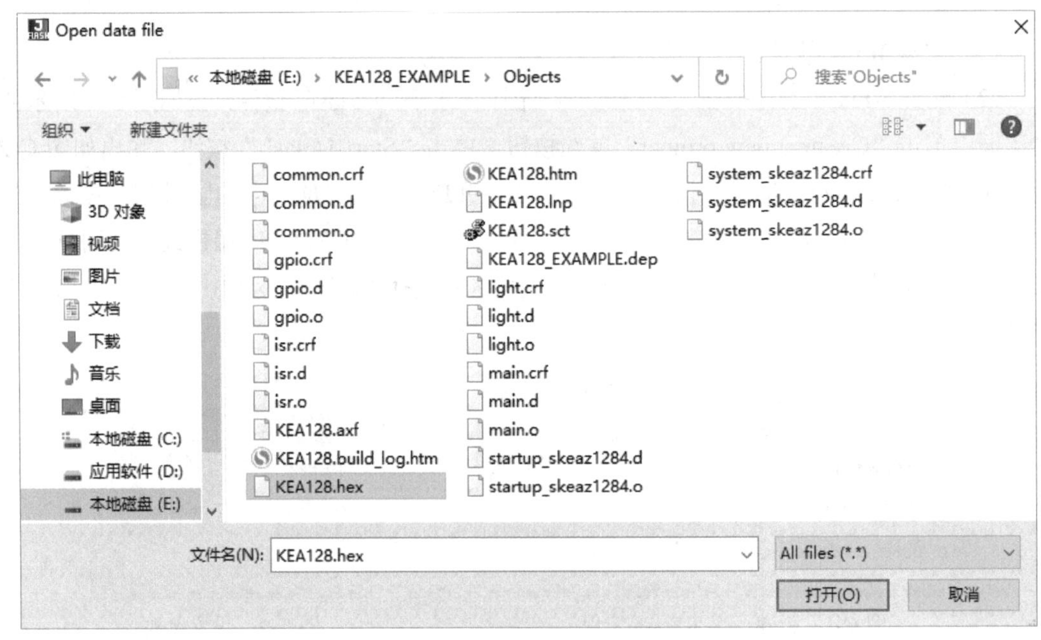

图 C-4　选择目标.hex 文件

（5）选择 J-Flash 菜单中的“Target→Production Programming”命令，可将载入的.hex 文件下载到目标 MCU 中。如果下载成功，则会在 J-Flash 的“LOG”窗口中显示“Target erased, programmed and verified successfully”；否则，需要进一步检查 SWD 下载器的硬件连接情况。例如，有的 SWD 下载器电源引脚要求使用的电压是 3.3V，而如果使用的电压是 5V，那么将无法下载文件。

（6）选择 J-Flash 菜单中的“Target→Manual Programming→Start Application”命令，使 MCU 开始运行程序。

（7）关闭 J-Flash 软件时，会弹出如图 C-5 所示的对话框，单击“是”按钮，然后在弹出的如图 C-6 所示的对话框中保存已经配置好的.jflash 文件（可将其命名为 KEA128.jflash）。这样下次打开 J-Flash 软件时，会弹出如图 C-7 所示的对话框，可直接使用保存好的 J-Flash 工程模板文件 KEA128.jflash 向同型号的 MCU 下载.hex 文件，而不必重新进行第（2）步的相关配置。当然再次关闭 J-Flash 软件时，在如图 C-5 所示的对话框中单击“否”按钮即可。

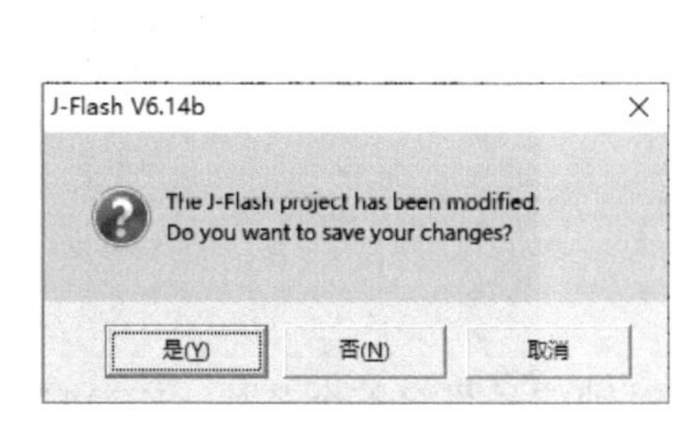

图 C-5　是否保存配置好的 J-Flash 工程

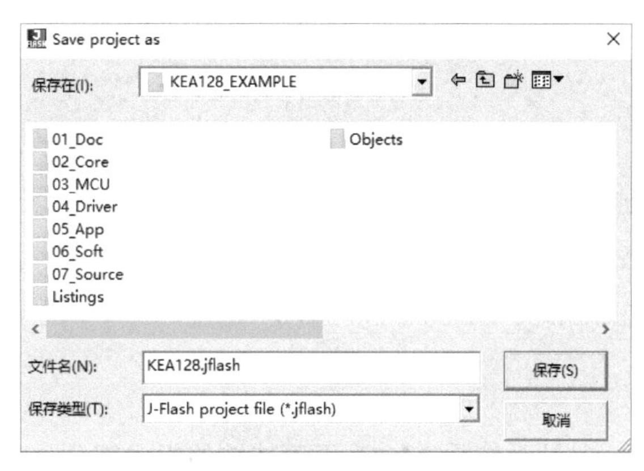

图 C-6　保存 J-Flash 工程

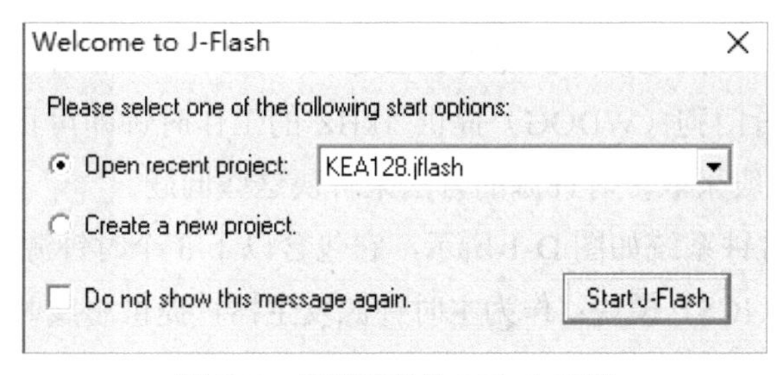

图 C-7　使用现有的 J-Flash 工程

附录 D
系统时钟

时钟系统是 MCU 不可或缺的组成部分，它产生的时钟信号贯穿整个芯片。KEA128 芯片的时钟系统比较复杂，不像简单的 51 MCU 那样仅采用一个系统时钟。同一个电路，时钟越快功耗越大，同时抗电磁干扰能力也会越弱。另外，并非所有外设都需要那么高的工作频率。例如，给看门狗（WDOG）提供 1kHz 的工作时钟即可正常运行。因此，对于较为复杂的 MCU，一般采取多时钟源的方法来解决这些问题。

KEA128 芯片的时钟系统如图 D-1 所示，它包含以下 3 个时钟源模块：

（1）内部时钟源（ICS）模块：作为主时钟源发生器，提供总线时钟和其他外设的参考时钟。

（2）系统振荡器（OSC）模块：为 ICS、RTC、WDDG、ADC、MSCAN 提供参考时钟。

（3）低功耗振荡器（LPO）模块：使用 PMC 提供的 1kHz 的低功耗晶振，可在 MCU 所有的功耗模式下运行，LPO 为 RTC 和 WDOG 提供 1kHz 的参考时钟。

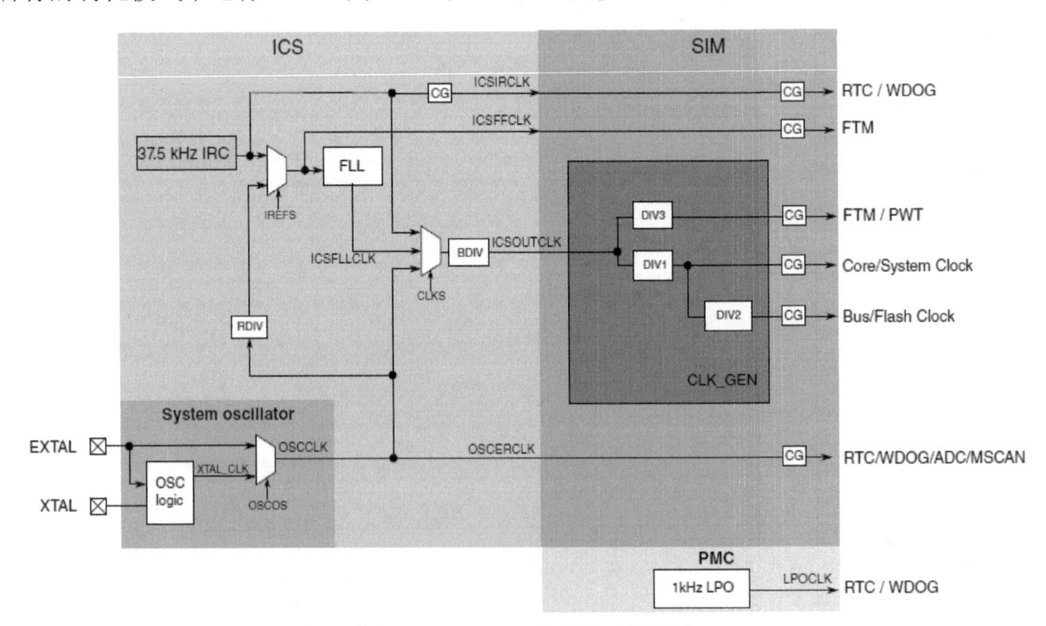

图 D-1　KEA128 芯片的时钟系统

KEA128 芯片的时钟分配如图 D-2 所示。

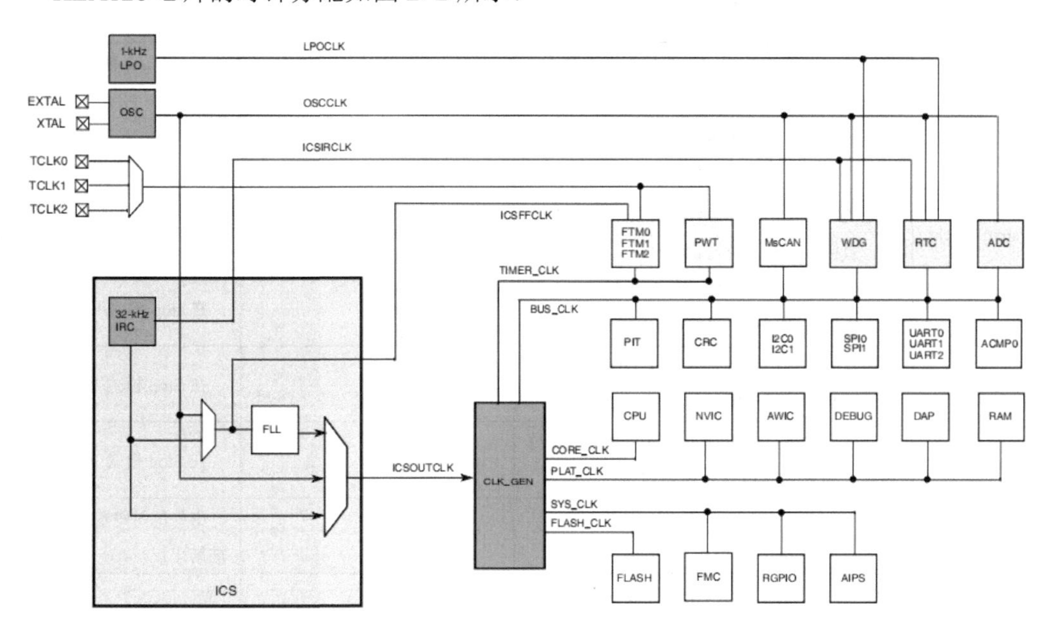

图 D-2 KEA128 芯片的时钟分配

KEA128 芯片的各个时钟的情况总结表如表 D-1 所示。

表 D-1 KEA128 芯片的各个时钟情况总结表

时钟名称	说 明	运行模式下的频率	时钟失效的条件
ICSIRCLK	内部参考时钟 IRC 的 ICS 输出，可选择作为 FLL、RTC 或 WDOG 的时钟源	31.25～39.0625 kHz IRC（本芯片是 37.5kHz）	ICS_C1[IRCLKEN]=0，或在 Stop 模式下，ICS_C1[IREFSTEN]=0
ICSFFCLK	固有频率时钟的 ICS 输出，可选择作为 FTM 的时钟源，其频率由 ICS 的振荡器设置决定	31.25～39.0625 kHz	在 Stop 模式下
ICSFLLCLK	FLL 的输出，FLL 锁定 128 倍的内部或外部参考频率	40～50 MHz	在 Stop 模式下或 FLL 禁用时
ICSOUTCLK	IRC、ICSFLLCLK 或 ICS 外部参考时钟的 ICS 输出，为 FTM、PWT、内核、系统、总线、闪存提供时钟源	由其时钟源频率和 BDIV 决定	由其时钟源决定
OSCCLK	内部振荡器或直接来源于 EXTAL 的系统振荡器输出，用作 ICS 的外部参考时钟	31.25～39.0625kHz 或 4～24MHz（晶振）	OSC_CR[OSCEN]=0，或在 Stop 模式下，OSC_CR[OSCSTEN]=0
OSCERCLK	来自 OSCCLK 的系统振荡器输出，可选择作为 RTC、WDOG、ADC 或 MSCAN 的时钟源，其中作为 MSCAN 的时钟源时，频率不能超过 24MHz	高达 48MHz（旁路），31.25～39.0625kHz 或 4～24MHz（晶振）	OSC_CR[OSCEN]=0，或在 Stop 模式下，OSC_CR[OSCSTEN]=0

续表

时钟名称	说　明	运行模式下的频率	时钟失效的条件
LPOCLK	PMC 1kHz 的输出，可选择作为 RTC 或 WDOG 的时钟源	1 kHz	在所有功耗模式下都有效
Core Clock	内核时钟，由 ICSOUTCLK 除以 DIV1 得到，为 CM0+内核提供时钟	高达 48MHz	在 Wait 模式和 Stop 模式下
System Clock	系统时钟，由 ICSOUTCLK 除以 DIV1 得到，直接为总线主机提供时钟	高达 48MHz	在 Stop 模式下
Bus Clock	总线时钟，由内核/系统时钟除以 DIV2 得到，为总线从机和外设提供时钟	高达 24MHz	在 stop 模式下
Flash Clock	闪存时钟，由系统时钟除以 DIV2 得到，在该芯片中其时钟频率与总线时钟频率相同	高达 24MHz	在 Stop 模式下
Timer Clock	定时器时钟，由 ICSOUTCLK 除以 DIV3 得到，为 FTM 和 PWT 提供时钟	高达 24MHz	在 Stop 模式下
SWD Clock	调试器 SWD_CLK 引脚时钟	高达 24MHz	由外部时钟输入，不会被禁止
Platform Clock	平台时钟，由 ICSOUTCLK 除以 DIV1 得到，为交叉开关和 NVIC 提供时钟	高达 48MHz	在 Stop 模式下
Debug Clock	调试时钟，在该芯片中，它由平台时钟获得	高达 24MHz	未启用调试

系统时钟源的选择和复用是通过 ICS 模块来控制和编程的，而系统的时钟分频器和模块时钟门（CG）是通过系统集成模块（SIM）来编程设置的。通过使用 SIM_SCGC 寄存器可以对每个模块的时钟进行单独的开启和关闭，该寄存器会在复位时被清零，从而使得相应模块的时钟被禁止以降低功耗。**在初始化相应的模块之前，需要先设置 SIM_SCGC 寄存器中相应的位，开启该模块的时钟**；在关闭模块的时钟之前，需要确保模块已经被关闭。详细信息请参见 KEA128 参考手册中具体的寄存器和位描述。

根据表 D-1 的提示，现将时钟配置为：使用内部参考时钟 37.5kHz IRC 作为 FLL 的时钟源（不使用外部晶振），FLL 输出作为 ICSOUTCLK 的时钟源，其频率=37.5kHz×1280=48MHz。内核/系统时钟频率为 48MHz，总线/闪存时钟频率为 24MHz，FTM/PWT 时钟频率为 24MHz。

下面给出所建工程的 03_MCU\system_SKEAZ1284.c 文件中与上述时钟配置对应的初始化代码：

```
//1.更新系统时钟分频值
SIM->CLKDIV =
  SIM_CLKDIV_OUTDIV1(0x00) |      //将 ICSOUTCLK 频率作为内核/系统时钟频率
  SIM_CLKDIV_OUTDIV2_MASK  |      //将内核/系统时钟频率的 1/2 作为总线/闪存时钟频率
  SIM_CLKDIV_OUTDIV3_MASK;        //将 ICSOUTCLK 频率的 1/2 作为定时器时钟的频率
//2.切换到 FEI 模式
ICS->C1 = ICS_C1_CLKS(0x00) |     //选择 FLL 输出作为系统时钟源
```

```
    ICS_C1_IREFS_MASK |          //选择37.5kHz的内部参考时钟作为FLL的参考时钟源
    ICS_C1_IRCLKEN_MASK;         //使能内部参考时钟
//3.将FLL输出的频率（48MHz）作为ICSOUTCLK的频率（BDIV=0，为1分频）
ICS->C2 &= (uint8_t) ~(uint8_t)(ICS_C2_BDIV(0x07) | ICS_C2_LP_MASK);
//4.等待选中内部参考时钟作为FLL的参考时钟源
while ((ICS->S & ICS_S_IREFST_MASK) == 0x00U);
//5.等待FLL输出被选中
while ((ICS->S & 0x0CU) != 0x00U);
```

需要说明的是，若采用外部振荡器作为FLL的时钟源，则需要设置参考分频器RDIV的值，使分频后的频率范围控制在31.25～39.0625kHz，以满足FLL的输入时钟频率要求。

附录 E

公共要素软件构件文件

1. 公共要素软件构件头文件

```
//=====================================================================
//文件名称：common.h
//功能概要：公共要素软件构件头文件
//版权所有：JSEI-SMH & SD-WYH
////版本更新：2020-06-30  V1.1
//=====================================================================
#ifndef    __COMMON_H                                   //防止重复定义（开头）
#define    __COMMON_H
//1.包含 MCU 芯片头文件和 ARM 内核头文件
#include  "SKEAZ1284.h"                                 //MCU 芯片头文件
#include  "core_cmFunc.h"                               //ARM  CM 系列内核函数头文件
#include  "core_cmInstr.h"                              //ARM  CM 系列内核指令访问头文件
#include  "core_cm0plus.h"                              //ARM CM0+内核的核内外设访问层头文件
#include  "system_SKEAZ1284.h"                          //MCU 芯片系统初始化头文件
//2.包含库函数头文件
#include  "math.h"
//3.宏定义开、关总中断[1]
#define  ENABLE_INTERRUPTS    __enable_irq( )           //开总中断
#define  DISABLE_INTERRUPTS   __disable_irq( )          //关总中断
//4.宏定义位操作函数
#define  BSET(bit,R)    ((R)|=  (1<<(bit)))             //将寄存器 R 的第 bit 位置 1
#define  BCLR(bit,R)    ((R)  &= ~(1<<(bit)))           //将寄存器 R 的第 bit 位清 0
#define  BGET(bit,R)    (((R)  >>  (bit))  &  1)        //获取寄存器 R 的第 bit 位的值
#define  BRVS(bit,R)    ((R)^=  (1<<(bit)))             //将寄存器 R 的第 bit 位取反
//5.重声明基本数据类型名
typedef  unsigned char            uint_8;               //无符号 8 位
typedef  unsigned short int       uint_16;              //无符号 16 位
typedef  unsigned long int        uint_32;              //无符号 32 位
typedef  unsigned long long int   uint_64;              //无符号 64 位
typedef  char                     int_8;                //有符号 8 位
typedef  short int                int_16;               //有符号 16 位
```

[1] 汇编指令“CPSIE i”和“CPSID i”分别表示开总中断和关总中断。

```
typedef  long  int                int_32;          //有符号 32 位
typedef  long  long int           int_64;          //有符号 64 位
//不优化类型
typedef  volatile  uint_8     vuint_8;                 //不优化无符号 8 位
typedef  volatile  uint_16    vuint_16;                //不优化无符号 16 位
typedef  volatile  uint_32    vuint_32;                //不优化无符号 32 位
typedef  volatile  uint_64    vuint_64;                //不优化无符号 64 位
typedef  volatile  int_8      vint_8;                  //不优化有符号 8 位
typedef  volatile  int_16     vint_16;                 //不优化有符号 16 位
typedef  volatile  int_32     vint_32;                 //不优化有符号 32 位
typedef  volatile  int_64     vint_64;                 //不优化有符号 64 位
//6.宏定义系统使用的时钟频率（频率值参照\03_MCU\system_SKEAZ1284.h 文件中的宏定义）
#define  SYSTEM_CLK_KHZ  DEFAULT_SYSTEM_CLOCK/1000    //芯片系统时钟频率（kHz）
#define  CORE_CLK_KHZ     SYSTEM_CLK_KHZ              //芯片内核时钟频率（kHz）
#define  BUS_CLK_KHZ      SYSTEM_CLK_KHZ/2            //芯片总线时钟频率（kHz）
//7.对外接口函数声明
//=========================================================================
//函数名称：Delay_us
//函数功能：延时（微秒级）
//函数参数：u16us：延时的微秒数
//函数返回：无
//=========================================================================
void Delay_us(uint16_t  u16us);

//=========================================================================
//函数名称：Delay_ms
//函数功能：延时（毫秒级）
//函数参数：u16ms：延时的毫秒数
//函数返回：无
//=========================================================================
void Delay_ms(uint16_t  u16ms);

//=========================================================================
//函数名称：SecAdd1
//函数功能：秒单元+1，并处理时分单元（00:00:00~23:59:59)
//函数参数：*p：指向一个时分秒数组的首地址
//函数返回：无
//=========================================================================
void SecAdd1(uint_8 *p);

//=========================================================================
//函数名称：int_digit
//函数功能：计算非负整数的位数
```

```
//函数参数：num：待求位数的非负整数
//函数返回：非负整数的位数
//======================================================================
uint_8 int_digit(uint_32 num);

//======================================================================
//函数名称：MPSort
//函数功能：冒泡法排序（由小到大）
//函数参数：数组名b：用于接收实参数组的首地址
//          n：参与排序的数据个数
//函数返回：无
//======================================================================
void MPSort(uint_16 b[ ], uint_8 n);

//======================================================================
//函数名称：datas_ave
//函数功能：计算多个数据的平均值
//函数参数：数组名b：用于接收实参数组的首地址
//          n：参与计算的数据个数
//函数返回：多个数据的平均值
//======================================================================
uint_16 datas_ave(uint_16 b[ ], uint_8 n);

//======================================================================
//函数名称：datas_mid
//函数功能：计算多个数据的中值
//函数参数：数组名b：用于接收实参数组的首地址
//          n：参与计算的数据个数
//函数返回：多个数据的中值
//相关说明：调用排序函数
//======================================================================
uint_16 datas_mid(uint_16 b[ ], int n);

#endif         //防止重复定义（结尾）
```

2. 公共要素软件构件源文件

```
//======================================================================
//文件名称：common.c
//函数功能：公共要素软件构件源文件
//版权所有：JSEI-SMH & SD-WYH
//版本更新：2020-06-30  V1.1
//======================================================================
//1.包含本构件头文件
```

```
#include  "common.h"
//2.对外接口函数的定义与实现
//==========================================================================
//函数名称：Delay_us
//函数功能：延时（微秒级）
//函数参数：u16us：延时的微秒数
//函数返回：无
//==========================================================================
void Delay_us(uint16_t u16us)
{
    uint32_t  u32ctr;
    for(u32ctr = 0; u32ctr < ((48000 / 1000 / 11) * u16us); u32ctr++)
    {
        __asm ("NOP");      //空操作
    }
}
//==========================================================================
//函数名称：Delay_ms
//函数功能：延时（毫秒级）
//函数参数：u16ms：延时的毫秒数
//函数返回：无
//==========================================================================
void Delay_ms(uint16_t u16ms)
{

    uint32_t u32ctr;
    for(u32ctr = 0; u32ctr < ((50000 / 10)*u16ms); u32ctr++)
    {
        __asm ("NOP");      //空操作
    }
}
//==========================================================================
//函数名称：SecAdd1
//函数功能：秒单元+1，并处理时分单元（00:00:00~23:59:59)
//函数参数：*p：指向一个时分秒数组的首地址
//函数返回：无
//==========================================================================
void SecAdd1(uint_8 *p)
{
    *(p+2)+=1;              //秒+1
    if(*(p+2)>=60)          //秒溢出
    {
        *(p+2)=0;           //清秒
```

```
        *(p+1)+=1;          //分+1
        if(*(p+1)>=60)      //分溢出
        {
            *(p+1)=0;       //清分
            *p+=1;          //时+1
            if(*p>=24)      //时溢出
            {
                *p=0;       //清时
            }
        }
    }
}
//======================================================================
//函数名称：int_digit
//函数功能：计算非负整数的位数
//函数参数：num：待求位数的非负整数
//函数返回：非负整数的位数
//======================================================================
uint_8 int_digit(uint_32 num)
{
    uint_8 digit=0;         //存放整数的位数
    do
    {
        num=num/10;
        digit++;
    }while(num>0);
    return (digit);
}
//======================================================================
//函数名称：MPSort
//函数功能：冒泡法排序（由小到大）
//函数参数：数组名b：用于接收实参数组的首地址
//          n：参与排序的数据个数
//函数返回：无
//======================================================================
void MPSort(uint_16 b[ ], uint_8 n)
{
    uint_16 i,j,t, swap_flag;
    for(i=1; i<n; i++)              //n 个数，共需比较 n-1 轮
    {
        swap_flag = 0;              //交换标志：0 表示无交换，1 表示有交换
        for(j=0; j<n-i; j++)        //第 i 轮需要比较 n-i 次
        {
```

```
            if(b[j]>b[j+1])          //依次比较两个相邻的数，将大数放后面
            {
                t=b[j];  b[j]=b[j+1];  b[j+1]=t;   swap_flag=1;  //交换
            }
        }
        if(swap_flag==0)   break;  //若本轮无交换，则结束比较
    }
}
//======================================================================
//函数名称：datas_ave
//函数功能：计算多个数据的平均值
//函数参数：数组名b：用于接收实参数组的首地址
//          n：参与计算的数据个数
//函数返回：多个数据的平均值
//======================================================================
uint_16 datas_ave(uint_16 b[ ], uint_8 n)
{
    int i;
    long int sum=0;
    float ave;
    for(i=0;i<n;i++)
    {
        sum = sum + b[i];
        ave = sum/n;
    }
    return ((uint_16)ave);
}
//======================================================================
//函数名称：datas_mid
//函数功能：计算多个数据的中值
//函数参数：数组名b：用于接收实参数组的首地址
//          n：参与计算的数据个数
//函数返回：多个数据的中值
//相关说明；调用排序函数
//======================================================================
uint_16 datas_mid(uint_16 b[ ], int n)
{
    uint_8 i;
    i=n/2;
    MPSort(b,n);        //调用冒泡排序函数，对多个数据进行排序
    return (b[i]);
}
```

附录 F

KEA128 底层驱动构件源文件（.c 文件）

F.1 GPIO 底层驱动构件源文件

```
//============================================================================
//文件名称：gpio.c
//功能概要：GPIO 底层驱动构件源文件
//芯片类型：KEA128
//版权所有：JSEI-SMH & SD-WYH
//版本更新：2020-03-31  V1.1
//============================================================================
//1.包含本构件头文件
#include  "gpio.h"
//2.内部函数声明（仅用于本文件）
static void gpio_port_pin(uint_16 port_pin,uint_8* port,uint_8* pin);
static void gpio_group_bit(uint_16 port_pin, GPIO_MemMapPtr *gpio_ptr, uint_8 *bit);
//3.对外接口函数的定义与实现
//============================================================================
//函数名称：gpio_init
//函数功能：初始化指定端口引脚为 GPIO 功能，并设定引脚方向为输入或输出；
//          若为输出，还要指定初始状态是低电平还是高电平
//函数参数：port_pin：（端口号）|（引脚号）（如 PORT_B|(5)表示 B 端口 5 号引脚）
//          dir：引脚方向（可使用宏定义，GPIO_IN 为输入，GPIO_OUT 为输出）
//          state：端口引脚初始状态（0 为低电平，1 为高电平）
//函数返回：无
//============================================================================
void gpio_init(uint_16 port_pin, uint_8 dir, uint_8 state)
{
    //1.局部变量声明
    GPIO_MemMapPtr gpio_ptr;  //GPIO 结构体类型指针，存放引脚所在 GPIO 模块寄存器的基地址
    uint_8 bit;               //存放引脚所在 GPIO 模块寄存器的位置
    //2.计算引脚所在 GPIO 模块寄存器的基地址和位置
    gpio_group_bit(port_pin, &gpio_ptr, &bit);
```

```
    //3.根据带入参数dir，决定引脚是输出还是输入
    if (dir == GPIO_OUT)                          //希望为输出
    {
        BSET(bit, GPIO_PDDR_REG(gpio_ptr));       //数据方向寄存器定义为输出
        BSET(bit, GPIO_PCOR_REG(gpio_ptr));       //初始状态为低电平
        gpio_set(port_pin, state);                //调用gpio_set函数，设定引脚初始状态
    }
    else                                          //希望为输入
    {
        BCLR(bit, GPIO_PIDR_REG(gpio_ptr));       //输入禁止寄存器设为使能输入
        BCLR(bit, GPIO_PDDR_REG(gpio_ptr));       //数据方向寄存器设为输入
    }
}
//===========================================================================
//函数名称：gpio_set
//函数功能：当指定端口引脚为GPIO功能且为输出时，设置指定引脚的状态
//函数参数：port_pin：(端口号)|(引脚号)(如PORT_B|(5)表示B端口5号引脚)
//          state：希望设置的端口引脚状态(0为低电平，1为高电平)
//函数返回：无
//===========================================================================
void gpio_set(uint_16 port_pin, uint_8 state)
{
    //1.局部变量声明
    GPIO_MemMapPtr gpio_ptr;  //GPIO结构体类型指针，存放引脚所在GPIO模块寄存器的基地址
    uint_8 bit;               //存放引脚所在GPIO模块寄存器的位置
    //2.计算引脚所在GPIO模块寄存器的基地址和位置
    gpio_group_bit(port_pin, &gpio_ptr, &bit);
    //3.根据带入参数state，决定引脚输出1还是输出0
    if (state==1)  BSET(bit,GPIO_PDOR_REG(gpio_ptr));       //引脚输出为高电平
    else           BCLR(bit,GPIO_PDOR_REG(gpio_ptr));       //引脚输出为低电平
}
//===========================================================================
//函数名称：gpio_get
//函数功能：当指定端口引脚为GPIO功能且为输入时，获取指定引脚的状态
//函数参数：port_pin：(端口号)|(引脚号)(如PORT_B|(5)表示B端口5号引脚)
//函数返回：指定端口引脚的状态(1或0)
//===========================================================================
uint_8 gpio_get(uint_16 port_pin)
{
    //1.局部变量声明
    GPIO_MemMapPtr gpio_ptr;  //GPIO结构体类型指针，存放引脚所在GPIO模块寄存器的基地址
    uint_8 bit;               //存放引脚所在GPIO模块寄存器的位置
    //2.计算引脚所在GPIO模块寄存器的基地址和位置
```

```
    gpio_group_bit(port_pin, &gpio_ptr, &bit);
    //3.返回引脚的状态
    return ((BGET(bit,GPIO_PDIR_REG(gpio_ptr)))>=1 ? 1:0);
}
//===========================================================================
//函数名称：gpio_reverse
//函数功能：当指定端口引脚为 GPIO 功能且为输出时，反转引脚的状态
//函数参数：port_pin：（端口号）|（引脚号）（如 PORT_B|（5）表示 B 端口 5 号引脚）
//函数返回：无
//===========================================================================
void gpio_reverse(uint_16 port_pin)
{
    //1.局部变量声明
    GPIO_MemMapPtr gpio_ptr;  //GPIO 结构体类型指针，存放引脚所在 GPIO 模块寄存器的基地址
    uint_8 bit;               //存放引脚所在 GPIO 模块寄存器的位置
    //2.计算引脚所在 GPIO 模块寄存器的基地址和位置
    gpio_group_bit(port_pin, &gpio_ptr, &bit);
    //3.反转指定引脚的输出状态
    BSET(bit,GPIO_PTOR_REG(gpio_ptr));
}
//===========================================================================
//函数名称：gpio_pull
//函数功能：当指定端口引脚为 GPIO 功能且为输入时，选择是否使用内部上拉电阻
//函数参数：port_pin：（端口号）|（引脚号）（如 PORT_B|（5）表示 B 端口 5 号引脚）
//          pull_select：引脚内部上拉使能选择（可使用宏定义，PULL_DISABLE 为上拉禁用，
//                       PULL_ENABLE 为上拉使能）
//函数返回：无
//特别注意：在指定端口引脚中，PTA2 和 PTA3 要除外
//===========================================================================
void gpio_pull(uint_16 port_pin, uint_8 pull_select)
{
    //1.局部变量声明
    uint_8 port, pin;      //端口号、引脚号
    uint_8 bit;            //用于存放引脚所在端口上拉使能寄存器（PORT_PUE）中的位置（0～31）
    //2.解析出端口号及引脚号
    gpio_port_pin(port_pin, &port, &pin);
    //3.计算引脚在寄存器中的偏移量
    if (port < 4)                //端口号为 PORTA～PORTD
    {
        bit = 8 * port + pin;                  //引脚所在 PORT_PUE 中的位置
        if (pull_select == PULL_ENABLE) BSET(bit,PORT_PUE0);    //引脚内部上拉使能
        else                            BCLR(bit,PORT_PUE0);    //引脚内部上拉禁止
    }
```

```
    else if(3<port &&port< 8)   //端口号为 PORTE～PORTH
    {
        bit = 8 * (port - 4) + pin;         //引脚所在 PORT_PUE 中的位置
        if (pull_select == PULL_ENABLE) BSET(bit,PORT_PUE1);    //引脚内部上拉使能
        else                            BCLR(bit,PORT_PUE1);    //引脚内部上拉禁止
    }
    else                        //端口号为 PORTI
    {
        bit = 8 * (port - 8) + pin;       //引脚所在 PORT_PUE 中的位置
        if (pull_select == PULL_ENABLE) BSET(bit,PORT_PUE2);    //引脚内部上拉使能
        else                            BCLR(bit,PORT_PUE2);    //引脚内部上拉禁止
    }
}
//4.内部函数的定义与实现
//===========================================================================
//函数名称: gpio_port_pin
//函数功能: 对传入参数 port_pin 进行解析, 得出并传回引脚对应的端口号与引脚号。例如, PORT_B|(5)
//          对应的端口号*port=1 (PORTB), 引脚号*pin=5
//函数参数: port_pin: (端口号)|(引脚号) (如 PORT_B|(5)表示 B 端口 5 号引脚)
//          port: 用于传回端口号 (0～9 对应 PORTA～PORTI)
//          pin: 用于传回引脚号 (0～7)
//===========================================================================
static void gpio_port_pin(uint_16 port_pin,uint_8 * port,uint_8 * pin)
{
    *port = port_pin>>8;        //获取端口号
    *pin = port_pin;            //获取引脚号
}
//===========================================================================
//函数名称: gpio_group_bit
//函数功能: 将传入参数 port_pin 进行解析, 得出并传回引脚所在 GPIO 模块寄存器的基地址和位置。
//          例如, PORT_B|(5)对应的 GPIO 模块寄存器的基地址和引脚分别是 GPIOA_BASE_PTR 和 13
//函数参数: port_pin: (端口号)|(引脚号) (如 PORT_B|(5)表示 B 端口 5 号引脚)
//          gpio_ptr: 用于传回引脚所在 GPIO 模块寄存器的基地址 (GPIOx_BASE_PTR)
//          bit: 用于传回引脚所在 GPIO 模块寄存器的位置 (0～31)
//相关说明: 调用 gpio_port_pin 函数
//===========================================================================
static void gpio_group_bit(uint_16 port_pin, GPIO_MemMapPtr *gpio_ptr, uint_8 *bit)
{
    uint_8 port, pin;                           //端口号、引脚号
    gpio_port_pin(port_pin, &port, &pin);       //解析出端口号和引脚号
    if (port < 4)                               //端口号为 PORTA～PORTD
    {
        *gpio_ptr = GPIOA_BASE_PTR;             //端口所在的寄存器基地址
```

```
        *bit = 8 * port + pin;                  //引脚所在GPIO模块寄存器的位置
    }
    else if(3<port && port< 8)                  //端口号为PORTE～PORTH
    {
        *gpio_ptr = GPIOB_BASE_PTR;             //端口所在的寄存器基地址
        *bit = 8 * (port - 4) + pin;            //引脚所在GPIO模块寄存器的位置
    }
    else                                        //端口号为PORTI
    {
        *gpio_ptr = GPIOC_BASE_PTR;             //端口所在的寄存器基地址
        *bit = 8 * (port - 8) + pin;            //引脚所在GPIO模块寄存器的位置
    }
}
```

F.2　FTM基本定时底层驱动构件源文件

```
//==========================================================================
//文件名称：ftm_tmier.c
//功能概要：FTM基本定时底层驱动构件源文件
//芯片类型：KEA128
//版权所有：JSEI-SMH & SD-WYH
//版本更新：2020-07-23  V1.1
//==========================================================================
//1.包含本构件头文件
#include "ftm_tmier.h"
//2.对仅用于本文件的全局变量和内部函数的声明
//(1)定义FTM 0、1、2号地址映射表
static const FTM_MemMapPtr FTM_ARR[ ] =
                    {FTM0_BASE_PTR,FTM1_BASE_PTR, FTM2_BASE_PTR };
//(2)定义FTM系统时钟门控位对应表
static uint_32 FTM_SCGC_TABLE[3] =
            {SIM_SCGC_FTM0_MASK,SIM_SCGC_FTM1_MASK, SIM_SCGC_FTM2_MASK };
//(3)定义FTM中断的IRQ号对应表
static IRQn_Type FTM_IRQ_TABLE[3] = { FTM0_IRQn, FTM1_IRQn, FTM2_IRQn };
//3.对外接口函数的定义与实现
//==========================================================================
//函数名称：ftm_timer_init
//函数功能：对指定的FTM模块基本定时初始化（使用系统时钟SYSTEM_CLK_KHZ/2=24MHz作为FTM的
//          时钟源，且128分频）
//函数参数：ftm_No：FTM号FTM_0、FTM_1、FTM_2
//          t_us：定时时间，单位为us
```

```
//注：定时时间 t_us=FTM 计数次数*FTM 计数周期=FTM 计数次数/FTM 计数频率
//                  =FTM 计数次数/(FTM 时钟源频率/分频因子)
//                  =FTM 计数次数*分频因子/FTM 时钟源频率
//    经计算，在 FTM 时钟源频率 24MHz、128 分频下，定时时间 t_us 范围为 5.3～349525us
//函数返回：无
//相关说明：（1）根据 KEA128 英文参考手册 P83 表 3-34 可知：
//                计数器初值寄存器 FTM_CNTIN 只有在 FTM2 模块中有，而在 FTM0 和 FTM1 模块中没有：
//                1）FTM0 或 FTM1 计数次数=FTM_MOD+1
//                2）FTM2 计数次数=FTM_MOD-FTM_CNTIN+1
//          （2）定时器溢出中断使能位 FTM_SC_TOIE 需要在写 FTM_MOD 寄存器之前设置，否则运行异常
//============================================================================
void ftm_timer_init(uint_8 ftm_No, uint_32 t_us)
{
    uint_16 t_count;                  //存放 FTM 计数次数
    FTM_MemMapPtr ftm_ptr;            //FTM 结构体类型指针，用于存放 FTM 模块寄存器的基地址
    ftm_ptr = FTM_ARR[ftm_No];        //获取 FTM 模块寄存器的基地址
    SIM_SCGC |= FTM_SCGC_TABLE[ftm_No];          //使能 FTM 模块的系统时钟门控位
    //FTM 定时器溢出中断使能，计数时钟设置
    FTM_SC_REG(ftm_ptr) |= FTM_SC_TOIE_MASK |    //定时器溢出中断使能
                           FTM_SC_CLKS(1)   |    //时钟源选择系统时钟
                           FTM_SC_PS(7);         //时钟分频因子 128
    t_count = (uint_32)(t_us * FTM_CLK_SOURCE_MHZ /128);  //FTM 计数次数
    switch(ftm_No)
    {
        case FTM_0:
        case FTM_1:
            FTM_MOD_REG(ftm_ptr) = t_count -1;          //计数器终值
            break;
        case FTM_2:
            FTM_CNTIN_REG(ftm_ptr) = 0;                 //计数器初值
            FTM_MOD_REG(ftm_ptr) = t_count + FTM_CNTIN_REG(ftm_ptr) -1; //计数器终值
            break;
    }
    FTM_CNT_REG(ftm_ptr) = 0;                           //计数器恢复初值
}
//============================================================================
//函数名称：ftm_int_enable
//函数功能：将指定 FTM 模块的中断使能（使 NVIC 使能 FTM 模块中断请求）
//函数参数：ftm_No：FTM 号 FTM_0、FTM_1、FTM_2
//函数返回：无
//============================================================================
void ftm_int_enable(uint_8 ftm_No)
{
```

```
    NVIC_EnableIRQ(FTM_IRQ_TABLE[ftm_No]);    //使能 FTM 模块中断请求
}
//==============================================================================
//函数名称：ftm_int_disable
//函数功能：将指定 FTM 模块的中断禁止（使 NVIC 禁止 FTM 模块中断请求）
//函数参数：ftm_No: FTM 号 FTM_0、FTM_1、FTM_2
//函数返回：无
//==============================================================================
void ftm_int_disable(uint_8 ftm_No)
{
    NVIC_DisableIRQ(FTM_IRQ_TABLE[ftm_No]);  //禁止 FTM 模块中断请求
}
//==============================================================================
//函数名称：ftm_tof_get
//函数功能：获取指定 FTM 的定时器溢出标志 TOF 的值
//函数参数：ftm_No: FTM 号 FTM_0、FTM_1、FTM_2
//函数返回：1 表示定时器溢出，0 表示定时器未溢出
//相关说明：若定时器溢出中断使能且 FTM 模块中断使能，则 TOF=1 时产生定时器溢出中断
//==============================================================================
uint_8 ftm_tof_get(uint_8 ftm_No)
{
    FTM_MemMapPtr ftm_ptr;        //FTM 结构体类型指针，用于存放 FTM 模块寄存器的基地址
    ftm_ptr = FTM_ARR[ftm_No];    //获取 FTM 模块寄存器的基地址
    return ( BGET(FTM_SC_TOF_SHIFT,FTM_SC_REG(ftm_ptr)));//返回 TOF 的值
}
//==============================================================================
//函数名称：ftm_tof_clear
//函数功能：清除指定 FTM 的定时器溢出标志 TOF
//函数参数：ftm_No: FTM 号 FTM_0、FTM_1、FTM_2
//函数返回：无
//==============================================================================
void ftm_tof_clear(uint_8 ftm_No)
{
    FTM_MemMapPtr ftm_ptr;          //FTM 结构体类型指针，用于存放 FTM 模块寄存器的基地址
    ftm_ptr = FTM_ARR[ftm_No];      //获取 FTM 模块寄存器的基地址
    (void)FTM_SC_REG(ftm_ptr);      //读 FTMx_SC 寄存器
    FTM_SC_REG(ftm_ptr) ^= FTM_SC_TOF_MASK;  //清除定时器溢出标志 TOF
}
```

F.3 SysTick 定时器底层驱动构件源文件

```
//==============================================================================
//文件名称：systick.c
//功能概要：SysTick 定时器底层驱动构件源文件
//芯片类型：KEA128
//版权所有：JSEI-SMH & SD-WYH
//版本更新：2017-10-31  V1.0
//==============================================================================
//1.包含本构件头文件
#include "systick.h"
//2.对外接口函数的定义与实现
//==============================================================================
//函数名称：systick_init
//函数功能：初始化 SysTick 模块（内核时钟作为时钟源），设置定时中断的时间间隔
//函数参数：core_clk_khz：内核时钟频率，单位为 kHz，可使用宏定义 CORE_CLK_KHZ（见 common.h）
//          int_ms：定时中断的时间间隔，单位为 ms
//注意：int_ms=滴答数 ticks/core_clk_khz，其中 ticks 范围为 1～（2^24）
//      经计算，在内核时钟源频率 48MHz 下，int_ms 的合理范围为 1～349ms
//函数返回：无
//相关说明：调用内核头文件 core_cm0plus.h 中的 SysTick_Config 函数
//==============================================================================
void systick_init(uint_32 core_clk_khz, uint_8 int_ms)
{
    uint_32 ticks;                                  //定时中断的滴答数
    ticks = (uint_32)(int_ms*core_clk_khz);         //计算滴答数
    SysTick_Config(ticks);                          //调用 SysTick 配置函数
}
```

F.4 UART 底层驱动构件源文件

```
//==============================================================================
//文件名称：uart.c
//功能概要：UART 底层驱动构件源文件
//芯片类型：KEA128
//版权所有：JSEI-SMH & SD-WYH
//版本更新：2020-03-30  V1.1
//==============================================================================
//1.包含本构件头文件
#include "uart.h"
```

```
//2.对仅用于本文件的全局变量和内部函数的声明
//（1）定义 UART 0、1、2 号地址映射表
static const UART_MemMapPtr UART_ARR[] = {  UART0_BASE_PTR,
                                            UART1_BASE_PTR,
                                            UART2_BASE_PTR
                                          };
//（2）定义 UART 中断的 IRQ 号对应表
static IRQn_Type UART_IRQ_TABLE[3] = {UART0_IRQn, UART1_IRQn, UART2_IRQn};
//（3）内部函数声明
uint_8 uart_is_uartNo(uint_8 uartNo);
//3.对外接口函数的定义与实现
//======================================================================
//函数名称：uart_init
//函数功能：对指定的 UART 模块进行初始化（总线时钟作为 UART 时钟源，BUS_CLK_KHZ=24MHz）
//函数参数：uartNo：UART 号 UART_0、UART_1、UART_2
//          baud_rate：波特率 1200、2400、4800、9600、19200、115200
//函数返回：无
//======================================================================
void  uart_init(uint_8 uartNo,uint_32 baud_rate)
{
    //局部变量声明
    uint_16 sbr;                              //用于保存波特率寄存器的值
    uint_8 temp;
    UART_MemMapPtr uart_ptr;                  //UART 结构体类型指针
    if(!uart_is_uartNo(uartNo))  return;      //判断传入 UART 号参数是否有误，有误直接退出
    //根据传入参数 uartNo，给局部变量 uart_ptr 赋值
    switch (uartNo)
    {
      case UART_0:
        #if  (UART_0_GROUP==1)       //复用引脚 PTA2 和 PTA3 分别为 UART0 的 RX 和 TX
            SIM_PINSEL0 |= SIM_PINSEL_UART0PS_MASK;
        #elif  (UART_0_GROUP==2)     //复用引脚 PTB0 和 PTB1 分别为 UART0 的 RX 和 TX
            SIM_PINSEL0 &= ~SIM_PINSEL_UART0PS_MASK;
        #endif
            SIM_SCGC |= SIM_SCGC_UART0_MASK;     //使能 UART0 的系统时钟门控位
            break;
      case UART_1:
        #if  (UART_1_GROUP==1)       //复用引脚 PTC6 和 PTC7 分别为 UART1 的 RX 和 TX
            SIM_PINSEL1 &= ~SIM_PINSEL1_UART1PS_MASK;
        #elif  (UART_1_GROUP==2)     //复用引脚 PTF2 和 PTF3 分别为 UART1 的 RX 和 TX
            SIM_PINSEL1 |= SIM_PINSEL1_UART1PS_MASK;
        #endif
            SIM_SCGC |= SIM_SCGC_UART1_MASK;     //使能 UART1 的系统时钟门控位
```

```
            break;
        case UART_2:
          #if  (UART_2_GROUP==1)      //复用引脚 PTD6 和 PTD7 分别为 UART2 的 RX 和 TX
            SIM_PINSEL1  &= ~ SIM_PINSEL1_UART2PS_MASK;
          #elif  (UART_2_GROUP==2)    //复用引脚 PTI0 和 PTI1 分别为 UART2 的 RX 和 TX
            SIM_PINSEL1  |= SIM_PINSEL1_UART2PS_MASK;
          #endif
            SIM_SCGC |= SIM_SCGC_UART2_MASK;    //使能 UART2 的系统时钟门控位
            break;
        default:
            break;  //参数有误，返回
    }
    uart_ptr = UART_ARR[uartNo];                //获取 UARTx 的基地址

    //暂时关闭 UART 发送与接收功能，设置波特率
    UART_C2_REG(uart_ptr) &= ~(UART_C2_TE_MASK | UART_C2_RE_MASK);
    //使用总线时钟频率配置波特率
    sbr = (uint_16) ((BUS_CLK_KHZ * 1000) / (baud_rate * 16));
    //BDH 寄存器低 5 位清零，其他位不变
    temp = UART_BDH_REG(uart_ptr) & ~(UART_BDH_SBR_MASK);
    //BDH 寄存器保存 sbr 的高 5 位
    UART_BDH_REG(uart_ptr) = temp | UART_BDH_SBR(((sbr & 0x1F00) >> 8));
    //BDL 寄存器保存 sbr 的低 8 位
    UART_BDL_REG(uart_ptr) = (uint_8) (sbr & UART_BDL_SBR_MASK);
    UART_C1_REG(uart_ptr) = 0x00;  //设置 UART 工作模式：8 位数据，无校验
    UART_C3_REG(uart_ptr) = 0x00;
    UART_S2_REG(uart_ptr) = 0xc0;  //清除标志位
    //启动 UART 发送和接收
    UART_C2_REG(uart_ptr) |= (UART_C2_TE_MASK | UART_C2_RE_MASK);
}
//===========================================================================
//函数名称：uart_send1
//函数功能：从指定的 UART 发送 1 个字符
//函数参数：uartNo: UART 号 UART_0、UART_1、UART_2
//          send_data：要发送的字符
//函数返回：函数执行状态（1 表示发送成功，0 表示发送失败）
//===========================================================================
uint_8 uart_send1(uint_8 uartNo, uint_8 send_data)
{
    uint_32 t;
    UART_MemMapPtr uart_ptr;                      //UART 结构体类型指针
    if(!uart_is_uartNo(uartNo))   return 0;      //判断传入 UART 号参数是否有误,有误直接退出
    uart_ptr = UART_ARR[uartNo];                  //获取 UARTx 的基地址
```

```
    for (t = 0; t < 0xFBBB; t++)                   //查询指定次数
    {
        if (UART_S1_REG(uart_ptr) & UART_S1_TDRE_MASK)   //若发送缓冲区为空
        {
            UART_D_REG(uart_ptr) = send_data;    //填充发送缓冲区并发送
            break;                               //跳出循环
        }
    }
    if (t >= 0xFBBB)
        return 0;    //发送超时，发送失败
    else
        return 1;    //发送成功
}
//===========================================================================
//函数名称：uart_sendN
//函数功能：从指定的 UART 发送多个字符
//函数参数：uartNo: UART 号 UART_0、UART_1、UART_2
//          buff: 指向发送缓冲区首地址的指针
//          len: 发送的字节数
//函数返回：函数执行状态（1 表示正常，0 表示异常）
//===========================================================================
uint_8 uart_sendN(uint_8 uartNo ,uint_16 len ,uint_8 * buff)
{
    uint_16 i;
    if(!uart_is_uartNo(uartNo))  return 0;   //判断传入 UART 号参数是否有误，有误直接退出
    for (i = 0; i < len; i++)
    {
        if (!uart_send1(uartNo, buff[i]))    //发送一个字节数据，失败则跳出循环
            break;
    }
    if(i<len)
        return 0;    //发送出错
    else
        return 1;    //发送成功
}
//===========================================================================
//函数名称：uart_send_string
//函数功能：从指定的 UART 发送一个以'\0'结束的字符串
//      例：uart_send_string(UART_0,"abcdefg"); 即可发送字符串 abcdefg
//函数参数：uartNo: UART 号 UART_0、UART_1、UART_2
//          buff: 指向要发送字符串首地址的指针
//函数返回：函数执行状态（1 表示正常，0 表示异常）
//===========================================================================
```

```
uint_8 uart_send_string(uint_8 uartNo, uint_8 * buff)
{
    uint_16 i;
    if(!uart_is_uartNo(uartNo))  return 0;     //判断传入 UART 号参数是否有误,有误直接退出
    for(i = 0; *(buff+i) != '\0'; i++)         //遍历字符串中的字符
    {
        if (!uart_send1(uartNo,*(buff+i)))     //发送指针对应的字符
            return  0;                         //发送失败
    }
    return  1;                                 //发送成功
}
//==========================================================================
//函数名称：uart_re1
//函数功能：从指定的 UART 接收 1 个字符
//函数参数：uartNo: UART 号 UART_0、UART_1、UART_2
//          re_flag: 用于传回接收状态的标志（1 表示接收成功, 0 表示接收失败）
//函数返回：接收到的数据
//==========================================================================
uint_8 uart_re1(uint_8 uartNo, uint_8 *re_flag)
{
    uint_32 t;
    uint_8  re_data;                 //存放接收的数据
    UART_MemMapPtr uart_ptr;         //UART 结构体类型指针
    if(!uart_is_uartNo(uartNo))      //判断传入 UART 号参数是否有误, 有误直接退出
    {
        *re_flag = 0;
        return  0;
    }
    uart_ptr = UART_ARR[uartNo];  //获取 UARTx 的基地址
    for (t = 0; t < 0xFBBB; t++)  //查询指定次数
    {
        if (UART_S1_REG(uart_ptr) & UART_S1_RDRF_MASK)  //判断接收缓冲区是否满
        {
            re_data = UART_D_REG(uart_ptr);  //获取数据, 并清除接收中断标志位 RDRF
            *re_flag = 1;                    //接收成功
            break;                           //跳出循环
        }
    }
    if(t >= 0xFBBB)
    {
        re_data = 0xFF;
        *re_flag = 0;       //未收到数据
    }
```

```
    return  re_data;        //返回接收到的数据
}
//===========================================================================
//函数名称：uart_reN
//函数功能：从指定的 UART 接收多个字符
//函数参数：uartNo：UART 号 UART_0、UART_1、UART_2
//          len：接收长度
//          buff：指向接收缓冲区首地址的指针
//函数返回：函数执行状态（1 表示正常， 0 表示异常）
//===========================================================================
uint_8 uart_reN(uint_8 uartNo ,uint_16 len ,uint_8* buff)
{
    uint_16 i;
    uint_8 flag = 1;
    if(!uart_is_uartNo(uartNo))  return 0;     //判断传入 UART 号参数是否有误,有误直接退出
    for (i = 0; i < len && flag == 1; i++)     //判断是否能接收数据
    {
        buff[i] = uart_re1(uartNo, &flag);     //接收数据
    }
    if (i < len)
        return  0;   //接收失败
    else
        return  1;   //接收成功
}
//===========================================================================
//函数名称：uart_re_int_enable
//函数功能：将指定 UART 的接收中断使能
//函数参数：uartNo：UART 号 UART_0、UART_1、UART_2
//函数返回：无
//===========================================================================
void uart_re_int_enable(uint_8 uartNo)
{
    UART_MemMapPtr uart_ptr;                          //UART 结构体类型指针
    if(!uart_is_uartNo(uartNo))  return;              //判断传入 UART 号参数是否有误,有误直接退出
    uart_ptr = UART_ARR[uartNo];                      //获取 UARTx 的基地址
    UART_C2_REG(uart_ptr) |= UART_C2_RIE_MASK;        //使能 UART 接收中断
    NVIC_EnableIRQ(UART_IRQ_TABLE[uartNo]);           //使能 UART 中断请求
}
//===========================================================================
//函数名称：uart_re_int_disable
//函数功能：将指定 UART 的接收中断禁止
//函数参数：uartNo：UART 号 UART_0、UART_1、UART_2
//函数返回：无
```

```
//==============================================================================
void uart_re_int_disable(uint_8 uartNo)
{
    UART_MemMapPtr uart_ptr;                  //UART 结构体类型指针
    if(!uart_is_uartNo(uartNo))  return;    //判断传入 UART 号参数是否有误，有误直接退出
    uart_ptr = UART_ARR[uartNo];                         //获取 UARTx 的基地址
    UART_C2_REG(uart_ptr)  &= ~UART_C2_RIE_MASK;    //禁止 UART 接收中断
    NVIC_DisableIRQ(UART_IRQ_TABLE[uartNo]);        //禁止 UART 中断请求
}

//=========================================================================
//函数名称：uart_re_int_get
//函数功能：获取指定 UART 的接收中断标志
//函数参数：uartNo：UART 号 UART_0、UART_1、UART_2
//函数返回：接收中断标志（1 表示有接收中断，0 表示无接收中断）
//=========================================================================
uint_8 uart_re_int_get(uint_8 uartNo)
{
    UART_MemMapPtr uart_ptr;                        //UART 结构体类型指针
    if(!uart_is_uartNo(uartNo))  return 0;       //判断传入 UART 号参数是否有误,有误直接退出
    uart_ptr = UART_ARR[uartNo];                    //获取 UARTx 的基地址
    return ( BGET(UART_C2_RIE_SHIFT,UART_C2_REG(uart_ptr))
            BGET(UART_S1_RDRF_SHIFT,UART_S1_REG(uart_ptr))
           );                                        //当 RIE=1 且 RDRF=1 时，发生接收中断
}
//4.内部函数的定义与实现
//=========================================================================
//函数名称：uart_is_uartNo
//函数功能：为程序健壮性而判断 uartNo 是否在 UART 数字范围内
//函数参数：uartNo：UART 号 UART_0、UART_1、UART_2
//函数返回：1 表示 UART 号在合理范围内，0 表示 UART 号不在合理范围内
//=========================================================================
uint_8 uart_is_uartNo(uint_8 uartNo)
{
    if(uartNo > UART_2)
        return  0;
    else
        return  1;
}
```

F.5 FTM_PWM 底层驱动构件源文件

```
//========================================================================
//文件名称：ftm_pwm.c
//功能概要：FTM_PWM 底层驱动构件源文件
//芯片类型：KEA128
//版权所有：JSEI-SMH & SD-WYH
//版本更新：2020-07-29  V1.1
//========================================================================
//1.包含本构件头文件
#include "ftm_pwm.h"
//2.对仅用于本文件的全局变量和内部函数的声明
//（1）定义 FTM 0、1、2 号地址映射表
static const FTM_MemMapPtr FTM_ARR[ ]=
                        { FTM0_BASE_PTR, FTM1_BASE_PTR, FTM2_BASE_PTR };
//（2）定义 FTM 系统时钟门控位对应表
static uint_32 FTM_SCGC_TABLE[3]=
        { SIM_SCGC_FTM0_MASK, SIM_SCGC_FTM1_MASK, SIM_SCGC_FTM2_MASK };
//（3）定义相关变量，以便通过 ftm_pwm_update 函数更新 PWM 占空比
static uint_16 period_count;              //PWM 周期对应的 FTM 计数次数
static uint_8  ftm0_1_align, ftm2_align;  //FTM0 或 FTM1 的对齐方式，FTM2 的对齐方式
//（4）内部函数声明
static void ftm_ch_num(uint_16 FTMx_CHy, uint_8 *FTMx, uint_8 *CHy);
//3.对外接口函数的定义与实现
//========================================================================
//函数名称：ftm_pwm_init
//函数功能：对指定的 FTM 通道进行 PWM 初始化（使用系统时钟 SYSTEM_CLK_KHZ/2=24MHz 作为 FTM 的
//          时钟源，且 128 分频）
//函数参数：FTMx_CHy：FTM 模块号_通道号（FTM0_CH0、FTM0_CH1；FTM1_CH0、FTM1_CH1；
//                    FTM2_CH0、FTM2_CH1、FTM2_CH2、FTM2_CH3、FTM2_CH4、FTM2_CH5）
//          pol：PWM 极性选择（1 为正极性，0 为负极性，可使用宏定义 PWM_P、PWM_N）
//          align：PWM 对齐方式选择（1 为边沿对齐，0 为中心对齐，可使用宏定义 PWM_EDGE、
//                 PWM_CENTER）
//          period：PWM 周期，单位为 us
//          duty：有效电平的占空比 0.0～100.0，对应 0%～100%
//注：period=PWM 周期对应的 FTM 计数次数*FTM 计数周期
//          =PWM 周期对应的 FTM 计数次数/FTM 计数频率
//          =PWM 周期对应的 FTM 计数次数/(FTM 时钟源频率/分频因子)
//          =PWM 周期对应的 FTM 计数次数*分频因子/FTM 时钟源频率
//    经计算,在FTM时钟源频率24MHz、128分频下,计数频率为187.5kHz,PWM周期的合理范围为1000～349525us
//函数返回：无
//相关说明：（1）PWM 周期和脉宽对应的 FTM 计数次数的关系：脉宽计数次数=周期计数次数*占空比
```

```
//          （2）根据 KEA128 英文参考手册 P83 表 3-34 可知：计数器初值寄存器 FTM_CNTIN 只有在
//              FTM2 模块中有，而在 FTM0 和 FTM1 模块中没有
//          （3）FTM 相关寄存器的值设置依据：
//    ─────────────────────────────────────────────────────────────
//                                   | FTM0 或 FTM1  |          FTM2
//    ─────────────────────────────────────────────────────────────
//     边沿 | PWM 周期对应的计数次数 | FTM_MOD+1    | FTM_MOD-FTM_CNTIN+1
//     对齐 | PWM 脉宽对应的计数次数 |  FTM_CnV     |  FTM_CnV-FTM_CNTIN
//    ─────────────────────────────────────────────────────────────
//     中心 | PWM 周期对应的计数次数 | 2*FTM_MOD    |  2*(FTM_MOD-FTM_CNTIN)
//     对齐 | PWM 脉宽对应的计数次数 | 2*FTM_CnV    |  2*(FTM_CnV-FTM_CNTIN)
//============================================================================
void ftm_pwm_init(uint_16 FTMx_CHy, uint_8 pol, uint_8 align, float period, float duty)
{
    uint_8 FTMx,CHy;            //FTM 模块号、通道号
    FTM_MemMapPtr ftm_ptr;      //FTM 结构体类型指针，用于存放 FTM 模块寄存器的基地址
    ftm_ch_num(FTMx_CHy, &FTMx, &CHy);      //解析出对应的 FTM 模块号和通道号
    ftm_ptr = FTM_ARR[FTMx];                //获取 FTM 模块寄存器的基地址
    //函数参数过界处理
    if(FTMx > 2) FTMx = 2;                  //防止模块号越界
    if(period <= 6)         period = 6;     //防止 PWM 周期参数过界
    else if(period >= 349525)  period = 349525;
    if(duty > 100)          duty = 100;     //防止占空比参数过界
    else if(duty < 0)       duty = 0;
    //引脚复用功能设置
    switch(FTMx)
    {
        case FTM_0:
        {
            switch(CHy)
            {
                case 0:
                  #if  FTM0_CH0 == (PORT_A|0)
                    SIM_PINSEL0 &= ~SIM_PINSEL_FTM0PS0_MASK;
                  #elif  FTM0_CH0 == (PORT_B|2)
                    SIM_PINSEL0 |= SIM_PINSEL_FTM0PS0_MASK;
                  #endif
                    break;
                case 1:
                  #if   FTM0_CH1 == (PORT_A|1)
                    SIM_PINSEL0 &= ~SIM_PINSEL_FTM0PS1_MASK;
                  #elif  FTM0_CH1 == (PORT_B|3)
                    SIM_PINSEL0 |= SIM_PINSEL_FTM0PS1_MASK;
```

```
            #endif
             break;
        }
        break;
    }
    case FTM_1:
    {
        switch(CHy)
        {
            case 0:     //PTC4 用于 SWD_CLK
              #if   FTM1_CH0 == (PORT_H|2)
                SIM_PINSEL0 |= SIM_PINSEL_FTM1PS0_MASK;
              #endif
                break;
            case 1:
              #if   FTM1_CH1 == (PORT_C|5)
                SIM_PINSEL0 &= ~SIM_PINSEL_FTM1PS1_MASK;
              #elif  FTM1_CH1 == (PORT_E|7)
                SIM_PINSEL0 |= SIM_PINSEL_FTM1PS1_MASK;
              #endif
                break;
        }
        break;
    }
    case FTM_2:
    {
        switch(CHy)
        {
            case 0:
              #if   FTM2_CH0 == (PORT_C|0)
                SIM_PINSEL1 &= ~SIM_PINSEL1_FTM2PS0_MASK;
              #elif  FTM2_CH0 == (PORT_H|0)
                SIM_PINSEL1 |= SIM_PINSEL1_FTM2PS0(1);
              #elif  FTM2_CH0 == (PORT_F|0)
                SIM_PINSEL1 |= SIM_PINSEL1_FTM2PS0(2);
              #endif
                break;
            case 1:
              #if   FTM2_CH1 == (PORT_C|1)
                SIM_PINSEL1 &= ~SIM_PINSEL1_FTM2PS1_MASK;
              #elif  FTM2_CH1 == (PORT_H|1)
                SIM_PINSEL1 |= SIM_PINSEL1_FTM2PS1(1);
              #elif  FTM2_CH1 == (PORT_F|1)
```

```
            SIM_PINSEL1 |= SIM_PINSEL1_FTM2PS1(2);
          #endif
            break;
        case 2:
          #if   FTM2_CH2 == (PORT_C|2)
            SIM_PINSEL1 &= ~SIM_PINSEL1_FTM2PS2_MASK;
          #elif  FTM2_CH2 == (PORT_D|0)
            SIM_PINSEL1 |= SIM_PINSEL1_FTM2PS2(1);
          #elif  FTM2_CH2 == (PORT_G|4)
            SIM_PINSEL1 |= SIM_PINSEL1_FTM2PS2(2);
          #endif
            break;
        case 3:
          #if   FTM2_CH3 == (PORT_C|3)
            SIM_PINSEL1 &= ~SIM_PINSEL1_FTM2PS3_MASK;
          #elif  FTM2_CH3 == (PORT_D|1)
            SIM_PINSEL1 |= SIM_PINSEL1_FTM2PS3(1);
          #elif  FTM2_CH3 == (PORT_G|5)
            SIM_PINSEL1 |= SIM_PINSEL1_FTM2PS3(2);
          #endif
            break;
        case 4:  //PTB4 用于 NMI
          #if   FTM2_CH4 == (PORT_G|6)
            SIM_PINSEL1 |= SIM_PINSEL1_FTM2PS4_MASK;
          #endif
            break;
        case 5:
          #if   FTM2_CH5 == (PORT_B|5)
            SIM_PINSEL1 &= ~SIM_PINSEL1_FTM2PS5_MASK;
          #elif  FTM2_CH5 == (PORT_G|7)
            SIM_PINSEL1 |= SIM_PINSEL1_FTM2PS5_MASK;
          #endif
            break;
      }
      break;
  }
}
//使能 FTM 模块的系统时钟门控位
SIM_SCGC |= FTM_SCGC_TABLE[FTMx];
//FTM 定时器溢出中断禁止
FTM_SC_REG(ftm_ptr)  &= ~FTM_SC_TOIE_MASK;
//PWM 对齐方式设置
if(align == PWM_EDGE)                    //边沿对齐
```

```
        FTM_SC_REG(ftm_ptr) &= ~FTM_SC_CPWMS_MASK;
    else                                        //中心对齐
        FTM_SC_REG(ftm_ptr) |= FTM_SC_CPWMS_MASK;
    //PWM 极性设置
    if(pol == PWM_P)                            //正极性
    {
        FTM_CnSC_REG(ftm_ptr,CHy) = FTM_CnSC_MSB_MASK |
                                    FTM_CnSC_ELSB_MASK;
        FTM_CnSC_REG(ftm_ptr,CHy) &=~FTM_CnSC_ELSA_MASK;
    }
    else                                        //负极性
    {
        FTM_CnSC_REG(ftm_ptr,CHy) = FTM_CnSC_MSB_MASK |
                                    FTM_CnSC_ELSA_MASK;
    }
    //根据 PWM 周期和占空比设置相关的 FTM 寄存器
    period_count=(uint_32)(period*FTM_CLK_SOURCE_MHZ/128); //PWM 周期对应的 FTM 计数次数
    switch(FTMx)
    {
        case FTM_0:
        case FTM_1:
            ftm0_1_align = align;               //保存对齐方式
            if(ftm0_1_align == PWM_EDGE)        //边沿对齐
            {
                FTM_MOD_REG(ftm_ptr) = period_count -1;              //FTM 模数寄存器
                FTM_CnV_REG(ftm_ptr,CHy) = period_count * duty/100;  //FTM 通道值寄存器
            }
            else                                //中心对齐
            {
                FTM_MOD_REG(ftm_ptr) = period_count/2;                 //FTM 模数寄存器
                FTM_CnV_REG(ftm_ptr,CHy) = period_count * duty/100/2; //FTM 通道值寄存器
            }
            break;
        case FTM_2:
            ftm2_align = align;                 //保存对齐方式
            if(ftm2_align == PWM_EDGE)          //边沿对齐
            {
                //FTM 初值寄存器
                FTM_CNTIN_REG(ftm_ptr) = 0;
                //FTM 模数寄存器
                FTM_MOD_REG(ftm_ptr) = period_count + FTM_CNTIN_REG(ftm_ptr) -1;
                //FTM 通道值寄存器
                FTM_CnV_REG(ftm_ptr,CHy)=period_count*duty/100+FTM_CNTIN_REG(ftm_ptr);
```

```
        }
        else                                        //中心对齐
        {
            //FTM 初值寄存器
            FTM_CNTIN_REG(ftm_ptr) = 0;
            //FTM 模数寄存器
            FTM_MOD_REG(ftm_ptr) = period_count/2 + FTM_CNTIN_REG(ftm_ptr);
            //FTM 通道值寄存器
            FTM_CnV_REG(ftm_ptr,CHy)=period_count*duty/100/2+FTM_CNTIN_REG(ftm_ptr);
        }
        break;
    }
    FTM_CNT_REG(ftm_ptr) = 0;                       //FTM 计数器恢复初值
    //FTM 计数时钟设置，启动计数
    FTM_SC_REG(ftm_ptr)  |=  FTM_SC_CLKS(1)|        //时钟源选择系统时钟
                             FTM_SC_PS(7);          //时钟分频因子 128
}
//============================================================================
//函数名称：ftm_pwm_update
//函数功能：更新指定的 FTM_PWM 通道输出有效电平的占空比
//函数参数：FTMx_CHy：FTM 模块号_通道号（FTM0_CH0、FTM0_CH1；FTM1_CH0、FTM1_CH1；
//                    FTM2_CH0、FTM2_CH1、FTM2_CH2、FTM2_CH3、FTM2_CH4、FTM2_CH5）
//          duty：有效电平的占空比 0.0～100.0，对应 0%～100%
//函数返回：无
//============================================================================
void ftm_pwm_update(uint_16 FTMx_CHy, float duty)
{
    uint_8 FTMx,CHy;                        //FTM 模块号、通道号
    FTM_MemMapPtr ftm_ptr;                  //FTM 结构体类型指针,用于存放 FTM 模块寄存器的基地址
    ftm_ch_num(FTMx_CHy, &FTMx, &CHy);                //解析出对应的 FTM 模块号和通道号
    ftm_ptr = FTM_ARR[FTMx];                          //获取 FTM 模块寄存器的基地址

    //函数参数过界处理
    if(FTMx > 2) FTMx = 2;                            //防止模块号越界
    if(duty > 100)    duty = 100;                     //防止占空比参数过界
    else if(duty < 0)  duty = 0;
    //根据占空比调整通道值
    switch(FTMx)
    {
        case FTM_0:
        case FTM_1:
            if(ftm0_1_align == PWM_EDGE)    //边沿对齐
            {
```

```
            FTM_CnV_REG(ftm_ptr,CHy) = period_count * duty/100;  //FTM通道值寄存器
        }
        else                                  //中心对齐
        {
            FTM_CnV_REG(ftm_ptr,CHy) = period_count * duty/100/2; //FTM通道值寄存器
        }
        break;
    case FTM_2:
        if(ftm2_align == PWM_EDGE)        //边沿对齐
        {
            //FTM通道值寄存器
            FTM_CnV_REG(ftm_ptr,CHy)=period_count*duty/100+FTM_CNTIN_REG(ftm_ptr);
        }
        else                                  //中心对齐
        {
            //FTM通道值寄存器
            TM_CnV_REG(ftm_ptr,CHy)=period_count*duty/100/2+FTM_CNTIN_REG(ftm_ptr);
        }
        break;
    }
}
//4.内部函数的定义与实现
//========================================================================
//函数名称：ftm_ch_num
//函数功能：对传入参数FTMx_CHy进行解析，得出并传回对应的FTM模块号与通道号。例如，FTM0_CH0
//          对应的FTM模块号*FTMx=FTM_0，通道号*CHy=0
//函数参数：FTMx_CHy：FTM模块号_通道号（FTM0_CH0、FTM0_CH1；FTM1_CH0、FTM1_CH1；
//                    FTM2_CH0、FTM2_CH1、FTM2_CH2、FTM2_CH3、FTM2_CH4、FTM2_CH5）
//          FTMx：用于传回FTM模块号FTM_0、FTM_1、FTM_2
//          CHy：用于传回通道号0、1、2、3、4、5
//========================================================================
static void ftm_ch_num(uint_16 FTMx_CHy, uint_8 *FTMx, uint_8 *CHy)
{
    switch(FTMx_CHy)
    {
        case FTM0_CH0:    *FTMx = FTM_0; *CHy = 0; break;
        case FTM0_CH1:    *FTMx = FTM_0; *CHy = 1; break;
        case FTM1_CH0:    *FTMx = FTM_1; *CHy = 0; break;
        case FTM1_CH1:    *FTMx = FTM_1; *CHy = 1; break;
        case FTM2_CH0:    *FTMx = FTM_2; *CHy = 0; break;
        case FTM2_CH1:    *FTMx = FTM_2; *CHy = 1; break;
        case FTM2_CH2:    *FTMx = FTM_2; *CHy = 2; break;
        case FTM2_CH3:    *FTMx = FTM_2; *CHy = 3; break;
```

```
        case FTM2_CH4:    *FTMx = FTM_2; *CHy = 4; break;
        case FTM2_CH5:    *FTMx = FTM_2; *CHy = 5; break;
    }
}
```

F.6　FTM_INCAP（输入捕捉）底层驱动构件源文件

```
//==============================================================================
//文件名称：ftm_incap.c
//功能概要：FTM_INCAP（输入捕捉）底层驱动构件源文件
//芯片类型：KEA128
//版权所有：JSEI-SMH & SD-WYH
//版本更新：2020-07-28  V1.1
//==============================================================================
//1.包含本构件头文件
#include "ftm_incap.h"
//2.对仅用于本文件的全局变量和内部函数的声明
//（1）定义 FTM 0、1、2 号地址映射表
static const FTM_MemMapPtr FTM_ARR[ ]=
                        { FTM0_BASE_PTR, FTM1_BASE_PTR, FTM2_BASE_PTR };
//（2）定义 FTM 系统时钟门控位对应表
static uint_32 FTM_SCGC_TABLE[3]=
            { SIM_SCGC_FTM0_MASK, SIM_SCGC_FTM1_MASK, SIM_SCGC_FTM2_MASK };
//（3）定义 FTM 中断的 IRQ 号对应表
static IRQn_Type FTM_IRQ_TABLE[3] = { FTM0_IRQn, FTM1_IRQn, FTM2_IRQn };
//（4）内部函数声明
static void ftm_ch_num(uint_16 FTMx_CHy, uint_8 *FTMx, uint_8 *CHy);
//3. 对外接口函数的定义与实现
//==============================================================================
//函数名称：ftm_incap_init
//函数功能：对指定的 FTM 通道进行输入捕捉初始化（使用系统时钟 SYSTEM_CLK_KHZ/2=24MHz 作为 FTM
//          的时钟源，且 128 分频）
//函数参数：FTMx_CHy：FTM 模块号_通道号（FTM0_CH0、FTM0_CH1；FTM1_CH0、FTM1_CH1；
//                    FTM2_CH0、FTM2_CH1、FTM2_CH2、FTM2_CH3、FTM2_CH4、FTM2_CH5）
//          capmode：输入捕捉模式（上升沿、下降沿、上升沿或下降沿，可使用宏定义 CAP_UP、CAP_DOWN、
//                   CAP_DOUBLE）
//函数返回：无
//相关说明：经计算，在 FTM 时钟源频率 24MHz、128 分频下，定时器的计数频率为 187.5kHz，定时器的溢
//          出周期大约是 349ms。当被测脉冲信号的周期或脉宽小于定时器的溢出周期时，脉冲信号的周期
//          或脉宽=对应的计数次数/计数频率。正确的通道输入信号的最大频率是系统时钟的 4 分频，信号
//          采样需要符合 Nyquist 标准
```

```
//==========================================================================
void ftm_incap_init(uint_16 FTMx_CHy, uint_8 capmode)
{
    uint_8 FTMx,CHy;            //FTM 模块号、通道号
    FTM_MemMapPtr ftm_ptr;     //FTM 结构体类型指针，用于存放 FTM 模块寄存器的基地址
    ftm_ch_num(FTMx_CHy, &FTMx, &CHy);     //解析出对应的 FTM 模块号和通道号
    ftm_ptr = FTM_ARR[FTMx];                //获取 FTM 模块寄存器的基地址
    //函数参数过界处理
    if(FTMx > 2) FTMx = 2;                  //防止模块号越界
    //引脚复用功能设置
    switch(FTMx)
    {
        case FTM_0:
        {
            switch(CHy)
            {
                case 0:
                  #if  FTM0_CH0 == (PORT_A|0)
                    SIM_PINSEL0 &= ~SIM_PINSEL_FTM0PS0_MASK;
                  #elif  FTM0_CH0 == (PORT_B|2)
                    SIM_PINSEL0 |= SIM_PINSEL_FTM0PS0_MASK;
                  #endif
                    break;
                case 1:
                  #if    FTM0_CH1 == (PORT_A|1)
                    SIM_PINSEL0 &= ~SIM_PINSEL_FTM0PS1_MASK;
                  #elif  FTM0_CH1 == (PORT_B|3)
                    SIM_PINSEL0 |= SIM_PINSEL_FTM0PS1_MASK;
                  #endif
                    break;
            }
            break;
        }
        case FTM_1:
        {
            switch(CHy)
            {
                case 0:     //PTC4 用于 SWD_CLK
                  #if  FTM1_CH0 == (PORT_H|2)
                    SIM_PINSEL0 |= SIM_PINSEL_FTM1PS0_MASK;
                  #endif
                    break;
                case 1:
```

```
        #if   FTM1_CH1 == (PORT_C|5)
          SIM_PINSEL0 &= ~SIM_PINSEL_FTM1PS1_MASK;
        #elif  FTM1_CH1 == (PORT_E|7)
          SIM_PINSEL0 |= SIM_PINSEL_FTM1PS1_MASK;
        #endif
          break;
    }
    break;
}
case FTM_2:
{
    switch(CHy)
    {
        case 0:
        #if   FTM2_CH0 == (PORT_C|0)
          SIM_PINSEL1 &= ~SIM_PINSEL1_FTM2PS0_MASK;
        #elif  FTM2_CH0 == (PORT_H|0)
          SIM_PINSEL1 |= SIM_PINSEL1_FTM2PS0(1);
        #elif  FTM2_CH0 == (PORT_F|0)
          SIM_PINSEL1 |= SIM_PINSEL1_FTM2PS0(2);
        #endif
          break;
        case 1:
        #if   FTM2_CH1 == (PORT_C|1)
          SIM_PINSEL1 &= ~SIM_PINSEL1_FTM2PS1_MASK;
        #elif  FTM2_CH1 == (PORT_H|1)
          SIM_PINSEL1 |= SIM_PINSEL1_FTM2PS1(1);
        #elif  FTM2_CH1 == (PORT_F|1)
          SIM_PINSEL1 |= SIM_PINSEL1_FTM2PS1(2);
        #endif
          break;
        case 2:
        #if   FTM2_CH2 == (PORT_C|2)
          SIM_PINSEL1 &= ~SIM_PINSEL1_FTM2PS2_MASK;
        #elif  FTM2_CH2 == (PORT_D|0)
          SIM_PINSEL1 |= SIM_PINSEL1_FTM2PS2(1);
        #elif  FTM2_CH2 == (PORT_G|4)
          SIM_PINSEL1 |= SIM_PINSEL1_FTM2PS2(2);
        #endif
          break;
        case 3:
        #if   FTM2_CH3 == (PORT_C|3)
          SIM_PINSEL1 &= ~SIM_PINSEL1_FTM2PS3_MASK;
```

```
                #elif  FTM2_CH3 == (PORT_D|1)
                  SIM_PINSEL1  |= SIM_PINSEL1_FTM2PS3(1);
                #elif  FTM2_CH3 == (PORT_G|5)
                  SIM_PINSEL1  |= SIM_PINSEL1_FTM2PS3(2);
                #endif
                  break;
              case 4:  //PTB4 用于 NMI
                #if   FTM2_CH4 == (PORT_G|6)
                  SIM_PINSEL1  |= SIM_PINSEL1_FTM2PS4_MASK;
                #endif
                  break;
              case 5:
                #if   FTM2_CH5 == (PORT_B|5)
                  SIM_PINSEL1  &= ~SIM_PINSEL1_FTM2PS5_MASK;
                #elif  FTM2_CH5 == (PORT_G|7)
                  SIM_PINSEL1  |= SIM_PINSEL1_FTM2PS5_MASK;
                #endif
                  break;
          }
          break;
      }
    }
    SIM_SCGC  |= FTM_SCGC_TABLE[FTMx];           //使能 FTM 模块的系统时钟门控位
    //FTM 计数时钟设置（FTM 系统时钟频率为 24MHz，分频因子为 128，计数频率为 187.5kHz）
    FTM_SC_REG(ftm_ptr)    |= FTM_SC_CLKS(1)|   //时钟源选择系统时钟
                              FTM_SC_PS(7);     //时钟分频因子 128
    //FTM 定时器溢出中断禁止
    FTM_SC_REG(ftm_ptr)  &= ~FTM_SC_TOIE_MASK;
    //设置为输入捕捉功能
    FTM_CnSC_REG(ftm_ptr,CHy)  &=~FTM_CnSC_MSA_MASK;
    FTM_CnSC_REG(ftm_ptr,CHy)  &=~FTM_CnSC_MSB_MASK;
    //设置输入捕捉模式
    ftm_incap_mode(FTMx_CHy, capmode);
    //通道中断使能
    FTM_CnSC_REG(ftm_ptr,CHy)  |= FTM_CnSC_CHIE_MASK;
    //FTM 计数器恢复初值
    FTM_CNT_REG(ftm_ptr)  = 0;
}
//===================================================================
//函数名称：ftm_incap_mode
//函数功能：对指定的 FTM 通道进行捕捉模式选择
//函数参数：FTMx_CHy：FTM 模块号_通道号（FTM0_CH0、FTM0_CH1；FTM1_CH0、FTM1_CH1；
//                    FTM2_CH0、FTM2_CH1、FTM2_CH2、FTM2_CH3、FTM2_CH4、FTM2_CH5）
```

```
//          capmode：输入捕捉模式(上升沿、下降沿、上升沿或下降沿，可使用宏定义 CAP_UP、CAP_DOWN、
//                   CAP_DOUELE）
//函数返回：无
//===========================================================================
void ftm_incap_mode(uint_16 FTMx_CHy, uint_8 capmode)
{
    uint_8 FTMx,CHy;                    //FTM 模块号、通道号
    FTM_MemMapPtr ftm_ptr;              //FTM 结构体类型指针，用于存放 FTM 模块寄存器的基地址
    ftm_ch_num(FTMx_CHy, &FTMx, &CHy);      //解析出对应的 FTM 模块号和通道号
    ftm_ptr = FTM_ARR[FTMx];                //获取 FTM 模块寄存器的基地址
    //设置输入捕捉模式
    if(capmode == CAP_UP)                   //上升沿捕捉
    {
        FTM_CnSC_REG(ftm_ptr,CHy) &=~FTM_CnSC_ELSB_MASK;
        FTM_CnSC_REG(ftm_ptr,CHy) |= FTM_CnSC_ELSA_MASK;
    }
    else if(capmode == CAP_DOWN)            //下降沿捕捉
    {
        FTM_CnSC_REG(ftm_ptr,CHy) |= FTM_CnSC_ELSB_MASK;
        FTM_CnSC_REG(ftm_ptr,CHy) &=~FTM_CnSC_ELSA_MASK;
    }
    else if(capmode == CAP_DOUBLE)          //双边沿捕捉
    {
        FTM_CnSC_REG(ftm_ptr,CHy) |= FTM_CnSC_ELSB_MASK;
        FTM_CnSC_REG(ftm_ptr,CHy) |= FTM_CnSC_ELSA_MASK;
    }
}
//===========================================================================
//函数名称：ftm_incap_get_value
//函数功能：获取 FTMx_CHy 通道的计数器当前值
//函数参数：FTMx_CHy：FTM 模块号_通道号（FTM0_CH0、FTM0_CH1；FTM1_CH0、FTM1_CH1；
//                    FTM2_CH0、FTM2_CH1、FTM2_CH2、FTM2_CH3、FTM2_CH4、FTM2_CH5）
//函数返回：FTMx_CHy 通道的计数器当前值
//===========================================================================
uint_16 ftm_incap_get_value(uint_16 FTMx_CHy)
{
    uint_8 FTMx,CHy;                    //FTM 模块号、通道号
    FTM_MemMapPtr ftm_ptr;              //FTM 结构体类型指针，用于存放 FTM 模块寄存器的基地址
    uint_16 cnt;                        //用于保存 FTMx_CHy 通道值（FTMx 计数器的当前值）
    ftm_ch_num(FTMx_CHy, &FTMx, &CHy);      //解析出对应的 FTM 模块号和通道号
    ftm_ptr = FTM_ARR[FTMx];                //获取 FTM 模块寄存器的基地址
    cnt = FTM_CnV_REG(ftm_ptr,CHy);         //读取 FTMx_CHy 通道值（FTMx 计数器的当前值）
    return (cnt);
```

```
}
//===========================================================================
//函数名称：ftm_int_enable
//函数功能：将指定 FTM 模块的中断使能（使 NVIC 使能 FTM 模块中断请求）
//函数参数：ftm_No: FTM 号 FTM_0、FTM_1、FTM_2
//函数返回：无
//===========================================================================
void ftm_int_enable(uint_8 ftm_No)
{
    NVIC_EnableIRQ(FTM_IRQ_TABLE[ftm_No]);    //使能 FTM 模块中断请求
}
//===========================================================================
//函数名称：ftm_int_disable
//函数功能：将指定 FTM 模块的中断禁止（使 NVIC 禁止 FTM 模块中断请求）
//函数参数：ftm_No: FTM 号 FTM_0、FTM_1、FTM_2
//函数返回：无
//===========================================================================
void ftm_int_disable(uint_8 ftm_No)
{
    NVIC_DisableIRQ(FTM_IRQ_TABLE[ftm_No]);  //禁止 FTM 模块中断请求
}
//===========================================================================
//函数名称：ftm_tof_get
//函数功能：获取指定 FTM 的定时器溢出标志 TOF 的值
//函数参数：ftm_No: FTM 号 FTM_0、FTM_1、FTM_2
//函数返回：1 表示定时器溢出，0 表示定时器未溢出
//相关说明：若定时器溢出中断使能且 FTM 模块中断使能，则 TOF=1 时产生定时器溢出中断
//===========================================================================
uint_8 ftm_tof_get(uint_8 ftm_No)
{
    FTM_MemMapPtr ftm_ptr;          //FTM 结构体类型指针，用于存放 FTM 模块寄存器的基地址
    ftm_ptr = FTM_ARR[ftm_No];      //获取 FTM 模块寄存器的基地址
    return (BGET(FTM_SC_TOF_SHIFT,FTM_SC_REG(ftm_ptr)));   //返回 TOF 的值
}

//===========================================================================
//函数名称：ftm_chf_get
//函数功能：获取 FTMx_CHy 通道标志 CHF 的值
//函数参数：FTMx_CHy: FTM 模块号_通道号（FTM0_CH0、FTM0_CH1; FTM1_CH0、FTM1_CH1;
//                   FTM2_CH0、FTM2_CH1、FTM2_CH2、FTM2_CH3、FTM2_CH4、FTM2_CH5）
//函数返回：1 表示有通道事件发生，0 表示无通道事件发生
//相关说明：若通道中断使能且 FTM 模块中断使能，则 CHF=1 时产生通道中断
//===========================================================================
```

```
uint_8 ftm_chf_get(uint_16 FTMx_CHy)
{
    uint_8 FTMx,CHy;                //FTM 模块号、通道号
    FTM_MemMapPtr ftm_ptr;          //FTM 结构体类型指针，用于存放 FTM 模块寄存器的基地址
    ftm_ch_num(FTMx_CHy, &FTMx, &CHy);  //解析出对应的 FTM 模块号和通道号
    ftm_ptr = FTM_ARR[FTMx];            //获取 FTM 模块寄存器的基地址
    return (BGET(FTM_CnSC_CHF_SHIFT,FTM_CnSC_REG(ftm_ptr, CHy)));//返回 CHF 的值
}
//============================================================================
//函数名称：ftm_tof_clear
//函数功能：清除指定 FTM 的定时器溢出标志 TOF
//函数参数：ftm_No: FTM 号 FTM_0、FTM_1、FTM_2
//函数返回：无
//============================================================================
void ftm_tof_clear(uint_8 ftm_No)
{
    FTM_MemMapPtr ftm_ptr;          //FTM 结构体类型指针，用于存放 FTM 模块寄存器的基地址
    ftm_ptr = FTM_ARR[ftm_No];      //获取 FTM 模块寄存器的基地址
    (void)FTM_SC_REG(ftm_ptr);      //读 FTMx_SC 寄存器
    FTM_SC_REG(ftm_ptr) ^= FTM_SC_TOF_MASK;  //清除定时器溢出标志 TOF
}
//============================================================================
//函数名称：ftm_chf_clear
//函数功能：清除 FTMx_CHy 通道标志 CHF
//函数参数：FTMx_CHy: FTM 模块号_通道号（FTM0_CH0、FTM0_CH1; FTM1_CH0、FTM1_CH1;
//                   FTM2_CH0、FTM2_CH1、FTM2_CH2、FTM2_CH3、FTM2_CH4、FTM2_CH5）
//函数返回：无
//============================================================================
void ftm_chf_clear(uint_16 FTMx_CHy)
{
    uint_8 FTMx,CHy;                //FTM 模块号、通道号
    FTM_MemMapPtr ftm_ptr;          //FTM 结构体类型指针，用于存放 FTM 模块寄存器的基地址
    ftm_ch_num(FTMx_CHy, &FTMx, &CHy);    //解析出对应的 FTM 模块号和通道号
    ftm_ptr = FTM_ARR[FTMx];              //获取 FTM 模块寄存器的基地址
    (void)FTM_CnSC_REG(ftm_ptr, CHy);     //读 FTM_CnSC 寄存器
    //清除 FTMx_CHy 通道标志 CHF
    FTM_CnSC_REG(ftm_ptr, CHy) ^= FTM_CnSC_CHF_MASK;
}
//4.内部函数的定义与实现
//============================================================================
//函数名称：ftm_ch_num
//函数功能：对传入参数 FTMx_CHy 进行解析，得出并传回对应的 FTM 模块号与通道号。例如，FTM0_CH0
//          对应的 FTM 模块号*FTMx=FTM_0，通道号*CHy=0
```

```
//函数参数：FTMx_CHy：FTM模块号_通道号（FTM0_CH0、FTM0_CH1；FTM1_CH0、FTM1_CH1；
//                    FTM2_CH0、FTM2_CH1、FTM2_CH2、FTM2_CH3、FTM2_CH4、FTM2_CH5）
//          FTMx：用于传回FTM模块号FTM_0、FTM_1、FTM_2
//          CHy：用于传回通道号0、1、2、3、4、5
//================================================================================
static void ftm_ch_num(uint_16 FTMx_CHy, uint_8 *FTMx, uint_8 *CHy)
{
    switch(FTMx_CHy)
    {
        case FTM0_CH0:   *FTMx = FTM_0; *CHy = 0; break;
        case FTM0_CH1:   *FTMx = FTM_0; *CHy = 1; break;
        case FTM1_CH0:   *FTMx = FTM_1; *CHy = 0; break;
        case FTM1_CH1:   *FTMx = FTM_1; *CHy = 1; break;
        case FTM2_CH0:   *FTMx = FTM_2; *CHy = 0; break;
        case FTM2_CH1:   *FTMx = FTM_2; *CHy = 1; break;
        case FTM2_CH2:   *FTMx = FTM_2; *CHy = 2; break;
        case FTM2_CH3:   *FTMx = FTM_2; *CHy = 3; break;
        case FTM2_CH4:   *FTMx = FTM_2; *CHy = 4; break;
        case FTM2_CH5:   *FTMx = FTM_2; *CHy = 5; break;
    }
}
```

F.7 ADC底层驱动构件源文件

```
//================================================================================
//文件名称：adc.c
//功能概要：ADC底层驱动构件源文件
//芯片类型：KEA128
//版权所有：JSEI-SMH & SD-WYH
//版本更新：2020-07-08  V1.0
//================================================================================
//1.包含本构件头文件
#include "adc.h"
//2.对仅用于本文件的全局变量和内部函数的声明


//3. 对外接口函数的定义与实现
//================================================================================
//函数名称：adc_init
//函数功能：对指定的ADC通道进行初始化
//函数参数：channel：通道号，0～15分别对应AD0～AD15，22对应片内温度传感器
//                    MCU引脚号、引脚名与AD外部输入通道对应关系：
```

```
//                62-PTA0-AD0，  61-PTA1-AD1，  46-PTA6-AD2，  45-PTA7-AD3
//                42-PTB0-AD4，  41-PTB1-AD5，  40-PTB2-AD6，  39-PTB3-AD7
//                32-PTC0-AD8，  31-PTC1-AD9，  25-PTC2-AD10，24-PTC3-AD11
//                38-PTF4-AD12，37-PTF5-AD13，36-PTF6-AD14，35-PTF7-AD15
//         accurary：采样精度，单端 8 位、10 位、12 位
//函数返回：无
//相关说明：ADC 转换时钟频率范围如下：
//         高速（ADLPC=0）下，0.4～8MHz；低功耗（ADLPC=1）下，0.4～4MHz
//===========================================================================
void adc_init(uint_8 channel,uint_8 accurary)
{
    //1.使能 ADC 的系统时钟门控位
    SIM_SCGC  |= SIM_SCGC_ADC_MASK;
    //2.开启 ADC 通道对应引脚的 ADC 功能（I/O 功能禁用）
    ADC_APCTL1  |= (1<<channel);
    //3.配置 ADC_SC3：正常功耗、短采样时间、设置 ADC 时钟频率和采样精度
    //（1）设置 ADC 的时钟源和分频：选择总线时钟，4 分频
    ADC_SC3  |= ADC_SC3_ADICLK(0)  | ADC_SC3_ADIV(2);
    //（2）根据采样精度，设置 ADC_SC3_MODE 位
    switch(accurary)
    {
        case 8:
            ADC_SC3  |= ADC_SC3_MODE(0);       //选择 8 位转换模式
            break;
        case 10:
            ADC_SC3  |= ADC_SC3_MODE(1);       //选择 10 位转换模式
            break;
        case 12:
            ADC_SC3  |= ADC_SC3_MODE(2);       //选择 12 位转换模式
            break;
        default:
            ADC_SC3  |= ADC_SC3_MODE(2);       //选择 12 位转换模式
    }
    //4.配置 ADC_SC2：软件触发、比较功能禁用、默认参考电压 VREFH/VREFL
    ADC_SC2  = 0x00;
    //5.配置 ADC_SC1：选择采样通道，单次转换、ADC 中断关闭、清除 COCO 标志，启动 ADC
    ADC_SC1  |= ADC_SC1_ADCH(channel);
}
//===========================================================================
//函数名称：adc_read
//函数功能：对指定的 ADC 通道进行一次采样，读取 A/D 转换结果
//函数参数：channel：通道号，0～15 分别对应 AD0～AD15，22 对应片内温度传感器
//函数返回：A/D 转换结果
```

```
//=====================================================================
uint_16 adc_read(uint_8 channel)
{
    uint_16 adc_result = 0;
    //设置ADC_SC1，选择采样通道号
    ADC_SC1 = (ADC_SC1 & ~ADC_SC1_ADCH_MASK) | ADC_SC1_ADCH(channel);
    //等待转换完成
    while(!(ADC_SC1 & ADC_SC1_COCO_MASK));
    //读取转换结果，清除转换完成标志COCO
    adc_result = (uint_16)ADC_R;
    //返回读取结果
    return (adc_result);
}
```

F.8 CAN 底层驱动构件源文件

```
//=====================================================================
//文件名称：can.c
//功能概要：CAN底层驱动构件源文件
//芯片类型：KEA128
//版权所有：JSEI-SMH & SD-WYH
//版本更新：2019-07-01  V1.0
//=====================================================================
//1.包含本构件头文件
#include "can.h"
//2.对外接口函数的定义与实现
//=====================================================================
//函数名称：can_init
//函数功能：CAN模块初始化（使用标准格式帧），采用总线时钟作为CAN模块的时钟源
//函数参数：baud_rate：波特率50、100、200、250、500、1000，单位为kbit/s
//          rcv_id：预想接收的帧ID
//          filter：接收过滤器开关，可使用宏定义
//                  FLITER_ON表示开启过滤器，只接收ID为rcv_id的帧
//                  FILTER_OFF表示关闭过滤器，接收所有帧
//函数返回：无
//=====================================================================
void can_init(uint_16 baud_rate, uint_32 rcv_id, uint_8 filter)
{
    uint_8 i;
    //MSCAN结构体类型指针，存放CAN模块寄存器的基地址
```

```
  MSCAN_MemMapPtr can_ptr = MSCAN_BASE_PTR;
  //引脚复用功能设置
#if  (CAN_GROUP==1)    //复用引脚 PTC7 为 CAN_TX, PTC6 为 CAN_RX
  SIM_PINSEL1 &= ~SIM_PINSEL1_MSCANPS_MASK;
#elif  (CAN_GROUP==2)  //复用引脚 PTE7 为 CAN_TX, PTH2 为 CAN_RX
  SIM_PINSEL1  |=  SIM_PINSEL1_MSCANPS_MASK;
#endif
  //使能 MSCAN 的系统时钟门控位
  SIM_SCGC |= SIM_SCGC_MSCAN_MASK;
  //使能 MSCAN 模块
  MSCAN_CANCTL1_REG(can_ptr) |= MSCAN_CANCTL1_CANE_MASK;
  //请求进入初始化模式
  MSCAN_CANCTL0_REG(can_ptr) |= MSCAN_CANCTL0_INITRQ_MASK;
  //等待进入初始化模式
  while((MSCAN_CANCTL1_REG(can_ptr) & MSCAN_CANCTL1_INITAK_MASK)==0);
  if(filter == FILTER_ON)        //开启接收过滤器，只接收 ID 为 acc_id 的帧
  {
     //设置 CAN 验收过滤模式：IDAM=0 表示使用 2 个 32 位验收过滤器
     //                      IDAM=1 表示使用 4 个 16 位验收过滤器
     //                      IDAM=2 表示使用 8 个 8 位验收过滤器
     //                      IDAM=3 表示关闭验收过滤器(禁止接收消息)
     //使用 2 个 32 位验收过滤器
     MSCAN_CANIDAC_REG(can_ptr) |= MSCAN_CANIDAC_IDAM(0);
    //第 1 个 32 位验收过滤器
    //设置标识符验收寄存器的值
     //标准 ID 的高 8 位 ID[10:3]，对应 IDAR0 的 D7:D0
     MSCAN_CANIDAR_BANK_1_REG(can_ptr,0) = (uint_8)(rcv_id>>3);
     //标准 ID 的低 3 位 ID[2:0]，对应 IDAR1 的的 D7:D5
     MSCAN_CANIDAR_BANK_1_REG(can_ptr,1) = (uint_8)(rcv_id<<5);
     MSCAN_CANIDAR_BANK_1_REG(can_ptr,2) = 0xFF;
     MSCAN_CANIDAR_BANK_1_REG(can_ptr,3) = 0xFF;
     //设置标识符屏蔽寄存器的值（0 表示有关，1 表示无关）
     MSCAN_CANIDMR_BANK_1_REG(can_ptr,0) = 0x00;        //IDMR0 的 8 位设置为有关
     MSCAN_CANIDMR_BANK_1_REG(can_ptr,1) = 0x1F;        //IDMR1 的高 3 位设置为有关
     MSCAN_CANIDMR_BANK_1_REG(can_ptr,2) = 0xFF;
     MSCAN_CANIDMR_BANK_1_REG(can_ptr,3) = 0xFF;
    //第 2 个 32 位验收过滤器
    //设置标识符验收寄存器的值
    //标准 ID 的高 8 位 ID[10:3]，对应 IDAR0 的 D7:D0
     MSCAN_CANIDAR_BANK_2_REG(can_ptr,0) = (uint_8)(rcv_id>>3);
     //标准 ID 的低 3 位 ID[2:0]，对应 IDAR1 的的 D7:D5
     MSCAN_CANIDAR_BANK_2_REG(can_ptr,1) = (uint_8)(rcv_id<<5);
```

```
        MSCAN_CANIDAR_BANK_2_REG(can_ptr,2)  =  0xFF;
        MSCAN_CANIDAR_BANK_2_REG(can_ptr,3)  =  0xFF;
        //设置标识符屏蔽寄存器的值（0表示有关，1表示无关）
        MSCAN_CANIDMR_BANK_2_REG(can_ptr,0)  =  0x00;        //IDMR0的8位设置为有关
        MSCAN_CANIDMR_BANK_2_REG(can_ptr,1)  =  0x1F;        //IDMR1的高3位设置为有关
        MSCAN_CANIDMR_BANK_2_REG(can_ptr,2)  =  0xFF;
        MSCAN_CANIDMR_BANK_2_REG(can_ptr,3)  =  0xFF;
    }
    else  //关闭接收过滤器（屏蔽寄存器设置为无关，对所有数据来者不拒）
    {
        for (i = 0; i < 16; i++)
        {
            if(i<=3)
                MSCAN_CANIDAR_BANK_1_REG(can_ptr,i)  =  0xFF;
            else if(i>=4 && i<=7)
                MSCAN_CANIDMR_BANK_1_REG(can_ptr,i-4)  =  0xFF;  //屏蔽寄存器设置为无关
            else if(i>=8 && i<=11)
                MSCAN_CANIDAR_BANK_2_REG(can_ptr,i-8)  =  0xFF;
            else
                MSCAN_CANIDMR_BANK_2_REG(can_ptr,i-12)  =  0xFF;  //屏蔽寄存器设置为无关
        }
    }
    //配置时钟，设置波特率
    //采用总线时钟（24MHz）作为模块时钟
    MSCAN_CANCTL1_REG(can_ptr)  |= MSCAN_CANCTL1_CLKSRC_MASK;
    //同步跳转宽度为1个TQ
    MSCAN_CANBTR0_REG(can_ptr)  |= MSCAN_CANBTR0_SJW(0);
    //位时间采样次数为3
    MSCAN_CANBTR1_REG(can_ptr)  |= MSCAN_CANBTR1_SAMP_MASK;
    //MSCAN位时间=(1+TSEG1+TSEG2)*Tq ，其中Tq=1/(CAN模块时钟频率/预分频值)
    //              =(1+TSEG1+TSEG2)*预分频值/CAN模块时钟频率
    //MSCAN波特率（位速率）=CAN模块时钟频率/[(1+TSEG1+TSEG2)*预分频值]
    //例如：1Mbit/s  =24000k/[(1+16+7)*1]
    //      500kbit/s=24000k/[(1+16+7)*2]
    //      250kbit/s=24000k/[(1+16+7)*4]
    //      100kbit/s=24000k/[(1+16+7)*10]
    //      50kbit/s =24000k/[(1+16+7)*20]
    //BRP=00000~11111对应1~64预分频
    MSCAN_CANBTR0_REG(can_ptr)  |= MSCAN_CANBTR0_BRP(20/(baud_rate/50)-1);
    //TSEG2=000~111对应1~8
    MSCAN_CANBTR1_REG(can_ptr)  |= MSCAN_CANBTR1_TSEG2(6);
    //TSEG1=0000~1111对应1~16
```

```
    MSCAN_CANBTR1_REG(can_ptr) |= MSCAN_CANBTR1_TSEG1(15);
    //配置正常工作模式
    MSCAN_CANCTL1_REG(can_ptr)&=~MSCAN_CANCTL1_LOOPB_MASK;      //禁止回环测试模式
    MSCAN_CANCTL1_REG(can_ptr)&=~MSCAN_CANCTL1_LISTEN_MASK;     //禁止侦听模式
    //设置中断方式
    MSCAN_CANTIER_REG(can_ptr) = 0x00;                          //禁止发送器空中断
    //退出初始化模式，进入正常模式
    MSCAN_CANCTL0_REG(can_ptr) &= ~MSCAN_CANCTL0_INITRQ_MASK; //退出初始化模式
    //等待进入正常工作模式
    while ((MSCAN_CANCTL1_REG(can_ptr) & MSCAN_CANCTL1_INITAK_MASK) == 1);
    //等待总线通信时钟同步
    while ((MSCAN_CANCTL0_REG(can_ptr) & MSCAN_CANCTL0_SYNCH_MASK) == 0);
}
//==========================================================================
//函数名称：can_fill_std_msg
//函数功能：填充一个待发送的CAN标准格式帧数据包
//函数参数：send_msg：待发送CAN数据包结构体的首地址
//          id：待发送CAN标准格式帧的帧ID（11位）
//          buff：待发送数据缓冲区首地址
//          len：待发送数据长度（≤8字节）
//函数返回：函数执行状态（0表示填充成功，1表示数据长度输入错误）
//==========================================================================
uint_8 can_fill_std_msg(CAN_Msg *send_msg, uint_32 id, uint_8 *buff, uint_8 len)
{
    uint_8 i;
    send_msg->m_ID = id;                    //填充待发送的帧ID
    send_msg->m_IDE = 0;                    //填充帧模式：标准格式帧为0，扩展格式帧为1
    send_msg->m_RTR = 0;                    //填充帧类型：数据帧为0，远程帧为1
    send_msg->m_priority = 0;               //填充发送缓冲区优先级
    if (len > 8)                            //数据长度输入错误
    {
        return  1;
    }
    send_msg->m_dataLen = len;              //填充数据长度

    for (i = 0; i < send_msg->m_dataLen; i++)
    {
        send_msg->m_data[i] = buff[i];      //填充用户数据
    }

    return  0;                              //填充成功
}
```

```
//======================================================================
//函数名称：can_send_msg
//函数功能：CAN 发送数据包
//函数参数：send_msg：待发送 CAN 数据包结构体的首地址
//函数返回：函数执行状态（0 表示发送成功，1 表示数据帧长度错误，2 表示发送帧为扩展格式帧）
//======================================================================
uint_8 can_send_msg(CAN_Msg *send_msg)
{
    uint_8 txEmptyBuf;                  //空闲缓冲区掩码
    uint_8 i;
    //MSCAN 结构体类型指针，存放 CAN 模块寄存器的基地址
    MSCAN_MemMapPtr can_ptr = MSCAN_BASE_PTR;
    //检查数据长度
    if (send_msg->m_dataLen > 8)        //数据帧长度错误
    {
        return  1;
    }
    //检查总线是否同步
    while((MSCAN_CANCTL0_REG(can_ptr) & MSCAN_CANCTL0_SYNCH_MASK)==0);
    //寻找空闲缓冲区
    txEmptyBuf = 0;
    do
    {
        MSCAN_CANTBSEL_REG(can_ptr) = MSCAN_CANTFLG_REG(can_ptr);
        txEmptyBuf = MSCAN_CANTBSEL_REG(can_ptr);
    } while(!txEmptyBuf);
    //填写 CAN 发送标识符寄存器
    if (send_msg->m_IDE == 0)           //标准格式帧
    {
        //标准 ID 的高 8 位 ID[10:3]，对应 TSIDR0 的 D7:D0
        MSCAN_TSIDR0_REG(can_ptr) = (uint_8)(send_msg->m_ID>>3);
        //标准 ID 的低 3 位 ID[2:0]，对应 TSIDR1 的 D7:D5
        MSCAN_TSIDR1_REG(can_ptr) = (uint_8)(send_msg->m_ID<<5);
        //远程发送请求位 RTR
        MSCAN_TSIDR1_REG(can_ptr) |= (send_msg->m_RTR)<<MSCAN_TSIDR1_TSRTR_SHIFT;
        //ID 扩展位 IDE
        MSCAN_TSIDR1_REG(can_ptr) |= (send_msg->m_IDE)<<MSCAN_TSIDR1_TSIDE_SHIFT;
    }
    else
    {
        return  2;                      //发送帧为扩展格式帧
    }
```

```
    //填写 CAN 发送的数据段寄存器和数据长度寄存器
    if (send_msg->m_RTR == 0)          //数据帧
    {
        for(i=0; i<send_msg->m_dataLen; i++)
        {
            MSCAN_TEDSR_REG(can_ptr,i) = send_msg->m_data[i];   //填写CAN发送的数据段
        }
        MSCAN_TDLR_REG(can_ptr) = send_msg->m_dataLen;          //填写CAN发送的数据长度
    }
    else                                    //远程帧
    {
        MSCAN_TDLR_REG(can_ptr) = 0;        //填写 CAN 发送的数据长度为 0
    }
    //配置 CAN 发送优先级
    MSCAN_TBPR_REG(can_ptr) = send_msg->m_priority;
    //清 TXEx 标志，启动 CAN 发送
    MSCAN_CANTFLG_REG(can_ptr) = txEmptyBuf;
    return 0;                               //配置发送完成
}
//===========================================================================
//函数名称：can_rcv_msg
//函数功能：CAN 接收数据包
//函数参数：rcv_msg：存放待接收 CAN 数据包结构体缓冲区的首地址
//函数返回：函数执行状态（0 表示成功接收帧，1 表示未接收到帧，2 表示收到扩展格式帧）
//===========================================================================
uint_8 can_rcv_msg(CAN_Msg *re_msg)
{
    uint_8 i;
    //MSCAN 结构体类型指针，存放 CAN 模块寄存器的基地址
    MSCAN_MemMapPtr can_ptr = MSCAN_BASE_PTR;
    //检测接收标志，判断是否接收到帧
    if((MSCAN_CANRFLG_REG(can_ptr) & MSCAN_CANRFLG_RXF_MASK)==0)
    {
        return  1;                          //未接收到帧
    }
    //判断标准帧/扩展帧
   if(( MSCAN_RSIDR1_REG(can_ptr) & MSCAN_RSIDR1_RSIDE_MASK)==0)   //收到标准格式帧
   {
        //IDR0 的 D7:D0 对应 ID10:ID3;  IDR1 的 D7:D5 对应 ID2:ID0
        re_msg->m_ID=(((uint_32)MSCAN_RSIDR0_REG(can_ptr))<<3)
                    | (((uint_32)MSCAN_RSIDR1_REG(can_ptr))>>5);
        //读取 RTR 位
```

```
        re_msg->m_RTR = (MSCAN_RSIDR1_REG(can_ptr) &
            MSCAN_RSIDR1_RSRTR_MASK)>>MSCAN_RSIDR1_RSRTR_SHIFT;
        //IDE=0，表示标准帧
        re_msg->m_IDE = 0;
    }
    else   //收到扩展格式帧
    {
        return  2;
    }
    //判断数据帧/远程帧
    if((MSCAN_RSIDR1_REG(can_ptr) & MSCAN_RSIDR1_RSRTR_MASK)==0)   //收到数据帧
    {
        re_msg->m_dataLen = MSCAN_RDLR_REG(can_ptr);               //读取数据长度
        for (i = 0; i < re_msg->m_dataLen; i++)
        {
            re_msg->m_data[i] = MSCAN_REDSR_REG(can_ptr,i);        //读取数据段内容
        }
    }
    else      //收到远程帧
    {
        re_msg->m_dataLen = 0;     //数据长度
    }
    //清 RXF 标志位，释放接收缓冲区，准备接收下一帧
    MSCAN_CANRFLG_REG(can_ptr) |= MSCAN_CANRFLG_RXF_MASK;
    return 0;                        //成功接收帧
}
//===================================================================
//函数名称：can_rcv_int_enable
//函数功能：CAN 接收中断使能
//函数参数：无
//函数返回：无
//===================================================================
void can_rcv_int_enable(void)
{
    //MSCAN 结构体类型指针，存放 CAN 模块寄存器的基地址
    MSCAN_MemMapPtr can_ptr = MSCAN_BASE_PTR;
    //使能 CAN 接收缓冲区满中断
    MSCAN_CANRIER_REG(can_ptr)|= MSCAN_CANRIER_RXFIE_MASK;
    //使能 CAN 接收中断请求
    NVIC_EnableIRQ(MSCAN_RX_IRQn);
}
//===================================================================
```

```
//函数名称：can_rcv_int_disable
//函数功能：CAN 接收中断禁止
//函数参数：无
//函数返回：无
//===========================================================================
void can_rcv_int_disable(void)
{
    //MSCAN 结构体类型指针，存放 CAN 模块寄存器的基地址
    MSCAN_MemMapPtr can_ptr = MSCAN_BASE_PTR;
    //禁止 CAN 接收缓冲区满中断
    MSCAN_CANRIER_REG(can_ptr) &= ~MSCAN_CANRIER_RXFIE_MASK;
    //禁止 CAN 接收中断请求
    NVIC_DisableIRQ(MSCAN_RX_IRQn);
}
```

参考文献

[1] 王宜怀，李跃华. 汽车电子 KEA 系列微控制器——基于 ARM Cortex-M0+内核[M]. 北京：电子工业出版社，2015.

[2] 王宜怀，吴瑾，文瑾. 嵌入式技术基础与实践[M]. 4 版. 北京：清华大学出版社，2017.

[3] 索明何，邢海霞，李朝林. C 语言程序设计[M]. 2 版. 北京：机械工业出版社，2020.

[4] 饶运涛，邹继军，王进宏，等. 现场总线 CAN 原理与应用技术[M]. 2 版. 北京：北京航空航天大学出版社，2007.

[5] Freescale. KEA128 Sub-Family Data Sheet Rev 4，2014.（简称 KEA128 数据手册）

[6] Freescale. KEA128 Sub-Family Reference Manual Rev 2，2014.（简称 KEA128 参考手册）

[7] 周航慈. 单片机程序设计基础[M]. 北京：北京航空航天大学出版社，2013.

嵌入式技术与应用创新型教材

基于构件化的ARM嵌入式系统设计

（学习任务手册）

索明何　王宜怀　邢海霞　著

院　　系 ____________________

专　　业 ____________________

班　　级 ____________________

学　　号 ____________________

姓　　名 ____________________

指导教师 ____________________

電子工業出版社
Publishing House of Electronics Industry
北京•BEIJING

内 容 简 介

本教材采用项目化教学方式，以“项目、任务、活动”等理实一体教学模式呈现教学内容。按照循序渐进、搭积木的设计思想，共设计了10个项目：闪灯的设计与实现、开关状态指示灯的设计与实现、利用定时中断实现频闪灯、利用数码管显示数字、键盘的检测与控制、利用UART实现上位机和下位机的通信、利用PWM实现小灯亮度控制、利用输入捕捉测量脉冲信号的周期和脉宽、利用ADC设计简易数字电压表、利用CAN实现多机通信。每个项目均基于构件化设计，且均采用了“通用知识”→“硬件构件设计”→“软件构件设计”→“应用层程序设计”的学习流程。最后可根据学生的基础层次，利用10个项目中的部分项目或全部项目进行综合应用系统设计和课程考核。

为了方便教学和读者自学，本教材配套学习任务手册、电子教案、电子课件、基于构件化的嵌入式软件工程源程序、模拟试卷及答案等教学资源。

本教材可作为高等院校电子信息类、计算机类、自动化类、机电类等专业的单片机与嵌入式系统教材，也可供从事嵌入式技术开发的工程技术人员参考。

图书在版编目（CIP）数据

基于构件化的ARM嵌入式系统设计. 学习任务手册 / 索明何，王宜怀，邢海霞著. —北京：电子工业出版社，2021.1

ISBN 978-7-121-40165-7

Ⅰ. ①基… Ⅱ. ①索… ②王… ③邢… Ⅲ. ①微处理器－系统设计－高等学校－教材 Ⅳ. ①TP332.021

中国版本图书馆CIP数据核字（2020）第245300号

责任编辑：郭乃明　　特约编辑：田学清
印　　刷：涿州市般润文化传播有限公司
装　　订：涿州市般润文化传播有限公司
出版发行：电子工业出版社
　　　　　北京市海淀区万寿路173信箱　　邮编：100036
开　　本：787×1 092　1/16　印张：17.5　字数：387.5千字
版　　次：2021年1月第1版
印　　次：2025年1月第6次印刷
定　　价：49.00元（共2册）

凡所购买电子工业出版社图书有缺损问题，请向购买书店调换。若书店售缺，请与本社发行部联系，联系及邮购电话：（010）88254888，88258888。

质量投诉请发邮件至zlts@phei.com.cn，盗版侵权举报请发邮件到dbqq@phei.com.cn。

本书咨询联系方式：（010）88254561。

前　　言

“单片机与嵌入式系统”是电子信息类、自动化类等专业的核心课程，该课程面向嵌入式系统设计师工作岗位，目的是为社会培养嵌入式智能产品设计、分析、调试与创新能力的高素质技术技能型人才。

目前，以 ARM 微处理器为核心的嵌入式系统应用越来越广泛，越来越多的高校开始以基于 ARM 内核的微控制器为蓝本开展嵌入式技术教学。目前不少 ARM 嵌入式系统教材主要存在以下问题：

（1）过于依赖具体的 ARM 芯片资料，直接将芯片手册翻译成对应的章节，没有对嵌入式系统涉及的通用知识进行提取和总结，很难体现教学重点，没有很好地遵循“循序渐进、由简到难”的教学原则；

（2）直接将芯片厂家配套的软件开发工具包中的代码作为教材对应章节的样例程序，但软件开发工具包中的代码并没有按照软件工程的要求很好地进行工程组织，这会使初学者望而生畏。

基于上述两个主要问题，很难实现在不同嵌入式芯片和不同嵌入式应用系统之间的软硬件可移植性和可复用性，并且会导致课程教学难度大、教学效果不理想等。

针对上述问题，我们在嵌入式系统课程教学中进行了改革，为了实现嵌入式系统设计的可移植性和可复用性，嵌入式硬件和嵌入式软件均采用构件化的设计思想，即对嵌入式硬件和嵌入式软件进行封装，供系统设计者调用，并倡导嵌入式软件分层设计的理念，以降低嵌入式技术教学难度和开发难度，为分层教学、因材施教提供有效可行的途径，有效突出学生的学习主体地位，充分调动学生的学习积极性，使学生具有一定的辩证唯物主义运用能力、产品成本意识、劳动意识、创新意识和创新能力。

本教材在编写过程中，牢固树立以学习者为中心的教学理念，按照“以学生为中心、学习成果为导向、促进自主学习”的思路进行教材开发设计，充分体现“做中学、学中做”“教、学、做一体化”等教育教学特色，使学校教学过程与企业的生产过程相对接。以实际、实用、必需、够用为原则，本教材采用项目化教学方式，以“项目、任务、活动”等理实一体教学模式呈现教学内容。

本教材按照循序渐进、搭积木的设计思想，共设计了 10 个项目，每个项目均基于构件化设计，且均采用了“通用知识”→“硬件构件设计”→“软件构件设计”→“应用层程序设计”的学习流程。最后可根据学生的基础层次，利用 10 个项目中的部分项目或全部项目进行综合应用系统设计和课程考核。

为了方便教学和读者自学，本教材配套学习任务手册、电子教案、电子课件、基于构件化的嵌入式软件工程源程序、模拟试卷及答案等教学资源。

本教材由索明何、王宜怀和邢海霞著。索明何负责全书的策划、内容安排、案例选取和统稿工作。

本教材在编写过程中，得到了苏州大学 ARM 嵌入式与物联网技术中心、北京龙邱智能科技有限公司、北京和绪科技有限公司的热心帮助和指导，在此一并表示衷心的感谢。

由于著者水平有限，疏漏之处在所难免，恳请广大专家和读者提出宝贵的修正意见和建议。著者联系方式：1043510795@qq.com。

索明何

2020 年 7 月

目　　录

项目 1　闪灯的设计与实现

<table>
<tr><td>学号</td><td></td><td>姓名</td><td></td><td>小组成员</td><td colspan="2"></td></tr>
<tr><td>特别注意</td><td colspan="3">造成用电安全或人身伤害事故的，本项目总评成绩计 0 分。</td><td>项目总评成绩</td><td colspan="2"></td></tr>
<tr><td rowspan="4">素质目标</td><td colspan="4" rowspan="4">（1）基本职业素养：遵守工作时间，使用实践设备时注重用电安全，实践设备使用完毕后要断电并放于指定位置，程序设计要注重工程规范，养成良好的工作习惯。
（2）团结协作素养：小组内成员互查程序代码书写规范性、准确性和完整性，取长补短，具有责任意识、团队意识与协作精神。
（3）自主学习素养：能根据任务要求，查找相关资料解决实际问题；能自主完成学习任务手册的填写，培养自主学习的意识与一丝不苟的工作作风。
（4）思政和劳动素养：具有一定的辩证唯物主义运用能力、产品成本意识、劳动意识、创新意识和创新能力。</td><td>学生自评（2 分）</td><td></td></tr>
<tr><td>小组互评（2 分）</td><td></td></tr>
<tr><td>教师考评（6 分）</td><td></td></tr>
<tr><td>素质总评（10 分）</td><td></td></tr>
<tr><td rowspan="3">知识目标</td><td colspan="4" rowspan="3">（1）熟悉嵌入式系统的概念、组成及嵌入式技术的学习方法。
（2）熟悉 MCU 的资源。
（3）掌握嵌入式硬件最小系统设计。
（4）掌握 GPIO 的通用知识。
（5）熟悉 MCU 的 GPIO 底层驱动构件的设计方法。
（6）掌握 MCU 的 GPIO 底层驱动构件头文件的使用方法。
（7）掌握小灯的硬件构件和软件构件的设计及使用方法。
（8）掌握闪灯、流水灯的设计与实现方法。</td><td>学生自评（10 分）</td><td></td></tr>
<tr><td>教师考评（30 分）</td><td></td></tr>
<tr><td>知识考评（40 分）</td><td></td></tr>
<tr><td rowspan="4">能力目标</td><td colspan="4" rowspan="4">（1）能利用 Keil MDK 集成开发环境下的工程模板进行工程文件的组织和管理。
（2）能利用 J-Flash 软件进行目标程序的下载和运行。
（3）能进行 MCU 硬件最小系统和小灯的硬件构件设计。
（4）能利用给定的 GPIO 底层驱动构件头文件进行小灯软件构件设计。
（5）能利用小灯构件进行闪灯和流水灯的应用层程序设计。
（6）能借助于 MCU 参考手册分析 GPIO 底层驱动构件源文件的程序代码。</td><td>学生自评（5 分）</td><td></td></tr>
<tr><td>小组互评（5 分）</td><td></td></tr>
<tr><td>教师考评（40 分）</td><td></td></tr>
<tr><td>能力总评（50 分）</td><td></td></tr>
</table>

基础知识

1．请写出嵌入式系统的基本含义。

2．请写出微控制器（MCU）的基本含义。

3．请画出以微控制器（MCU）为核心的嵌入式系统框图。

4．从需求和供给的角度，可将 MCU 的引脚分为哪两类？请写出嵌入式硬件最小系统的含义和组成。

5．请分别写出图 1-1 中的 I_1 引脚电平与开关 K_1 状态的关系，以及 I_2 引脚电平与开关 K_2 状态的关系。分别写出图 1-2 中的 O_1 引脚电平与 LED 小灯状态（亮或灭）的关系，以及 O_2 引脚电平与蜂鸣器状态（响或不响）的关系。

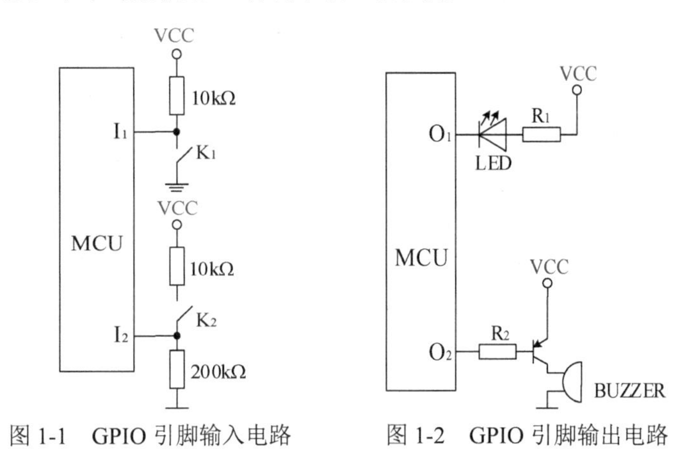

图 1-1　GPIO 引脚输入电路　　图 1-2　GPIO 引脚输出电路

6．请分别写出 GPIO 底层驱动构件函数声明，并说明各函数参数的含义，以及函数的返回值（对应 GPIO 底层驱动构件头文件 gpio.h）。

1）GPIO 驱动初始化的函数 gpio_init

函数声明：

函数参数：

函数返回：

2）GPIO 引脚输出状态设置的函数 gpio_set

函数声明：

函数参数：

函数返回：

3）GPIO 引脚输入状态获取的函数 gpio_get

函数声明：

函数参数：

函数返回：

4）GPIO 引脚输出状态反转的函数 gpio_reverse

函数声明：

函数参数：

函数返回：

5）GPIO 选择是否使用引脚内部上拉电阻的函数 gpio_pull

函数声明：

函数参数：

函数返回：

7. 请画出 4 个小灯 LIGHT1～LIGHT4 的硬件构件与 MCU 的引脚连接图（假设 LIGHT1～LIGHT4 分别与 MCU 的 PTB2、PTB3、PTF0、PTF1 引脚连接），并写出小灯硬件构件接口引脚的宏定义。

1）小灯硬件构件连接图

2）小灯硬件构件接口引脚的宏定义

示例：#define　LIGHT1　(PORT_A |0)

8. 请使用第6题中的GPIO底层驱动构件函数声明，并结合第7题和下面的宏定义，写出小灯软件构件函数的实现（对应小灯软件构件源文件light.c）。

```
//小灯状态宏定义（小灯亮、小灯灭对应的物理电平由硬件接法决定）
#define  LIGHT_ON      0          //小灯亮
#define  LIGHT_OFF     1          //小灯灭
```

1）小灯驱动初始化的函数light_init

```
//函数参数：port_pin：小灯使用的端口引脚号，可使用宏定义LIGHT1～LIGHT4
//          state：小灯的状态，可使用宏定义LIGHT_ON、LIGHT_OFF
void light_init(uint_16 port_pin, uint_8 state)
{


}
```

2）小灯状态控制的函数light_control

```
//函数参数：port_pin：小灯使用的端口引脚号，可使用宏定义LIGHT1～LIGHT4
//          state：小灯的状态，可使用宏定义LIGHT_ON、LIGHT_OFF
void light_control(uint_16 port_pin, uint_8 state)
{


}
```

3）小灯状态取反的函数light_change

```
//函数参数：port_pin：小灯使用的端口引脚号，可使用宏定义LIGHT1～LIGHT4
void light_change(uint_16 port_pin)
{


}
```

能力考核

9. 请使用第8题的小灯软件构件，完成MCU控制第7题中的任意3个小灯依次轮流点亮的主程序代码，并运行此程序，观察实验效果。

1）工程总头文件includes.h

```
#ifndef  _INCLUDES_H                //防止重复定义（开头）
#define  _INCLUDES_H
//包含使用到的软件构件头文件
#include  "common.h"                //包含公共要素软件构件头文件
#include  "gpio.h"                  //包含GPIO底层驱动构件头文件

________________________            //包含小灯软件构件头文件
#endif                              //防止重复定义（结尾）
```

2）主程序源文件 main.c

```
//1.包含总头文件
#include  "includes.h"
//2.主程序
int main(void)
{
    //（1）声明主函数使用的变量

    //（2）关总中断
    DISABLE_INTERRUPTS;    //关总中断
    //（3）给有关变量赋初值

    //（4）初始化功能模块和外设模块

    ______________________________________________________   //初始化小灯

    ______________________________________________________   //初始化小灯

    ______________________________________________________   //初始化小灯
    //（5）使能模块中断

    //（6）开总中断
    ENABLE_INTERRUPTS;    //开总中断
    //（7）进入主循环
    for(;;)
    {

        ______________________________________________________

        ______________________________________________________

        ______________________________________________________
        Delay_ms(500);    //延时 500ms

        ______________________________________________________

        ______________________________________________________

        ______________________________________________________
        Delay_ms(500);    //延时 500ms

        ______________________________________________________

        ______________________________________________________

        ______________________________________________________
        Delay_ms(500);    //延时 500ms
    }  //主循环结束
}
```

项目小结（收获和疑问等）
教师评语

项目 2　开关状态指示灯的设计与实现

<table>
<tr><td>学号</td><td></td><td>姓名</td><td></td><td>小组成员</td><td colspan="2"></td></tr>
<tr><td>特别注意</td><td colspan="3">造成用电安全或人身伤害事故的，本项目总评成绩计 0 分。</td><td>项目总评成绩</td><td colspan="2"></td></tr>
<tr><td rowspan="4">素质目标</td><td colspan="4" rowspan="4">（1）基本职业素养：遵守工作时间，使用实践设备时注重用电安全，实践设备使用完毕后要断电并放于指定位置，程序设计要注重工程规范，养成良好的工作习惯。
（2）团结协作素养：小组内成员互查程序代码书写规范性、准确性和完整性，取长补短，具有责任意识、团队意识与协作精神。
（3）自主学习素养：能根据任务要求，查找相关资料解决实际问题；能自主完成学习任务手册的填写，培养自主学习的意识与一丝不苟的工作作风。
（4）思政和劳动素养：具有一定的辩证唯物主义运用能力、产品成本意识、劳动意识、创新意识和创新能力。</td><td>学生自评（2 分）</td><td></td></tr>
<tr><td>小组互评（2 分）</td><td></td></tr>
<tr><td>教师考评（6 分）</td><td></td></tr>
<tr><td>素质总评（10 分）</td><td></td></tr>
<tr><td rowspan="3">知识目标</td><td colspan="4" rowspan="3">（1）掌握开关硬件构件和开关软件构件的设计及使用方法。
（2）掌握开关检测与控制功能的应用层程序设计方法。</td><td>学生自评（10 分）</td><td></td></tr>
<tr><td>教师考评（30 分）</td><td></td></tr>
<tr><td>知识考评（40 分）</td><td></td></tr>
<tr><td rowspan="4">能力目标</td><td colspan="4" rowspan="4">（1）能利用 Keil MDK 集成开发环境下的工程模板进行工程文件的组织和管理。
（2）能利用 J-Flash 软件进行目标程序的下载和运行。
（3）能进行开关硬件构件设计。
（4）能利用给定的 GPIO 底层驱动构件头文件进行开关软件构件设计。
（5）能利用项目 1 中的小灯构件和本项目中的开关构件进行开关状态指示灯的应用层程序设计。</td><td>学生自评（5 分）</td><td></td></tr>
<tr><td>小组互评（5 分）</td><td></td></tr>
<tr><td>教师考评（40 分）</td><td></td></tr>
<tr><td>能力总评（50 分）</td><td></td></tr>
</table>

基础知识

1. 请画出 4 个开关 SW1～SW4 的硬件构件与 MCU 的引脚连接图(假设 SW1～SW4 分别与 MCU 的 PTA0～PTA3 引脚连接)，并写出开关硬件构件接口引脚的宏定义。

1）开关硬件构件连接图

2）开关硬件构件接口引脚的宏定义

示例：#define　SW1　(PORT_C | 0)

2. 请根据项目 1 中第 6 题的 GPIO 底层驱动构件函数声明，并结合本项目第 1 题，写出开关软件构件函数的实现（对应开关软件构件源文件 sw.c）。

```
//开关状态宏定义（开关状态对应的物理电平由硬件接法决定）
#define   SW_CLOSE    0         //开关闭合
#define   SW_OPEN     1         //开关断开
```

1）开关驱动初始化的函数 sw_init（假设使用 MCU 引脚内部上拉）

```
//函数参数：port_pin：开关使用的端口引脚号，可使用宏定义 SW1～SW4
void sw_init(uint_16 port_pin)
{


}
```

2）开关状态获取的函数 sw_get

```
//函数参数：port_pin：开关使用的端口引脚号，可使用宏定义 SW1～SW4
//函数返回：开关引脚的状态：0 或 1
uint_8 sw_get(uint_16 port_pin)
{

}
```

能力考核

3. 请结合项目 1 中第 7 题的小灯硬件构件和本项目中第 1 题的开关硬件构件，使用项目 1 中第 8 题的小灯软件构件和本项目中第 2 题的开关软件构件，完成下面的程序，实现多路开关状态指示功能：3 个开关 SW1、SW2、SW3 的状态分别由 3 个小灯 LIGHT1、LIGHT2、LIGHT3 指示。例如，开关 SW1 闭合，小灯 LIGHT1 亮；开关 SW1 断开，小灯 LIGHT1 灭。运行此程序，观察实验效果。

1）工程总头文件 includes.h

```
#ifndef  _INCLUDES_H                //防止重复定义（开头）
#define  _INCLUDES_H
//包含使用到的软件构件头文件
#include  "common.h"                //包含公共要素软件构件头文件
#include  "gpio.h"                  //包含 GPIO 底层驱动构件头文件

_____________________________       //包含小灯软件构件头文件

_____________________________       //包含开关软件构件头文件
#endif                              //防止重复定义（结尾）
```

2）主程序源文件 main.c

```
//1.包含总头文件
#include  "includes.h"
//2.主程序
int main(void)
{
    //（1）声明主函数使用的变量

    //（2）关总中断
    DISABLE_INTERRUPTS;    //关总中断
    //（3）给有关变量赋初值

    //（4）初始化功能模块和外设模块

    _________________________________________    //初始化小灯 LIGHT1

    _________________________________________    //初始化小灯 LIGHT2

    _________________________________________    //初始化小灯 LIGHT3

    _________________________________________    //初始化开关 SW1

    _________________________________________    //初始化开关 SW2

    _________________________________________    //初始化开关 SW3
```

```
    //（5）使能模块中断

    //（6）开总中断
    ENABLE_INTERRUPTS;    //开总中断
    //（7）进入主循环
    for(;;)
    {
        //查询开关状态，控制对应小灯亮灭
        ______________________________    //开关SW1闭合，小灯LIGHT1亮
        ______________________________    //开关SW1断开，小灯LIGHT1灭
        ______________________________    //开关SW2闭合，小灯LIGHT2亮
        ______________________________    //开关SW2断开，小灯LIGHT2灭
        ______________________________    //开关SW3闭合，小灯LIGHT3亮
        ______________________________    //开关SW3断开，小灯LIGHT3灭
    }  //主循环结束
}
```

项目小结（收获和疑问等）

教师评语

项目 3 利用定时中断实现频闪灯

<table>
<tr><td>学号</td><td></td><td>姓名</td><td></td><td>小组成员</td><td colspan="2"></td></tr>
<tr><td>特别注意</td><td colspan="3">造成用电安全或人身伤害事故的，本项目总评成绩计0分。</td><td>项目总评成绩</td><td colspan="2"></td></tr>
<tr><td rowspan="4">素质目标</td><td colspan="4" rowspan="4">（1）基本职业素养：遵守工作时间，使用实践设备时注重用电安全，实践设备使用完毕后要断电并放于指定位置，程序设计要注重工程规范，养成良好的工作习惯。
（2）团结协作素养：小组内成员互查程序代码书写规范性、准确性和完整性，取长补短，具有责任意识、团队意识与协作精神。
（3）自主学习素养：能根据任务要求，查找相关资料解决实际问题；能自主完成学习任务手册的填写，培养自主学习的意识与一丝不苟的工作作风。
（4）思政和劳动素养：具有一定的辩证唯物主义运用能力、产品成本意识、劳动意识、创新意识和创新能力。</td><td>学生自评（2分）</td><td></td></tr>
<tr><td>小组互评（2分）</td><td></td></tr>
<tr><td>教师考评（6分）</td><td></td></tr>
<tr><td>素质总评（10分）</td><td></td></tr>
<tr><td rowspan="3">知识目标</td><td colspan="4" rowspan="3">（1）理解中断的概念及中断管理过程。
（2）熟悉MCU的定时器模块及其底层驱动构件设计方法。
（3）掌握MCU的定时器底层驱动构件头文件的使用方法。
（4）掌握定时中断的应用层程序设计方法。</td><td>学生自评（10分）</td><td></td></tr>
<tr><td>教师考评（30分）</td><td></td></tr>
<tr><td>知识考评（40分）</td><td></td></tr>
<tr><td rowspan="4">能力目标</td><td colspan="4" rowspan="4">（1）能利用Keil MDK集成开发环境下的工程模板进行工程文件的组织和管理。
（2）能利用J-Flash软件进行目标程序的下载和运行。
（3）能利用给定的FTM、SysTick底层驱动构件头文件和项目1中的小灯构件进行频闪灯和流水灯的应用层程序设计。
（4）能借助于MCU参考手册等资料分析FTM、SysTick底层驱动构件源文件的程序代码。</td><td>学生自评（5分）</td><td></td></tr>
<tr><td>小组互评（5分）</td><td></td></tr>
<tr><td>教师考评（40分）</td><td></td></tr>
<tr><td>能力总评（50分）</td><td></td></tr>
</table>

基础知识

1．请写出中断的含义，并画出中断响应流程。

2．请写出 MCU 内部的定时/计数器的定时原理。

3．请写出 KEA128 芯片的 FTM 基本定时底层驱动构件函数声明，并说明各函数参数的含义及函数的返回值（对应 FTM 基本定时底层驱动构件头文件 ftm_timer.h）。

```
//FTM 号宏定义
#define  FTM_0   0
#define  FTM_1   1
#define  FTM_2   2
```

1）对指定的 FTM 模块基本定时初始化的函数 ftm_timer_init

函数声明：

函数参数：

函数返回：

2）将指定 FTM 模块的中断使能的函数 ftm_int_enable

函数声明：

函数参数：

函数返回：

3）获取指定 FTM 的定时器溢出标志 TOF 值的函数 ftm_tof_get

函数声明：

函数参数：

函数返回：

4）清除指定 FTM 的定时器溢出标志 TOF 的函数 ftm_tof_clear

函数声明：

函数参数：

函数返回：

4．设定时/计数器的时钟源频率是 f，分频因子是 p，计数次数为 n，请写出定时器的定时时间计算公式。根据公式计算 f=24MHz、p=128、n=1~65536 对应的定时时间范围。

5．请写出 KEA128 芯片的内核定时器 SysTick 初始化函数 systick_init 的函数声明，并说明其函数参数的含义及函数的返回值。

函数声明：

函数参数：

函数返回：

能力考核

6．请结合项目 1 中第 7 题的小灯硬件构件，使用项目 1 中第 8 题的小灯软件构件和本项目中第 3 题的宏定义及 FTM 基本定时底层驱动构件头文件，完成下面的程序，实现利用 FTM2 定时中断实现频闪灯的功能，小灯 LIGHT3 的状态每隔 1s 取反 1 次。

1）工程总头文件 includes.h

```
#ifndef  _INCLUDES_H              //防止重复定义（开头）
#define  _INCLUDES_H
//包含使用到的软件构件头文件
#include  "common.h"              //包含公共要素软件构件头文件
#include  "gpio.h"                //包含 GPIO 底层驱动构件头文件
______________________            //包含小灯软件构件头文件
______________________            //包含 FTM 基本定时底层驱动构件头文件
```

```
#endif                                    //防止重复定义（结尾）
```

2）主程序源文件 main.c

```
//1.包含总头文件
#include  "includes.h"
//2.定义全局变量

//3.主程序
int main(void)
{
    //（1）声明主函数使用的变量

    //（2）关总中断
    DISABLE_INTERRUPTS;     //关总中断
    //（3）给有关变量赋初值

    //（4）初始化功能模块和外设模块

    ___________________________________________    //初始化小灯 LIGHT3

    ___________________________________________    //初始化 FTM2 定时器，定时 100ms
    //（5）使能模块中断

    ___________________________________________    //开启 FTM2 中断
    //（6）开总中断
    ENABLE_INTERRUPTS;    //开总中断
    //（7）进入主循环
    for(;;)
    {
        ;  //原地踏步
    }  //主循环结束
}
```

3）中断服务程序源文件 isr.c

```
//1.包含总头文件
#include "includes.h"
//2.声明外部变量（在 main.c 中定义）

//3.中断服务程序
//FTM2 中断服务程序：定时时间到，执行相应的定时功能程序
void FTM2_IRQHandler(void)
{
    DISABLE_INTERRUPTS;                        //关总中断

    ___________ uint_8 ftm_count = 0;          //定时中断次数计数值
```

```
    if(ftm_tof_get(FTM_2))                      //读取 FTM 定时器溢出标志 TOF
    {
        ftm_tof_clear(FTM_2);         //          清除 FTM 定时器溢出标志 TOF
        FTM2_CNT=0;                             //FTM2 计数器恢复初值
        //以下是定时功能程序
        ____________________________            //定时中断次数加 1
        ____________________________            //如果 1s 到
        {
            ____________________________        //定时中断次数清 0
            ____________________________        //改变小灯 LIGHT3 的状态
        }
    }
    ENABLE_INTERRUPTS;                          //开总中断
}
```

7. 请使用 SysTick 定时中断实现频闪灯，小灯 LIGHT2 的状态每隔 1s 取反 1 次。

1）工程总头文件 includes.h

```
#ifndef  _INCLUDES_H                  //防止重复定义（开头）
#define  _INCLUDES_H
//包含使用到的软件构件头文件
#include  "common.h"                  //包含公共要素软件构件头文件
#include  "gpio.h"                    //包含 GPIO 底层驱动构件头文件
_________________________             //包含小灯软件构件头文件
_________________________             //包含 Systick 定时器底层驱动构件头文件
#endif                                //防止重复定义（结尾）
```

2）主程序源文件 main.c

```
//1.包含总头文件
#include  "includes.h"
//2.定义全局变量

//3.主程序
int main(void)
{
    //（1）声明主函数使用的变量

    //（2）关总中断
    DISABLE_INTERRUPTS;     //关总中断
    //（3）给有关变量赋初值
```

```
    //（4）初始化功能模块和外设模块
    ______________________________________________    //初始化小灯 LIGHT2
    ______________________________________________    //初始化 SysTick,定时 10ms
    //（5）使能模块中断

    //（6）开总中断
    ENABLE_INTERRUPTS;    //开总中断
    //（7）进入主循环
    for(;;)
    {
        ;  //原地踏步
    }  //主循环结束
}
```

3）中断服务程序源文件 isr.c

```
//1.包含总头文件
#include  "includes.h"
//2.声明外部变量（在 main.c 中定义）

//3.中断服务程序
//SysTick 定时器中断服务程序：定时时间到，执行相应的定时功能程序
void SysTick_Handler(void)
{
   ___________ uint_8 SysTick_count = 0;     //定时中断次数计数器
   //以下是定时功能程序
   ____________________________              //定时中断次数加 1
   ____________________________              //如果 1s 到
   {
        ____________________________         //定时中断次数清 0
        ____________________________         //改变小灯 LIGHT2 的状态
   }
}
```

8. 请在本项目第 6 题或第 7 题的基础上，使用 FTM1 或 SysTick 定时中断实现 4 个小灯构成的流水灯效果，只写出主程序对应的“初始化外设模块”和中断服务程序对应的“定时功能程序”代码即可。

项目小结（收获和疑问等）

教师评语

项目 4　利用数码管显示数字

<table>
<tr><td>学号</td><td></td><td>姓名</td><td></td><td>小组成员</td><td colspan="2"></td></tr>
<tr><td>特别注意</td><td colspan="3">造成用电安全或人身伤害事故的，本项目总评成绩计 0 分。</td><td>项目总评成绩</td><td colspan="2"></td></tr>
<tr><td rowspan="4">素质目标</td><td colspan="4" rowspan="4">（1）基本职业素养：遵守工作时间，使用实践设备时注重用电安全，实践设备使用完毕后要断电并放于指定位置，程序设计要注重工程规范，养成良好的工作习惯。
（2）团结协作素养：小组内成员互查程序代码书写规范性、准确性和完整性，取长补短，具有责任意识、团队意识与协作精神。
（3）自主学习素养：能根据任务要求，查找相关资料解决实际问题；能自主完成学习任务手册的填写，培养自主学习的意识与一丝不苟的工作作风。
（4）思政和劳动素养：具有一定的辩证唯物主义运用能力、产品成本意识、劳动意识、创新意识和创新能力。</td><td>学生自评（2 分）</td><td></td></tr>
<tr><td>小组互评（2 分）</td><td></td></tr>
<tr><td>教师考评（6 分）</td><td></td></tr>
<tr><td>素质总评（10 分）</td><td></td></tr>
<tr><td rowspan="3">知识目标</td><td colspan="4" rowspan="3">（1）掌握数码管的通用知识、数码管的硬件构件设计方法。
（2）掌握数码管软件构件设计及使用方法。
（3）掌握数码管显示的应用层程序设计方法。</td><td>学生自评（10 分）</td><td></td></tr>
<tr><td>教师考评（30 分）</td><td></td></tr>
<tr><td>知识考评（40 分）</td><td></td></tr>
<tr><td rowspan="4">能力目标</td><td colspan="4" rowspan="4">（1）能利用 Keil MDK 集成开发环境下的工程模板进行工程文件的组织和管理。
（2）能利用 J-Flash 软件进行目标程序的下载和运行。
（3）能进行数码管硬件构件设计和软件构件设计。
（4）能理解数码管动态显示的实现方法。
（5）能利用项目 3 中的 FTM 或 SysTick 底层驱动构件头文件和本项目中的数码管软件构件进行数码管动态显示的应用层程序设计。
（4）能处理数码管显示中的“高位灭零”问题。</td><td>学生自评（5 分）</td><td></td></tr>
<tr><td>小组互评（5 分）</td><td></td></tr>
<tr><td>教师考评（40 分）</td><td></td></tr>
<tr><td>能力总评（50 分）</td><td></td></tr>
</table>

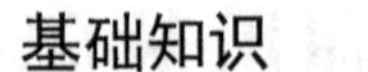

1．请画出 8 段数码管的结构图，并回答共阴极和共阳极的含义。

2．请画出四位一体组合共阳极数码管的硬件构件与 MCU 的引脚连接图（假设数码管的 8 根数据线 LED_D0～LED_D7 分别与 MCU 的 PTA0、PTA1、PTA2、PTA3、PTC5、PTB5、PTA6、PTA7 引脚连接，数码管的 4 根位选线 LED_CS1～LED_CS4 分别与 MCU 的 PTB0～PTB3 引脚连接），并写出数码管硬件构件接口引脚的宏定义。

1）数码管硬件构件连接图

2）数码管硬件构件接口引脚的宏定义

示例： #define LED_D0 (PORT_D|0)

3．请写出第 2 题中的共阳极数码管的笔形码。

数据线		D7 D6 D5 D4 D3 D2 D1 D0	笔形码
LED 段序		h g f e d c b a	（十六进制）
数字	0		
	1		
	2		
	3		
	4		
	5		
	6		
	7		
	8		
	9		
	空白		

4．请根据项目 1 中第 6 题的 GPIO 底层驱动构件函数声明，并结合本项目第 2 题和下面的宏定义及定义的数组，写出数码管软件构件函数的实现（对应数码管软件构件源文件 led.c）。

```
//数码管位选有效电平和无效电平宏定义（由硬件构件决定）
#define  LED_CS_ENABLE    0       //数码管位选有效电平
#define  LED_CS_DISABLE    1      //数码管位选无效电平
//数码管位数宏定义
#define  LED_NUM          4       //4 位数码管
//定义存放数码管数据线和位选线的数组
static uint_16 LED_D[ ]={    LED_D0, LED_D1, LED_D2, LED_D3,
                             LED_D4, LED_D5, LED_D6, LED_D7
                         };                                  //数码管数据线
static uint_16 LED_CS[ ]={ LED_CS1, LED_CS2, LED_CS3, LED_CS4 };//数码管位选线
//定义存放共阳极数码管笔形码的数组（硬件构件连接：LED_D7～LED_D0 对应 h～a）
static const uint_8 LED_table[ ]=
{
    //0    1    2    3    4    5    6    7    8    9    数组下标
    //0    1    2    3    4    5    6    7    8    9    显示字符 0～9
    0xC0,0xF9,0xA4,0xB0,0x99,0x92,0x82,0xF8,0x80,0x90,

    //10   11   12   13   14   15   16   17   18   19   数组下标
    //0.   1.   2.   3.   4.   5.   6.   7.   8.   9.   显示字符 0.～9.
    0x40,0x79,0x24,0x30,0x19,0x12,0x02,0x78,0x00,0x10,

    //20   21   22   23   24   25   26   27   28   29   数组下标
    //A    b    C    d    E    F    H    L    全亮 全灭 显示字母、全亮、全灭
    0x88,0x83,0xC6,0xA1,0x86,0x8E,0x89,0xC7, 0x00, 0xFF
};
```

1）数码管驱动初始化函数 led_init（将数码管的数据线和位选线作为 GPIO 输出线）

```
void led_init(void)
{






}
```

2）使指定的某 1 位数码管显示 1 个字符的函数 led_show

```
//函数参数：led_i：显示字符的数码管的位序（1~LED_NUM）
//         disp_data：待显示的字符对应笔形码数组中的下标
void led_show(uint_8 led_i, uint_8 disp_data)
{






}
```

能力考核

5．请使用本项目中第 4 题的数码管软件构件函数，完成下面的程序，实现：4 位数码管动态显示“学号”的后 4 位数字。

1）工程总头文件 includes.h

```
#ifndef  _INCLUDES_H              //防止重复定义（开头）
#define  _INCLUDES_H
//包含使用到的软件构件头文件
```

```
#include  "common.h"                //包含公共要素软件构件头文件
#include  "gpio.h"                  //包含 GPIO 底层驱动构件头文件

_________________________           //包含数码管软件构件头文件
#endif                              //防止重复定义（结尾）
```

2）主程序源文件 main.c

```
//1.包含总头文件
#include  "includes.h"
//2.主程序
int main(void)
{
    //（1）声明主函数使用的变量
    uint_8 led_i;                   //数码管的位序（1~LED_NUM，在此 LED_NUM=4）
    uint_8 disp[LED_NUM];           //4 位数码管分别显示的字符（对应笔形码数组下标）
    //（2）关总中断
    DISABLE_INTERRUPTS;             //关总中断
    //（3）给有关变量赋初值

    disp[0]=_____;    disp[1]=_____;    disp[2]=_____;    disp[3]=_____;
    //（4）初始化功能模块和外设模块

    _________________________       //初始化数码管
    //（5）使能模块中断

    //（6）开总中断
    ENABLE_INTERRUPTS;              //开总中断
    //（7）进入主循环
    for(;;)
    {
        //使 4 位数码管“同时”显示数据（间隔时间为 5ms，for 循环结构）

        ________________________________________
        {

            ___________________________________

            ___________________________________
        }
    }  //主循环结束
}
```

6．请结合项目 3 中的 FTM 基本定时底层驱动构件函数以及 FTM 定时中断程序设计方法，使用 FTM1 定时中断实现：4 位数码管上动态显示秒计数值。

1）工程总头文件 includes.h

```
#ifndef  _INCLUDES_H                //防止重复定义（开头）
```

```
#define  _INCLUDES_H
//包含使用到的软件构件头文件
#include  "common.h"            //包含公共要素软件构件头文件
#include  "gpio.h"              //包含 GPIO 底层驱动构件头文件
________________________        //包含数码管软件构件头文件
________________________        //包含 FTM 基本定时底层驱动构件头文件
#endif                          //防止重复定义（结尾）
```

2）主程序源文件 main.c

```
//1.包含总头文件
#include  "includes.h"
//2.定义全局变量
uint_8 g_disp[LED_NUM];          //4 位数码管分别显示的字符（对应笔形码数组下标）
//3.主程序
int main(void)
{
    //（1）声明主函数使用的变量

    //（2）关总中断
    DISABLE_INTERRUPTS;          //关总中断
    //（3）给有关变量赋初值
    g_disp[0]=0;  g_disp[1]=0;  g_disp[2]=0;  g_disp[3]=0;
    //（4）初始化功能模块和外设模块
    ______________________________      //初始化数码管
    ______________________________      //初始化 FTM1 定时器，定时 5ms
    //（5）使能模块中断
    ______________________________      //开启 FTM1 中断
    //（6）开总中断
    ENABLE_INTERRUPTS;    //开总中断
    //（7）进入主循环
    for(;;)
    {
        ;  //原地踏步
    }  //主循环结束
}
```

3）中断服务程序源文件 isr.c

```
//1.包含总头文件
#include "includes.h"
//2.声明外部变量（在 main.c 中定义）
```

```
_____________ uint_8 g_disp[LED_NUM]; //4 位数码管分别显示的字符（对应笔形码数
组下标）
//3.中断服务程序
//FTM1 中断服务程序：定时时间到，执行相应的定时功能程序
void FTM1_IRQHandler(void)
{
   DISABLE_INTERRUPTS;                //关总中断
   ___________ uint_8 led_i=1;        //数码管的位序（1~LED_NUM，在此 LED_NUM=4）
   ___________ uint_8 ftm_count = 0;      //定时中断次数计数值
   ___________ uint_16 snd=0;             //秒计数器
   if(ftm_tof_get(FTM_1))                 //读取 FTM 定时器溢出标志 TOF
   {
      ftm_tof_clear(FTM_1);               //清除 FTM 定时器溢出标志位 TOF
      FTM1_CNT=0;                         //FTM1 计数器恢复初值
      //以下是定时功能程序
      ____________________________        //定时中断次数加 1
      ____________________________        //如果 1s 到
      {
         ________________________         //秒计数器加 1
         ________________________         //如果秒计数值大于 9999
            ________________________      //秒计数器清 0
         led_buff_update(snd, g_disp);//更新数码管显示的数据
      }
      ______________________________      //数码管的位序加 1
      ______________________________      //如果数码管的位序大于 LED_NUM
         _________________________        //数码管的位序恢复至 1
      ______________________________      //使某 1 位数码管显示 1 个字符
   }
   ENABLE_INTERRUPTS;                     //开总中断
}
```

7. 当本项目第 6 题的程序运行 15s 时，4 位数码管将显示“0015”，而我们希望此时数码管上只显示“15”，即高位灭零。请完善本项目第 6 题的程序，以实现高位灭零的效果（提示：可借助教材附录 E 中的计算非负整数位数的函数 int_digit 实现）。请将完善的情况写在下面的空白处。

项目小结（收获和疑问等）

教师评语

项目 5　键盘的检测与控制

<table>
<tr><td>学号</td><td></td><td>姓名</td><td></td><td>小组成员</td><td colspan="2"></td></tr>
<tr><td>特别注意</td><td colspan="3">造成用电安全或人身伤害事故的，本项目总评成绩计 0 分。</td><td>项目总评成绩</td><td colspan="2"></td></tr>
<tr><td rowspan="4">素质目标</td><td colspan="4" rowspan="4">（1）基本职业素养：遵守工作时间，使用实践设备时注重用电安全，实践设备使用完毕后要断电并放于指定位置，程序设计要注重工程规范，养成良好的工作习惯。
（2）团结协作素养：小组内成员互查程序代码书写规范性、准确性和完整性，取长补短，具有责任意识、团队意识与协作精神。
（3）自主学习素养：能根据任务要求，查找相关资料解决实际问题；能自主完成学习任务手册的填写，培养自主学习的意识与一丝不苟的工作作风。
（4）思政和劳动素养：具有一定的辩证唯物主义运用能力、产品成本意识、劳动意识、创新意识和创新能力。</td><td>学生自评（2 分）</td><td></td></tr>
<tr><td>小组互评（2 分）</td><td></td></tr>
<tr><td>教师考评（6 分）</td><td></td></tr>
<tr><td>素质总评（10 分）</td><td></td></tr>
<tr><td rowspan="3">知识目标</td><td colspan="4" rowspan="3">（1）掌握键盘的通用知识、键盘的硬件构件设计方法。
（2）掌握键盘软件构件设计及使用方法。
（3）掌握键盘检测与控制功能的应用层程序设计方法。</td><td>学生自评（10 分）</td><td></td></tr>
<tr><td>教师考评（30 分）</td><td></td></tr>
<tr><td>知识考评（40 分）</td><td></td></tr>
<tr><td rowspan="4">能力目标</td><td colspan="4" rowspan="4">（1）能利用 Keil MDK 集成开发环境下的工程模板进行工程文件的组织和管理。
（2）能利用 J-Flash 软件进行目标程序的下载和运行。
（3）能进行键盘硬件构件设计和软件构件设计。
（4）能理解 MCU 对键盘检测与控制的主程序流程。
（5）能利用键盘构件及项目 1 中的小灯构件、项目 3 的定时器构件、项目 4 中的数码管构件进行键盘检测与控制功能的应用层程序设计。</td><td>学生自评（5 分）</td><td></td></tr>
<tr><td>小组互评（5 分）</td><td></td></tr>
<tr><td>教师考评（40 分）</td><td></td></tr>
<tr><td>能力总评（50 分）</td><td></td></tr>
</table>

基础知识

1．请写出图 5-1 中 MCU 检测键状态的原理。

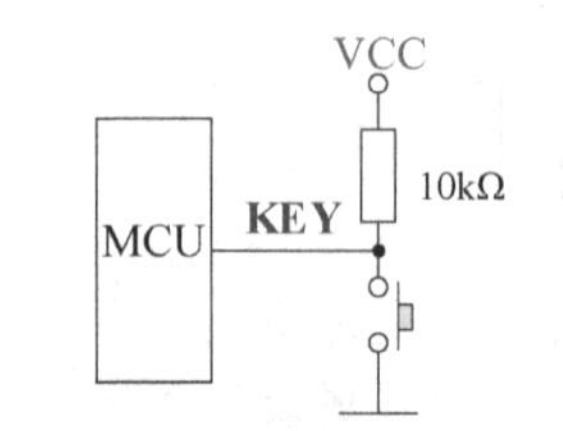

图 5-1　MCU 检测键状态原理图

2．请写出两种常用的按键抖动处理方法。

3．请画出独立式键盘硬件构件与 MCU 的引脚连接图（假设 4 个键 KEY1～KEY4 分别与 MCU 的 PTD0～PTD3 引脚连接，并且不使用外部滤波器件），并写出独立式键盘硬件构件接口引脚的宏定义。

1）独立式键盘硬件构件连接图

2）独立式键盘硬件构件接口引脚的宏定义

示例：　#define　KEY1　　(PORT_G｜0)

4．请画出 4×4 矩阵式键盘的硬件构件与 MCU 的引脚连接图（假设 4 根行线 R1～R4 分别与 MCU 的 PTG0～PTG3 引脚连接，4 根列线 C1～C4 分别与 MCU 的 PTG4～PTG7 引脚连接），并写出矩阵式键盘硬件构件接口引脚的宏定义。

1）矩阵式键盘硬件构件连接图

2）矩阵式键盘硬件构件接口引脚的宏定义

示例：　#define　R1　(PORT_G | 0)

5．请结合本项目第 4 题中的矩阵式键盘，写出使用反转扫描法识别按键的工作原理。

6．对于本项目第 4 题中的矩阵式键盘，假设采用 $C_4C_3C_2C_1R_4R_3R_2R_1$（键所在行和列的位为 0，其他位为 1）的二进制数编制每个键的特征码（键值），请填写表 5-1 的矩阵式键盘编码表。

表 5-1　矩阵式键盘编码表

键名	'1'	'2'	'3'	'A'	'4'	'5'	'6'	'B'	
键值									
键名	'7'	'8'	'9'	'C'	'*'	'0'	'#'	'D'	未按下
键值									0xFF

7．请根据项目 1 第 6 题中的 GPIO 底层驱动构件函数声明，并结合本项目第 3 题，写出独立式键盘软件构件函数的实现（对应独立式键盘软件构件源文件 indep_kb.c）。

```
//键状态宏定义（键状态对应的物理电平由硬件接法决定）
#define  KEY_DOWN   0               //键被按下
#define  KEY_UP     1               //键未被按下
```

1）独立式键盘驱动初始化的函数 key_init（设置引脚为输入，假设使用 MCU 引脚内部上拉）

```
//函数参数：port_pin，键使用的端口引脚号，可使用宏定义 KEY1～KEY4
void key_init(uint_16 port_pin)
{


}
```

2）键状态获取的函数 key_get

```
//函数参数：port_pin，键使用的端口引脚号，可使用宏定义 KEY1～KEY4
//函数返回：键引脚的状态（0 或 1）
uint_8 key_get(uint_16 port_pin)
{

}
```

8. 请画出独立式键盘在延时躲抖下的检测与控制的主程序查询流程图，以及矩阵式键盘的检测与控制的主程序查询流程（均需要防止键盘连击现象）。

能力考核

9. 请结合项目 4 中的定时中断实现数码管动态显示程序设计方法、本项目的独立式键盘构件及本项目第 8 题中的流程图，编程实现：对某一个键（如 KEY1）的按键次数进行统计，并在数码管上显示该键的按键次数。

1）工程总头文件 includes.h

```
#ifndef  _INCLUDES_H                  //防止重复定义（开头）
#define  _INCLUDES_H
//包含使用到的软件构件头文件
#include  "common.h"                  //包含公共要素软件构件头文件
#include  "gpio.h"                    //包含GPIO底层驱动构件头文件
_________________________             //包含数码管软件构件头文件
_________________________             //包含SysTick定时器底层驱动构件头文件
_________________________             //包含独立式键盘软件构件头文件
#endif                                //防止重复定义（结尾）
```

2）主程序源文件 main.c

```
//1.包含总头文件
#include  "includes.h"
//2.定义全局变量
uint_8 g_disp[LED_NUM];          //4 位数码管分别显示的字符（对应笔形码数组下标）
//3.主程序
int main(void)
{
    //（1）声明主函数使用的变量
    uint_32 key_cnt;                //存放按键的次数
    //（2）关总中断
    DISABLE_INTERRUPTS;             //关总中断
    //（3）给有关变量赋初值
    g_disp[0]=0;   g_disp[1]=0;  g_disp[2]=0;  g_disp[3]=0;
    ________________________________    //按键的次数初值为 0
    //（4）初始化功能模块和外设模块
    ________________________________    //初始化 KEY1 键
    ________________________________    //初始化数码管
    ________________________________    //初始化 SysTick 定时器，定时 5ms
    //（5）使能模块中断

    //（6）开总中断
    ENABLE_INTERRUPTS;   //开总中断
    //（7）进入主循环
    for(;;)
    {
        ____________________________________    //若 KEY1 键被按下
        {
            Delay_ms(20);                       //延时躲抖
            ____________________________________//再次读键，若该键确实被按下
            {
                ________________________________//按键次数加 1
                led_buff_update(key_cnt, g_disp); //更新数码管显示数据缓冲区
                ________________________________//等待按键释放，防止连击
            }
        }
    }  //主循环结束
}
```

3）中断服务程序源文件 isr.c

```
//1.包含总头文件
#include "includes.h"
//2.声明外部变量（在 main.c 中定义）
__________   uint_8 g_disp[LED_NUM];  //4 位数码管分别显示的字符(对应笔形码数组下标)
//3.中断服务程序
//SysTick 中断服务程序：定时时间到，执行相应的定时功能程序
void SysTick_Handler(void)
{
    DISABLE_INTERRUPTS;                    //关总中断
    ___________ uint_8 led_i=1;           //数码管的位序（1~LED_NUM，在此 LED_NUM=4）
    //以下是定时功能程序
    ______________________________         //数码管的位序加 1
    ______________________________         //如果数码管的位序大于 LED_NUM
           ______________________          //数码管的位序恢复至 1
    ______________________________         //使某 1 位数码管显示 1 个字符
    ENABLE_INTERRUPTS;                     //开总中断
}
```

10．请结合项目 1 中的小灯构件，使用本项目的矩阵式键盘构件及本项目第 8 题中的流程图，并借助教材中矩阵式键盘软件构件头文件 matrix_kb.h 中的键盘驱动初始化函数 kb_init 和键盘扫描函数 kb_scan，编程实现：按 '1' 键时，启动小灯 LIGHT1 闪烁；按 '2'键时，启动小灯 LIGHT2 闪烁；按其他键时，小灯 LIGHT1 和 LIGHT2 均熄灭。

1）工程总头文件 includes.h

```
#ifndef  _INCLUDES_H                  //防止重复定义（开头）
#define  _INCLUDES_H
//包含使用到的软件构件头文件
#include  "common.h"                  //包含公共要素软件构件头文件
#include  "gpio.h"                    //包含 GPIO 底层驱动构件头文件
_________________________             //包含小灯软件构件头文件
_________________________             //包含矩阵式键盘软件构件头文件
#endif                                //防止重复定义（结尾）
```

2）主程序源文件 main.c

```
//1.包含总头文件
#include  "includes.h"
//2.主程序
```

```
int main(void)
{
    //（1）声明主函数使用的变量
    uint_8 flag1, flag2;     //存放小灯的控制标志：1表示小灯闪烁，0表示小灯熄灭
    uint_8 key_name_1,key_name_2;         //存放键盘扫描获取的键名
    //（2）关总中断
    DISABLE_INTERRUPTS;                   //关总中断
    //（3）给有关变量赋初值
    flag1 = 0;
    flag2 = 0;
    key_name_1 = key_name_2 = 0xff;       //0xff表示无键被按下
    //（4）初始化功能模块和外设模块
    ______________________________        //初始化小灯LIGHT1（熄灭）
    ______________________________        //初始化小灯LIGHT2（熄灭）
    ______________________________    //初始化矩阵式键盘（假设使用MCU引脚内部上拉）
    //（5）使能模块中断

    //（6）开总中断
    ENABLE_INTERRUPTS;   //开总中断
    //（7）进入主循环
    for(;;)
    {
        ______________________________    //扫描键盘，获取键名（赋给变量key_name_1）
        ______________________________     //若有键被按下
        {
            Delay_ms(20);                       //延时躲抖
            _________________________ //再次扫描键盘，获取键名（赋给变量key_name_2）

            //若两次按下的是同一个键，则解析按键，执行功能程序
            ______________________________________________________
            {
                switch(key_name_2)
                {
                    case '1':
                        _________________________    //小灯LIGHT1的控制标志置1
                        _________________________    //等待按键释放
                        break;
```

```
                case '2':
                    ___________________        //小灯 LIGHT2 的控制标志置 1
                    ________________________        //等待按键释放
                    break;
                default:
                    ___________________        //两个小灯的控制标志均清 0
            }
        }
    }
    ________________________        //如果小灯 LIGHT1 的控制标志不为 0
    {
      ________________________        //小灯 LIGHT1 的状态取反
      Delay_ms(500);                  //延时 500ms
    }
    else
      ________________________        //控制小灯 LIGHT1 熄灭
    ________________________        //如果小灯 LIGHT2 的控制标志不为 0
    {
      ________________________        //小灯 LIGHT2 的状态取反
      Delay_ms(500);                  //延时 500ms
    }
    else
      ________________________        //控制小灯 LIGHT2 熄灭
  }  //主循环结束
}
```

项目小结（收获和疑问等）

教师评语

项目 6　利用 UART 实现上位机和下位机的通信

<table>
<tr><td>学号</td><td></td><td>姓名</td><td></td><td>小组成员</td><td colspan="2"></td></tr>
<tr><td>特别注意</td><td colspan="3">造成用电安全或人身伤害事故的，本项目总评成绩计 0 分。</td><td>项目总评成绩</td><td colspan="2"></td></tr>
<tr><td rowspan="4">素质目标</td><td colspan="4" rowspan="4">（1）基本职业素养：遵守工作时间，使用实践设备时注重用电安全，实践设备使用完毕后要断电并放于指定位置，程序设计要注重工程规范，养成良好的工作习惯。
（2）团结协作素养：小组内成员互查程序代码书写规范性、准确性和完整性，取长补短，具有责任意识、团队意识与协作精神。
（3）自主学习素养：能根据任务要求，查找相关资料解决实际问题；能自主完成学习任务手册的填写，培养自主学习的意识与一丝不苟的工作作风。
（4）思政和劳动素养：具有一定的辩证唯物主义运用能力、产品成本意识、劳动意识、创新意识和创新能力。</td><td>学生自评（2 分）</td><td></td></tr>
<tr><td>小组互评（2 分）</td><td></td></tr>
<tr><td>教师考评（6 分）</td><td></td></tr>
<tr><td>素质总评（10 分）</td><td></td></tr>
<tr><td rowspan="3">知识目标</td><td colspan="4" rowspan="3">（1）掌握 UART 通信的通用知识。
（2）熟悉 MCU 的 UART 模块及其驱动构件设计方法。
（3）掌握 MCU 的 UART 底层驱动构件头文件的使用方法。
（4）掌握 UART 通信的应用层程序设计方法。
（5）掌握上位机和下位机的串口通信与调试方法。
（6）掌握通过 UART 接口实现利用格式化输出函数 printf 向 PC 输出数据的方法。</td><td>学生自评（10 分）</td><td></td></tr>
<tr><td>教师考评（30 分）</td><td></td></tr>
<tr><td>知识考评（40 分）</td><td></td></tr>
<tr><td rowspan="4">能力目标</td><td colspan="4" rowspan="4">（1）能利用 Keil MDK 集成开发环境下的工程模板进行工程文件的组织和管理。
（2）能利用 J-Flash 软件进行目标程序的下载和运行。
（3）能利用 UART 底层驱动构件头文件进行 UART 通信的应用层程序设计。
（4）能利用 PC 串口调试软件进行 UART 通信调试。
（5）能通过 UART 接口使用 printf 函数输出下位机 MCU 发送到上位机 PC 的数据。
（6）能借助于 MCU 参考手册分析 UART 底层驱动构件源文件的程序代码。</td><td>学生自评（5 分）</td><td></td></tr>
<tr><td>小组互评（5 分）</td><td></td></tr>
<tr><td>教师考评（40 分）</td><td></td></tr>
<tr><td>能力总评（50 分）</td><td></td></tr>
</table>

基础知识

1．请写出 UART 通信的 3 根线名称。

2．请写出 UART 驱动构件函数声明，并说明各函数参数的含义及函数的返回值（对应 UART 底层驱动构件头文件 uart.h）。

```
//UART 号宏定义
#define  UART_0    0
#define  UART_1    1
#define  UART_2    2
```

1）对指定的 UART 模块进行初始化的函数 uart_init

函数声明：

函数参数：

函数返回：

2）从指定的 UART 发送 1 个字符的函数 uart_send1

函数声明：

函数参数：

函数返回：

3）从指定的 UART 发送多个字符的函数 uart_sendN

函数声明：

函数参数：

函数返回：

4）从指定的 UART 发送一个字符串的函数 uart_send_string

函数声明：

函数参数：

函数返回：

5）从指定的 UART 接收 1 个字符的函数 uart_re1

函数声明：

函数参数：

函数返回：

6）将指定 UART 的接收中断使能的函数 uart_re_int_enable

函数声明：

函数参数：

函数返回：

7）获取指定 UART 的接收中断标志的函数 uart_re_int_get

函数声明：

函数参数：

函数返回：

能力考核

3. 请结合项目 1 中的小灯构件，使用本项目第 2 题中的 UART 底层驱动构件函数或 printf 软件构件头文件 printf.h 中的 printf 函数（假设 printf 使用 UART2 口），根据注释完成下面的程序，并使用 PC 串口调试软件进行程序调试：通过 PC 串口调试窗口向 MCU 发送字符'1'时，控制小灯点亮；发送字符'0'时，控制小灯熄灭；同时向 PC 串口调试串口输出小灯的状态。注释中的"学号-姓名"字符串对应自己的学号和姓名。

1）工程总头文件 includes.h

```
#ifndef  _INCLUDES_H                //防止重复定义（开头）
#define  _INCLUDES_H
//包含使用到的软件构件头文件
#include  "common.h"                //包含公共要素软件构件头文件
#include  "gpio.h"                  //包含 GPIO 底层驱动构件头文件
_________________________           //包含小灯软件构件头文件
_________________________           //包含 UART 底层驱动构件头文件
_________________________           //包含 printf 软件构件头文件
#endif                              //防止重复定义（结尾）
```

2）主程序源文件 main.c

```
//1.包含总头文件
#include  "includes.h"
//2.定义全局变量
```

```
//3.主程序
int main(void)
{
    //（1）声明主函数使用的变量

    //（2）关总中断
    DISABLE_INTERRUPTS;                          //关总中断
    //（3）给有关变量赋初值

    //（4）初始化功能模块和外设模块
    ______________________________               //初始化小灯 LIGHT1（熄灭）
    ______________________________               //初始化 UART2，波特率 9600
    //（5）调试串口发送信息至 PC（经 PC 的串口调试软件显示）
    ____________________________________     //利用 UART 输出"学号-姓名"字符串，并换行
    //（6）使能模块中断
    ____________________________________     //使能 UART2 接收中断
    //（7）开总中断
    ENABLE_INTERRUPTS;    //开总中断
    //（8）进入主循环
    for(;;)
    {
        ;    //原地踏步
    }  //主循环结束
}
```

3）中断服务程序源文件 isr.c

```
//1.包含总头文件
#include "includes.h"
//2.声明外部变量（在 main.c 中定义）

//3.中断服务程序
//UART2 接收中断服务程序
void UART2_IRQHandler(void)
{
    DISABLE_INTERRUPTS;                          //关总中断
    uint_8 re_data;                              //存放接收到的数据
    uint_8 re_flag = 1;                          //接收标志
    if(uart_re_int_get(UART_2))
    {
        ____________________________________     //接收 1 个字符，并清接收中断标志位
```

```
        if (re_flag)                                    //如果接收成功
        {
            ____________________________                //如果接收到的字符是'0'
            {
                ________________________________        //控制小灯 LIGTH1 熄灭
                //通过 UART2 输出"LIGTH1 熄灭"字符串，并换行

                ________________________________

            }
            ____________________________                //如果接收到的字符是'1'
            {
                ________________________________        //控制小灯 LIGTH1 点亮
                //通过 UART2 输出"LIGTH1 点亮"字符串，并换行

                ________________________________

            }
        }
    }
    ENABLE_INTERRUPTS;          //开总中断
}
```

项目小结（收获和疑问等）

教师评语

项目 7　利用 PWM 实现小灯亮度控制

<table>
<tr><td>学号</td><td></td><td>姓名</td><td></td><td>小组成员</td><td colspan="2"></td></tr>
<tr><td>特别注意</td><td colspan="3">造成用电安全或人身伤害事故的，本项目总评成绩计 0 分。</td><td>项目总评成绩</td><td colspan="2"></td></tr>
<tr><td rowspan="4">素质目标</td><td colspan="4" rowspan="4">（1）基本职业素养：遵守工作时间，使用实践设备时注重用电安全，实践设备使用完毕后要断电并放于指定位置，程序设计要注重工程规范，养成良好的工作习惯。
（2）团结协作素养：小组内成员互查程序代码书写规范性、准确性和完整性，取长补短，具有责任意识、团队意识与协作精神。
（3）自主学习素养：能根据任务要求，查找相关资料解决实际问题；能自主完成学习任务手册的填写，培养自主学习的意识与一丝不苟的工作作风。
（4）思政和劳动素养：具有一定的辩证唯物主义运用能力、产品成本意识、劳动意识、创新意识和创新能力。</td><td>学生自评（2 分）</td><td></td></tr>
<tr><td>小组互评（2 分）</td><td></td></tr>
<tr><td>教师考评（6 分）</td><td></td></tr>
<tr><td>素质总评（10 分）</td><td></td></tr>
<tr><td rowspan="3">知识目标</td><td colspan="4" rowspan="3">（1）掌握 PWM 的通用知识（基本概念、技术指标及应用场合）。
（2）熟悉 MCU 的 PWM 模块及其底层驱动构件设计方法。
（3）掌握 MCU 的 PWM 底层驱动构件头文件的使用方法。
（4）掌握 PWM 控制功能的应用层程序设计方法。</td><td>学生自评（10 分）</td><td></td></tr>
<tr><td>教师考评（30 分）</td><td></td></tr>
<tr><td>知识考评（40 分）</td><td></td></tr>
<tr><td rowspan="4">能力目标</td><td colspan="4" rowspan="4">（1）能利用 Keil MDK 集成开发环境下的工程模板进行工程文件的组织和管理。
（2）能利用 J-Flash 软件进行目标程序的下载和运行。
（3）能利用 PWM 底层驱动构件头文件进行 PWM 控制功能的应用层程序设计。
（4）能利用逻辑分析仪测试 PWM 通道输出的信号。
（5）能借助于 MCU 参考手册分析 PWM 底层驱动构件源文件的程序代码。</td><td>学生自评（5 分）</td><td></td></tr>
<tr><td>小组互评（5 分）</td><td></td></tr>
<tr><td>教师考评（40 分）</td><td></td></tr>
<tr><td>能力总评（50 分）</td><td></td></tr>
</table>

基础知识

1. 请填写图7-1中PWM脉冲信号的占空比。并列举PWM的应用场合。

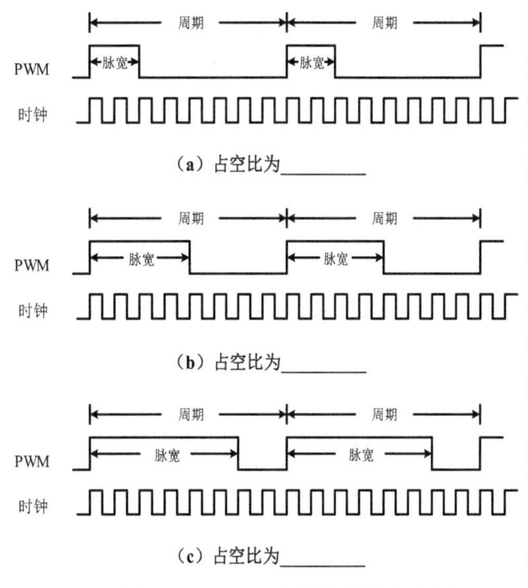

图7-1　PWM脉冲信号的占空比

2. 请写出KEA128的PWM底层驱动构件函数声明，并说明各函数参数的含义及函数的返回值（对应FTM_PWM底层驱动构件头文件ftm_pwm.h）。

```
//（1）FTM号宏定义
#define  FTM_0   0
#define  FTM_1   1
#define  FTM_2   2
//（2）FTM通道使用的引脚宏定义（由实际使用的引脚决定）
#define  FTM0_CH0   (PORT_A|0)    //FTM0_CH0通道：PTA0、PTB2
#define  FTM0_CH1   (PORT_A|1)    //FTM0_CH1通道：PTA1、PTB3
#define  FTM1_CH0   (PORT_H|2)    //FTM1_CH0通道：PTH2、PTC4（用于SWD_CLK）
#define  FTM1_CH1   (PORT_E|7)    //FTM1_CH1通道：PTC5、PTE7
#define  FTM2_CH0   (PORT_F|0)    //FTM2_CH0通道：PTC0、PTH0、PTF0
#define  FTM2_CH1   (PORT_F|1)    //FTM2_CH1通道：PTC1、PTH1、PTF1
#define  FTM2_CH2   (PORT_C|2)    //FTM2_CH2通道：PTC2、PTD0、PTG4
#define  FTM2_CH3   (PORT_C|3)    //FTM2_CH3通道：PTC3、PTD1，PTG5
#define  FTM2_CH4   (PORT_G|6)    //FTM2_CH4通道：PTG6、PTB4（用于NMI）
#define  FTM2_CH5   (PORT_B|5)    //FTM2_CH5通道：PTB5、PTG7
//（3）PWM极性和对齐方式宏定义
#define  PWM_P        1       //正极性（平时电平为低电平，有效电平为高电平）
#define  PWM_N        0       //负极性（平时电平为高电平，有效电平为低电平）
#define  PWM_EDGE     1       //边沿对齐
#define  PWM_CENTER   0       //中心对齐
```

```
//（4）FTM时钟源频率（由system_SKEAZ1284.h和system_SKEAZ1284.c决定）
#define  FTM_CLK_SOURCE_MHZ    24     //24MHz
```

1）对指定的FTM通道进行PWM初始化的函数 ftm_pwm_init

函数声明：

函数参数：

函数返回：

2）更新指定的PWM通道输出有效电平占空比的函数 ftm_pwm_update

函数声明：

函数参数：

函数返回：

3．设PWM信号的时钟源频率是f，分频因子是p，PWM周期对应的FTM计数次数为n，请写出PWM信号的周期计算公式。根据公式计算f=24MHz、p=128、n=1~65536对应的PWM信号的周期范围。

能力考核

4．请使用本项目第 2 题中的 FTM_PWM 底层驱动构件函数完成以下程序，实现频闪灯效果（系统测试时，需要将 PWM 通道引脚与被控小灯的引脚相连接）。

1）工程总头文件 includes.h

```
#ifndef  _INCLUDES_H              //防止重复定义（开头）
#define  _INCLUDES_H
//包含使用到的软件构件头文件
#include  "common.h"              //包含公共要素软件构件头文件
#include  "gpio.h"                //包含 GPIO 底层驱动构件头文件

________________________          //包含 FTM_PWM 底层驱动构件头文件
#endif                            //防止重复定义（结尾）
```

2）主程序源文件 main.c

```
//1.包含总头文件
#include  "includes.h"
//2.主程序
int main(void)
{
   //（1）声明主函数使用的变量

   //（2）关总中断
   DISABLE_INTERRUPTS;            //关总中断
   //（3）给有关变量赋初值

   //（4）初始化功能模块和外设模块
   //初始化 FTM2_CH0 通道 PWM，正极性、边沿对齐、周期为 1000us、有效电平占空比为 100

   ____________________________________________________________
   //（5）使能模块中断

   //（6）开总中断
   ENABLE_INTERRUPTS;   //开总中断
   //（7）进入主循环
   for(;;)
   {
      ____________________________     //将 PWM 通道的输出有效电平占空比更新为 100
      Delay_ms(500);                   //延时

      ____________________________     //将 PWM 通道的输出有效电平占空比更新为 0
      Delay_ms(500);                   //延时
   } //主循环结束
}
```

5. 请修改本项目第 4 题中的主程序，实现使小灯逐渐变亮的效果（假设小灯点亮的驱动电平为低电平）。

```
int main(void)
{
    //（1）声明主函数使用的变量
    float duty;                //PWM 有效电平占空比
    …
    //（8）进入主循环
    for(;;)
    {
        ______________________________  //PWM 有效电平占空比从 100 到 0 循环变化
        {
            ___________________________  //更新 PWM 通道的输出有效电平占空比
            Delay_ms(20);                //延时
        }
        ftm_pwm_update(FTM0_CH0, 100);   //小灯熄灭（假设小灯引脚为高电平时熄灭）
        Delay_ms(500);                   //延时
    }  //主循环结束
}
```

项目小结（收获和疑问等）

教师评语

项目 8　利用输入捕捉测量脉冲信号的周期和脉宽

<table>
<tr><td>学号</td><td></td><td>姓名</td><td></td><td>小组成员</td><td colspan="2"></td></tr>
<tr><td>特别注意</td><td colspan="3">造成用电安全或人身伤害事故的，本项目总评成绩计 0 分。</td><td>项目总评成绩</td><td colspan="2"></td></tr>
<tr><td rowspan="4">素质目标</td><td colspan="4" rowspan="4">（1）基本职业素养：遵守工作时间，使用实践设备时注重用电安全，实践设备使用完毕后要断电并放于指定位置，程序设计要注重工程规范，养成良好的工作习惯。
（2）团结协作素养：小组内成员互查程序代码书写规范性、准确性和完整性，取长补短，具有责任意识、团队意识与协作精神。
（3）自主学习素养：能根据任务要求，查找相关资料解决实际问题；能自主完成学习任务手册的填写，培养自主学习的意识与一丝不苟的工作作风。
（4）思政和劳动素养：具有一定的辩证唯物主义运用能力、产品成本意识、劳动意识、创新意识和创新能力。</td><td>学生自评（2 分）</td><td></td></tr>
<tr><td>小组互评（2 分）</td><td></td></tr>
<tr><td>教师考评（6 分）</td><td></td></tr>
<tr><td>素质总评（10 分）</td><td></td></tr>
<tr><td rowspan="3">知识目标</td><td colspan="4" rowspan="3">（1）掌握输入捕捉的通用知识（输入捕捉的过程和原理）。
（2）熟悉 MCU 的输入捕捉模块及其底层驱动构件设计方法。
（3）掌握 MCU 的输入捕捉底层驱动构件头文件的使用方法。
（4）掌握输入捕捉功能的应用层程序设计方法。</td><td>学生自评（10 分）</td><td></td></tr>
<tr><td>教师考评（30 分）</td><td></td></tr>
<tr><td>知识考评（40 分）</td><td></td></tr>
<tr><td rowspan="4">能力目标</td><td colspan="4" rowspan="4">（1）能利用 Keil MDK 集成开发环境下的工程模板进行工程文件的组织和管理。
（2）能利用 J-Flash 软件进行目标程序的下载和运行。
（3）能利用输入捕捉驱动构件头文件进行脉冲信号的周期和脉宽测量功能的应用层程序设计，其中能利用在项目 6 中所学的 UART 通信方法将测量结果输出到 PC 串口调试窗口中。
（4）能借助于 MCU 参考手册分析输入捕捉底层驱动构件源文件的程序代码。</td><td>学生自评（5 分）</td><td></td></tr>
<tr><td>小组互评（5 分）</td><td></td></tr>
<tr><td>教师考评（40 分）</td><td></td></tr>
<tr><td>能力总评（50 分）</td><td></td></tr>
</table>

基础知识

1. 请写出利用 MCU 定时/计数器的输入捕捉功能实现对图 8-1 中脉冲信号的周期和脉宽的测量原理。

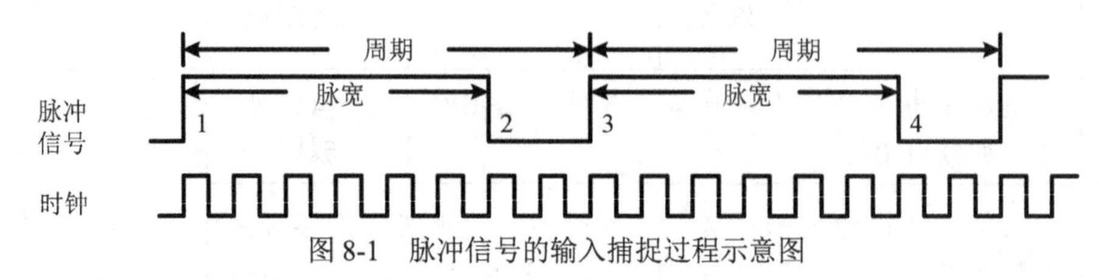

图 8-1　脉冲信号的输入捕捉过程示意图

2. 请写出 KEA128 的输入捕捉底层驱动构件函数声明，并说明各函数参数的含义及函数的返回值（对应 FTM_INCAP 底层驱动构件头文件 ftm_incap.h）。

```
//（1）FTM号宏定义
#define  FTM_0   0
#define  FTM_1   1
#define  FTM_2   2
//（2）FTM通道使用的引脚宏定义（由实际使用的引脚决定）
#define  FTM0_CH0   (PORT_A|0)  //FTM0_CH0 通道：PTA0、PTB2
#define  FTM0_CH1   (PORT_A|1)  //FTM0_CH1 通道：PTA1、PTB3
```

```
#define  FTM1_CH0   (PORT_H|2)   //FTM1_CH0 通道：PTH2、PTC4（用于 SWD_CLK）
#define  FTM1_CH1   (PORT_E|7)   //FTM1_CH1 通道：PTC5、PTE7
#define  FTM2_CH0   (PORT_F|0)  //FTM2_CH0  通道：PTC0、PTH0、PTF0
#define  FTM2_CH1   (PORT_F|1)  //FTM2_CH1  通道：PTC1、PTH1、PTF1
#define  FTM2_CH2   (PORT_C|2)   //FTM2_CH2 通道：PTC2、PTD0、PTG4
#define  FTM2_CH3   (PORT_C|3)   //FTM2_CH3 通道：PTC3、PTD1，PTG5
#define  FTM2_CH4   (PORT_G|6)   //FTM2_CH4 通道：PTG6、PTB4（用于 NMI）
#define  FTM2_CH5   (PORT_B|5)   //FTM2_CH5 通道：PTB5、PTG7
//（3）输入捕捉模式宏定义
#define  CAP_UP        1         //上升沿捕捉
#define  CAP_DOWN     2          //下降沿捕捉
#define  CAP_DOUBLE   3          //双边沿（上升沿或下降沿）捕捉
//（4）FTM 时钟源频率
#define  FTM_CLK_SOURCE_MHZ    24        //24MHz
//（5）FTM 计数频率（24MHz，128 分频）
#define  FTM_COUNT_FRQ        187.5      //187.5kHz
```

1）对指定的 FTM 通道进行输入捕捉初始化的函数 ftm_incap_init

```
//使用系统时钟 SYSTEM_CLK_KHZ/2=24MHz 作为 FTM 的时钟源，且 128 分频
```

函数声明：

函数参数：

函数返回：

2）对指定的 FTM 通道进行捕捉模式选择的函数 ftm_incap_mode

函数声明：

函数参数：

函数返回：

3）获取 FTMx_CHy 通道的计数器当前值的函数 ftm_incap_get_value

函数声明：

函数参数：

函数返回：

4）将指定 FTM 模块的中断使能的函数 ftm_int_enable

函数声明：

函数参数：

函数返回：

5）获取 FTMx_CHy 通道标志 CHF 值的函数 ftm_chf_get

函数声明：

函数参数：

函数返回：

6）清除 FTMx_CHy 通道标志 CHF 的函数 ftm_chf_clear

函数声明：

函数参数：

函数返回：

3．设用于输入捕捉功能的定时/计数器的时钟源频率是 f，分频因子是 p，对于图 8-1 中的脉冲信号，若定时器在时刻 1、2、3 捕获的通道计数值分别是 n_1、n_2、n_3，且脉冲信号的周期和脉宽小于定时器的溢出周期，请写出该脉冲信号的周期和频率的计算公式。

能力考核

4. 请在教材任务 8.3 中的应用程序基础上，完成以下程序，实现：计算并输出 PWM 信号的周期和脉宽。

1）工程总头文件 includes.h

```
#ifndef  _INCLUDES_H                  //防止重复定义（开头）
#define  _INCLUDES_H
//包含使用到的软件构件头文件
#include  "common.h"                  //包含公共要素软件构件头文件
#include  "gpio.h"                    //包含 GPIO 底层驱动构件头文件
______________________________        //包含 UART 底层驱动构件头文件
______________________________        //包含 printf 软件构件头文件
______________________________        //包含 FTM_PWM 底层驱动构件头文件
______________________________        //包含 FTM_INCAP 底层驱动构件头文件
#include "valueType.h"                //包含数值类型转换构件头文件
#endif                                //防止重复定义（结尾）
```

2）主程序源文件 main.c

```
//1.包含总头文件
#include  "includes.h"
//2.定义全局变量
uint_32  g_period_cnt;                //存放脉冲信号周期对应的计数次数
uint_32  g_pw_cnt;                    //存放脉冲信号脉宽对应的计数次数
//3.主程序
int main(void)
{
    //（1）声明主函数使用的变量
    float  period;                    //存放脉冲信号的周期
    float  pw;                        //存放脉冲信号的脉宽
    uint_8  float_str[10];            //存放实数转换后的字符串
    //（2）关总中断
    DISABLE_INTERRUPTS;               //关总中断
    //（3）给有关变量赋初值

    //（4）初始化功能模块和外设模块
    ______________________________  //初始化 UART2,波特率 9600(用于 printf 输出）
    //初始化 FTM1_CH1 通道 PWM，正极性、边沿对齐、周期为 10000us、占空比为 30

    __________________________________________________
```

```
______________________________________ //初始化 FTM2_CH0 输入捕捉，上升沿捕捉
//（5）使能模块中断
______________________________________ //使能 FTM2 定时器中断
//（6）开总中断
ENABLE_INTERRUPTS;                     //开总中断
//（7）进入主循环
for(;;)
{
    Delay_ms(20);
    printf("period count=%d,", g_period_cnt);  //输出脉冲信号周期对应的计数次数
    printf("pw count=%d\n\n", g_pw_cnt);       //输出脉冲信号脉宽对应的计数次数

    period = ________________________________   //计算脉冲信号的周期
    DoubleToStr(period, 2, float_str);          //将实数转换为字符串
    printf("period=%sms, ",float_str);          //输出脉冲信号的周期


    pw = ____________________________________   //计算脉冲信号的脉宽
    DoubleToStr(pw, 2, float_str);              //将实数转换为字符串
    printf("pulse width=%sms\n\n",float_str);   //输出脉冲信号的脉宽
}  //主循环结束
}
```

项目小结（收获和疑问等）

教师评语

项目 9　利用 ADC 设计简易数字电压表

<table>
<tr><td>学号</td><td></td><td>姓名</td><td></td><td>小组成员</td><td colspan="2"></td></tr>
<tr><td>特别注意</td><td colspan="3">造成用电安全或人身伤害事故的，本项目总评成绩计 0 分。</td><td>项目总评成绩</td><td colspan="2"></td></tr>
<tr><td rowspan="4">素质目标</td><td colspan="4" rowspan="4">（1）基本职业素养：遵守工作时间，使用实践设备时注重用电安全，实践设备使用完毕后要断电并放于指定位置，程序设计要注重工程规范，养成良好的工作习惯。
（2）团结协作素养：小组内成员互查程序代码书写规范性、准确性和完整性，取长补短，具有责任意识、团队意识与协作精神。
（3）自主学习素养：能根据任务要求，查找相关资料解决实际问题；能自主完成学习任务手册的填写，培养自主学习的意识与一丝不苟的工作作风。
（4）思政和劳动素养：具有一定的辩证唯物主义运用能力、产品成本意识、劳动意识、创新意识和创新能力。</td><td>学生自评（2 分）</td><td></td></tr>
<tr><td>小组互评（2 分）</td><td></td></tr>
<tr><td>教师考评（6 分）</td><td></td></tr>
<tr><td>素质总评（10 分）</td><td></td></tr>
<tr><td rowspan="3">知识目标</td><td colspan="4" rowspan="3">（1）掌握 ADC 的通用知识（与 ADC 直接相关的基本问题、最简单的 A/D 转换采样电路）。
（2）熟悉 MCU 的 ADC 模块及其底层驱动构件设计方法。
（3）掌握 MCU 的 ADC 底层驱动构件头文件的使用方法。
（4）掌握 ADC 功能的应用层程序设计方法。</td><td>学生自评（10 分）</td><td></td></tr>
<tr><td>教师考评（30 分）</td><td></td></tr>
<tr><td>知识考评（40 分）</td><td></td></tr>
<tr><td rowspan="4">能力目标</td><td colspan="4" rowspan="4">（1）能利用 Keil MDK 集成开发环境下的工程模板进行工程文件的组织和管理。
（2）能利用 J-Flash 软件进行目标程序的下载和运行。
（3）能利用 ADC 底层驱动构件头文件进行 ADC 功能的应用层程序设计，其中能利用在项目 6 中所学的 UART 通信方法，使用 printf 函数向 PC 串口调试窗口中输出 A/D 转换值及对应的电压值。
（4）能利用项目 4 中的数码管构件和本项目中的 ADC 底层驱动构件设计简易的数字电压表。
（5）能借助于 MCU 参考手册分析 ADC 底层驱动构件源文件的程序代码。</td><td>学生自评（5 分）</td><td></td></tr>
<tr><td>小组互评（5 分）</td><td></td></tr>
<tr><td>教师考评（40 分）</td><td></td></tr>
<tr><td>能力总评（50 分）</td><td></td></tr>
</table>

基础知识
1．名词解释：ADC 的转换精度。 2．名词解释：ADC 参考电压。 3．请写出如图 9-1 所示的 A/D 采样电路中的 A/D 采样点的电压值。 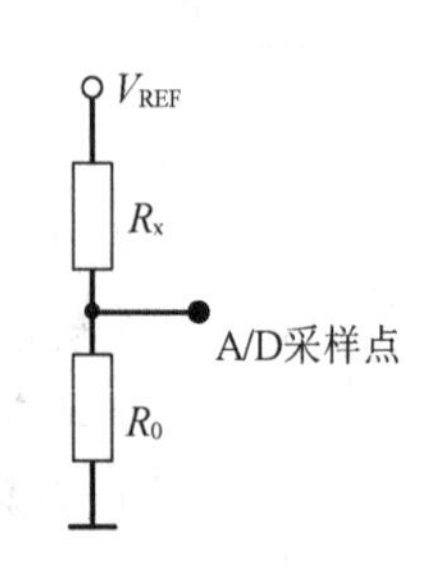 图 9-1　A/D 采样电路 4．请画出简易数字电压表的电路组成图，并写出其工作原理。

5．请写出 KEA128 的 ADC 底层驱动构件函数声明，并说明各函数参数的含义及函数的返回值（对应 ADC 底层驱动构件头文件 adc.h）。

1）对指定的 ADC 通道进行初始化的函数 adc_init

函数声明：

函数参数：

函数返回：

2）对指定的 ADC 通道进行一次采样，读取 A/D 转换结果的函数 adc_read

函数声明：

函数参数：

函数返回：

能力考核

6．请结合教材 9.3.1 节的简易数字电压表的硬件电路组成和工作原理，使用本项目第 5 题中的 ADC 底层驱动构件函数，完成以下程序，实现通过 UART2 使用 printf 函数向 PC 串口调试窗口中输出 A/D 转换值及对应的电压值（其中，ADC 参考电压与 MCU 的供电电压相同，其实际值可通过万用表测量出来）。实验过程中，转动电位器的转柄，用万用表测量对应的 A/D 采样点的电压值，并与 PC 串口调试窗口输出的电压值做对比。

1）工程总头文件 includes.h

```
#ifndef  _INCLUDES_H                //防止重复定义（开头）
#define  _INCLUDES_H
//包含使用到的软件构件头文件
#include  "common.h"                //包含公共要素软件构件头文件
#include  "gpio.h"                  //包含 GPIO 底层驱动构件头文件
________________________            //包含 UART 底层驱动构件头文件
________________________            //包含 printf 软件构件头文件
________________________            //包含 ADC 底层驱动构件头文件
#include "ValueType.h"              //包含数值类型转换构件头文件
#endif                              //防止重复定义（结尾）
```

2）主程序源文件 main.c

```
//1.包含总头文件
#include  "includes.h"
//2.主程序
int main(void)
{
    //（1）声明主函数使用的变量
    uint_16 adc_result;                //存放 A/D 转换结果
    float volt_value;                  //存放电压值
    uint_8 float_str[6];               //存放实数转换后的字符串
    //（2）关总中断
    DISABLE_INTERRUPTS;                //关总中断
    //（3）给有关变量赋初值
    volt_value = 0;                    //电压值初值
    //（4）初始化功能模块和外设模块
    ______________________________     //初始化 UART2，波特率 9600（用于 printf 输出）
    ______________________________     //初始化 ADC，使用通道 13，精度为 12 位
    //（5）使能模块中断

    //（6）开总中断
    ENABLE_INTERRUPTS;                 //开总中断
    //（7）进入主循环
    for(;;)
    {
        ___________________________    //读取指定通道的 A/D 转换值，并赋给 adc_result
        printf("AD 转换值：%d\t", ____________ );  //输出 A/D 转换值
        ___________________________    //计算 A/D 转换值对应的电压值并赋给 volt_value
        //将电压值转换为字符串，小数点后保留 2 位
        DoubleToStr(volt_value, 2, float_str);
        printf("电压值：%s\n", float_str);        //输出对应的电压值
        Delay_ms(1000);                           //每隔 1s 采样 1 次
    }  //主循环结束
}
```

7. 请结合项目 4 中的数码管构件及数码管显示程序设计方法，完成以下程序，实现利用数码管输出本项目第 6 题中的电压值。

1）工程总头文件 includes.h

```
#ifndef  _INCLUDES_H                   //防止重复定义（开头）
#define  _INCLUDES_H
```

```
//包含使用到的软件构件头文件
#include  "common.h"                    //包含公共要素软件构件头文件
#include  "gpio.h"                      //包含 GPIO 底层驱动构件头文件

________________________               //包含数码管软件构件头文件

________________________               //包含 Systick 定时器底层驱动构件头文件

________________________               //包含 ADC 底层驱动构件头文件
#endif                                  //防止重复定义（结尾）
```

2）主程序源文件 main.c

```
//1.包含总头文件
#include  "includes.h"
//2.定义全局变量
uint_8 g_disp[LED_NUM];                 //4 位数码管分别显示的字符（对应笔形码数组下标）
//3.主程序
int main(void)
{
    //（1）声明主函数使用的变量
    uint_16 adc_result;                 //存放 A/D 转换结果
    float volt_value;                   //存放电压值
    //（2）关总中断
    DISABLE_INTERRUPTS;                 //关总中断
    //（3）给有关变量赋初值
    volt_value = 0;                     //电压值初值
    //（4）初始化功能模块和外设模块

    ____________________________________    //初始化数码管

    ____________________________________    //初始化 SysTick，定时 5ms

    ____________________________________ //  初始化 ADC，使用通道 13，精度为 12 位
    //（5）使能模块中断

    //（6）开总中断
    ENABLE_INTERRUPTS;                  //开总中断
    //（7）进入主循环
    for(;;)
    {

        __________________________      //读取指定通道的 A/D 转换值，并赋给 adc_result

        __________________________      //计算A/D转换值对应的电压值并赋给volt_value
        //更新数码管显示数据缓冲区
        led_buff_update((uint_32)(volt_value*100), g_disp);
```

```
        ________________________________   //数码管最高位灭零
        ________________________________   //数码管显示数据的小数点后保留 2 位
        Delay_ms(1000);                    //每隔 1s 采样 1 次
    }  //主循环结束
}
```

3）中断服务程序源文件 isr.c

```
//1.包含总头文件
#include "includes.h"
//2.声明外部变量（在 main.c 中定义）
__________  uint_8 g_disp[LED_NUM];  //4 位数码管分别显示的字符(对应笔形码数组下标)
//3.中断服务程序
//SysTick 定时器中断服务程序：定时时间到，执行相应的定时功能程序
void SysTick_Handler(void)
{
    __________ uint_8 led_i=1;      //数码管的位序（1~LED_NUM，在此 LED_NUM=4）
    //以下是定时功能程序（使下一位数码管显示字符）
    led_i++;                        //数码管的位序加 1
    if(led_i>LED_NUM)               //如果数码管的位序大于 LED_NUM
        led_i=1;                    //数码管的位序恢复至 1
    led_show(led_i, g_disp[led_i-1]);          //使某 1 位数码管显示 1 个字符
}
```

项目小结（收获和疑问等）

教师评语

项目 10　利用 CAN 实现多机通信

<table>
<tr><td>学号</td><td></td><td>姓名</td><td></td><td>小组成员</td><td colspan="2"></td></tr>
<tr><td>特别注意</td><td colspan="3">造成用电安全或人身伤害事故的，本项目总评成绩计 0 分。</td><td>项目总评成绩</td><td colspan="2"></td></tr>
<tr><td rowspan="4">素质目标</td><td colspan="4" rowspan="4">（1）基本职业素养：遵守工作时间，使用实践设备时注重用电安全，实践设备使用完毕后要断电并放于指定位置，程序设计要注重工程规范，养成良好的工作习惯。
（2）团结协作素养：小组内成员互查程序代码书写规范性、准确性和完整性，取长补短，具有责任意识、团队意识与协作精神。
（3）自主学习素养：能根据任务要求，查找相关资料解决实际问题；能自主完成学习任务手册的填写，培养自主学习的意识与一丝不苟的工作作风。
（4）思政和劳动素养：具有一定的辩证唯物主义运用能力、产品成本意识、劳动意识、创新意识和创新能力。</td><td>学生自评（2 分）</td><td></td></tr>
<tr><td>小组互评（2 分）</td><td></td></tr>
<tr><td>教师考评（6 分）</td><td></td></tr>
<tr><td>素质总评（10 分）</td><td></td></tr>
<tr><td rowspan="3">知识目标</td><td colspan="4" rowspan="3">（1）掌握 CAN 通信的通用知识 。
（2）熟悉 MCU 的 CAN 模块及其底层驱动构件设计方法。
（3）掌握 MCU 的 CAN 底层驱动构件头文件的使用方法。
（4）掌握 CAN 通信功能的应用层程序设计方法。
（5）掌握多机之间的 CAN 通信与调试方法。</td><td>学生自评（10 分）</td><td></td></tr>
<tr><td>教师考评（30 分）</td><td></td></tr>
<tr><td>知识考评（40 分）</td><td></td></tr>
<tr><td rowspan="4">能力目标</td><td colspan="4" rowspan="4">（1）能利用 Keil MDK 集成开发环境下的工程模板进行工程文件的组织和管理。
（2）能利用 J-Flash 软件进行目标程序的下载和运行。
（3）能组建基于 CAN 的嵌入式局域网。
（4）能利用 CAN 底层驱动构件头文件进行 CAN 通信功能的应用层程序设计。
（5）能借助于 MCU 参考手册分析 CAN 底层驱动构件源文件的程序代码。</td><td>学生自评（5 分）</td><td></td></tr>
<tr><td>小组互评（5 分）</td><td></td></tr>
<tr><td>教师考评（40 分）</td><td></td></tr>
<tr><td>能力总评（50 分）</td><td></td></tr>
</table>

基础知识

1．简答如图 10-1 所示的 CAN 总线上的节点 1 向节点 *n* 发送数据帧的通信过程，并写出 CAN 控制器和 CAN 收发器的作用。

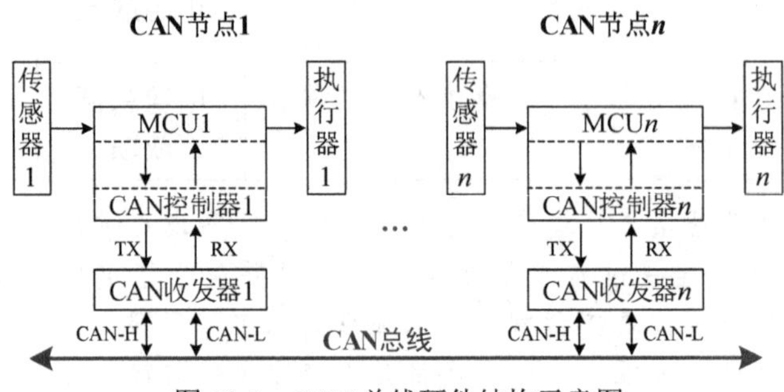

图 10-1　CAN 总线硬件结构示意图

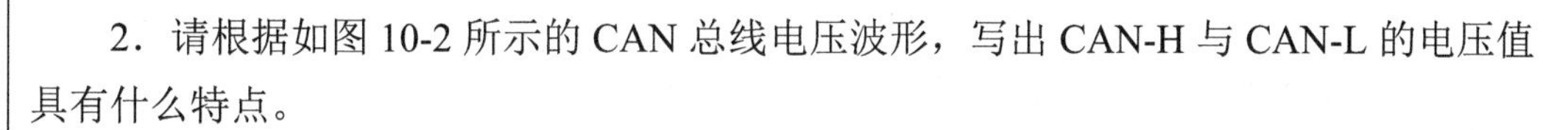

2．请根据如图 10-2 所示的 CAN 总线电压波形，写出 CAN-H 与 CAN-L 的电压值具有什么特点。

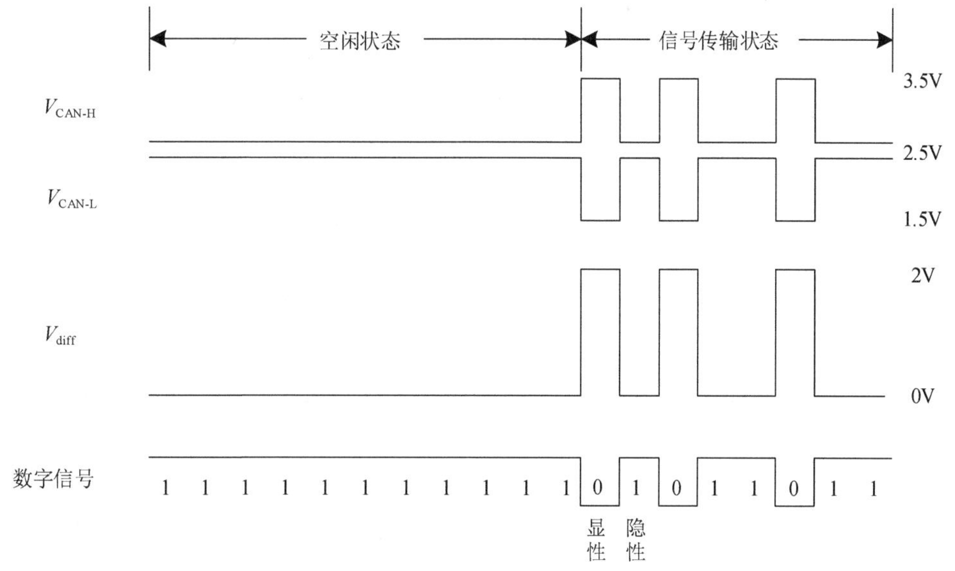

图 10-2　CAN 总线电压信号与数字信号之间的对应关系

3．如图 10-3 所示，A、B、C、D 四个节点在不同的时刻分别向 CAN 总线上发送帧 ID 为 5、7、3、6 的数据包。请读者画出各个数据包在总线上出现的顺序（假设每帧报文的传输时间占 3 格）。需要提示的是，一个节点一旦获得了总线的使用权，它会一口气将其数据包发送完，而不会受其他节点影响。读者完成此练习后，谈谈自己的体会。

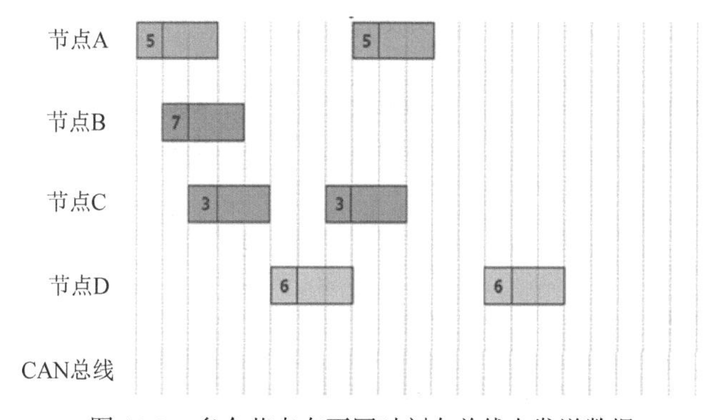

图 10-3　多个节点在不同时刻向总线上发送数据

4．根据 CAN 系统的验收过滤原理，分析以下情况：若某个节点的标识符验收寄存器（IDAR）和标识符屏蔽寄存器（IDMR）的设置如表 10-1 所示，请在该表中填写该节点可以接受的数据帧的 ID。说明：IDMR 中的 1 表示“无关”，0 表示“有关”。

表 10-1　CAN 节点的验收过滤结果

标识符验收寄存器（IDAR）	100 1011 0110
标识符屏蔽寄存器（IDMR）	001 0010 0000
可以接受的数据帧的 ID	

5．根据本项目的第 3 题和第 4 题，总结 CAN 的帧 ID 的用途，并写出帧 ID 与数据包的优先级之间的关系。

6．请写出 KEA128 的 CAN 底层驱动构件函数声明，并说明各函数参数的含义及函数的返回值（对应 CAN 底层驱动构件头文件 can.h）。

```
//CAN 接收过滤器宏定义
#define  FILTER_ON    1      //接收过滤器开启，只接收对应 ID 的帧
#define  FILTER_OFF   0      //接收过滤器关闭，接收所有帧
//CAN 通信的数据包结构体声明
typedef struct CanMsg
{
    uint_32 m_ID;              //帧 ID
    uint_8  m_IDE;             //标准格式帧为 0，扩展格式帧为 1
    uint_8  m_RTR;             //数据帧为 0，远程帧为 1
    uint_8  m_data[8];         //帧数据
    uint_8  m_dataLen;         //帧数据长度
    uint_8  m_priority;        //发送优先级
} CAN_Msg;
```

1）CAN 模块初始化的函数 can_init
函数声明：
函数参数：

函数返回：

2）填充一个待发送的 CAN 标准格式帧数据包的函数 can_fill_std_msg
函数声明：
函数参数：

函数返回：

3）CAN 发送数据包的函数 can_send_msg
函数声明：
函数参数：

函数返回：

4）CAN 接收数据包的函数 can_rcv_msg
函数声明：
函数参数：

函数返回：

5）CAN 接收中断使能的函数 can_rcv_int_enable
函数声明：
函数参数：
函数返回：

能力考核

7. 请结合项目 1 中的小灯构件和项目 2 中的开关构件，使用本项目第 6 题中的 CAN 底层驱动构件头文件完成以下程序，实现 A、B 两个 CAN 节点之间的通信功能：当节点 A 中开关 SW1 的状态发生变化时，节点 A 向节点 B 发送 CAN 数据帧，控制节点 B 中小灯 LIGHT1 的状态。

1）节点 A 的应用层程序

（1）工程总头文件 includes.h

```
#ifndef  _INCLUDES_H                       //防止重复定义（开头）
#define  _INCLUDES_H
//包含使用到的软件构件头文件
#include  "common.h"                       //包含公共要素软件构件头文件
#include  "gpio.h"                         //包含 GPIO 底层驱动构件头文件
______________________                     //包含开关软件构件头文件
______________________                     //包含 CAN 底层驱动构件头文件
#endif                                     //防止重复定义（结尾）
```

（2）主程序源文件 main.c

```
//1.包含总头文件
#include  "includes.h"
//2.主程序
int main(void)
{
    //（1）声明主函数使用的变量
    uint_32  rcv_id;                       //预接收的帧 ID
    CAN_Msg  send_msg;                     //待发送数据包的结构体变量
    uint_32  send_id;                      //待发送的帧 ID
    uint_8  send_data[8];                  //存放待发送的数据段
    uint_8  send_dataLen;                  //待发送的数据段字节数
    uint_8  sw_state;                      //开关状态
    //（2）关总中断
    DISABLE_INTERRUPTS;                    //关总中断
    //（3）给有关变量赋初值
    rcv_id = 0x0A;                         //预接收的帧 ID
    send_id = 0x0B;                        //待发送的帧 ID
    send_dataLen = 1;                      //待发送的数据段字节数
    //（4）初始化功能模块和外设模块
    ________________________________      //初始化开关 SW1
    ________________________________      //初始化 CAN，波特率为 100kbit/s，开启过滤器
```

```
    //（5）使能模块中断

    //（6）开总中断
    ENABLE_INTERRUPTS;                  //开总中断
    //（7）开关状态初检，发送 CAN 数据帧控制节点 B 的小灯状态
    ________________________________    //读取开关 SW1 的状态，并将其赋给变量 sw_state
    send_data[0]= sw_state;             //待发送的数据段
    //填充待发送的标准帧数据包
    (void)can_fill_std_msg(&send_msg,send_id,send_data,send_dataLen);
    (void)can_send_msg(&send_msg);   //CAN 发送帧
    //（8）进入主循环
    for(;;)
    {
        ________________________________   //获取开关 SW1 的状态，如果与之前的状态不同
        {
            ____________________________________   //开关状态变量值取反（逻辑非）
            send_data[0]= sw_state;                //待发送的数据段
            //填充数据包
            (void)can_fill_std_msg(&send_msg,send_id,send_data,send_dataLen);
            (void)can_send_msg(&send_msg);         //CAN 发送帧
        }
    }  //主循环结束
}
```

2）节点 B 的应用层程序

（1）工程总头文件 includes.h

```
#ifndef  _INCLUDES_H                    //防止重复定义（开头）
#define  _INCLUDES_H
//包含使用到的软件构件头文件
#include  "common.h"                    //包含公共要素软件构件头文件
#include  "gpio.h"                      //包含 GPIO 驱动构件头文件
_________________________               //包含小灯软件构件头文件
_________________________               //包含 CAN 驱动构件头文件
#endif                                  //防止重复定义（结尾）
```

（2）主程序源文件 main.c

```
//1.包含总头文件
#include  "includes.h"
//2.定义全局变量
CAN_Msg  g_rcv_msg;                     //待接收数据包的结构体变量
uint_8   g_can_rcvFlag;                 //CAN 接收标志：0 为接收成功，1 为接收失败
```

```
//3.主程序
int main(void)
{
    //（1）声明主函数使用的变量
    uint_32  rcv_id;                        //预接收的帧 ID
    //（2）关总中断
    DISABLE_INTERRUPTS;                     //关总中断
    //（3）给有关变量赋初值
    rcv_id = 0x0B;                          //预接收的帧 ID
    g_can_rcvFlag=1;                        //CAN 接收标志
    //（4）初始化功能模块和外设模块
    ______________________________          //初始化小灯 LIGHT1（熄灭）
    ______________________________          //初始化CAN，波特率为 100kbit/s，开启过滤器
    //（5）使能模块中断
    ______________________________          //使能 CAN 接收中断
    //（6）开总中断
    ENABLE_INTERRUPTS;                      //开总中断
    //（7）进入主循环
    for(;;)
    {
        if(!g_can_rcvFlag)                  //若接收到 CAN 数据
        {
            g_can_rcvFlag = 1;              //重置 CAN 接收标志，以便于下次接收
            //解析接收到的数据，执行相关功能
            //根据节点 A 的开关 SW1 状态的变化，控制小灯本节点的小灯 LIGHT1 的状态
            if(g_rcv_msg.m_data[0] == SW_CLOSE)
            {
                ____________________________     //控制小灯 LIGHT1 亮
            }
            else if(g_rcv_msg.m_data[0] == SW_OPEN)
            {
                ____________________________     //控制小灯 LIGHT1 灭
            }
        }
    }  //主循环结束
}
```

（3）中断服务程序源文件 isr.c

```
//1.包含总头文件
#include "includes.h"
//2.声明外部变量（在main.c 中定义）
```

```
______________ CAN_Msg  g_rcv_msg;      //待接收数据包的结构体变量
______________ uint_8   g_can_rcvFlag; //CAN 接收标志：0 为接收成功，1 为接收失败
//3.中断服务程序
//CAN 接收中断服务程序
void MSCAN_RX_IRQHandler(void)
{
   DISABLE_INTERRUPTS;                              //关总中断
   g_can_rcvFlag = can_rcv_msg(&g_rcv_msg);   //接收 CAN 帧
   ENABLE_INTERRUPTS;                              //开总中断
}
```

项目小结（收获和疑问等）

教师评语